图形图像处理技术与

案例精解（Photoshop CC版）

赖步英◎编著

清华大学出版社

北京

内 容 简 介

本书通过案例深入浅出地介绍了 Photoshop CC 在图形图像处理方面的相关技术及应用。全书共 14 章，包括认识 Photoshop CC、绘制与编辑选区、色调与色彩调整、编辑图像、绘制图像、修复图像、图层的使用、路径的使用、文本的使用、通道的使用、蒙版的使用、滤镜、动作与动画以及综合实用案例等内容，另外还附有两套试卷。

本书以任务驱动、案例精解和综合实训贯穿知识点，可操作性强，可作为高等院校本科相关专业课或公共课学习的教材，以及高职院校和成人高校的教材。

图书在版编目（CIP）数据

图形图像处理技术与案例精解（Photoshop CC 版）/ 赖步英编著. —北京：清华大学出版社，2020.8 (2025.1重印)

ISBN 978-7-302-56210-8

Ⅰ．①图… Ⅱ．①赖… Ⅲ．①图象处理软件 Ⅳ．①TP391.413

中国版本图书馆 CIP 数据核字（2020）第 148996 号

责任编辑：邓　艳
封面设计：刘　超
版式设计：文森时代
责任校对：马军令
责任印制：刘海龙

出版发行：清华大学出版社
　　　　网　　　址：https://www.tup.com.cn，https://www.wqxuetang.com
　　　　地　　　址：北京清华大学学研大厦 A 座　　　　邮　　编：100084
　　　　社 总 机：010-83470000　　　　邮　　购：010-62786544
　　　　投稿与读者服务：010-62776969，c-service@tup.tsinghua.edu.cn
　　　　质量反馈：010-62772015，zhiliang@tup.tsinghua.edu.cn
印 装 者：北京建宏印刷有限公司
经　　销：全国新华书店
开　　本：185mm×260mm　　　　印　　张：19.25　　　　字　　数：465 千字
版　　次：2020 年 9 月第 1 版　　　　印　　次：2025 年 1 月第 5 次印刷
定　　价：65.00 元

产品编号：088241-01

序

    在高职高专院校中，图形图像处理技术是计算机应用专业，特别是数字媒体设计、多媒体技术等专业的必修课程，也是各类文理科专业学生踊跃选修的课程。图形图像处理技术是一门学习使用图形图像处理工具（如 Photoshop、CorelDRAW 等）进行图形图像绘制、编辑、色彩调整、风格化与艺术处理以及素材管理等实际操作技能的课程，在数字图片处理、平面广告设计、网页美工、印刷出版、影视制作、多媒体课件制作和艺术创作等方面有着广泛的应用。

    由赖步英老师编写的这本书，贯彻了"工学结合、任务驱动、项目导向"的课程教学模式，在注重知识的系统性、科学性的基础上，突出了内容的实用性与可操作性。本书以实用案例为主线，将 Photoshop 图形图像处理技术的使用方法与技巧分解成 38 个知识点，并通过精选的 58 个案例、12 个实训项目对知识点进行讲解。内容丰富实用，案例取材新颖，可操作性强，非常适合作为图形图像处理技术课程教学的教材。

华南师范大学计算机学院教授
中国图像图形学学会数码艺术专业委员会副主任委员

2020 年 8 月

前　　言

随着计算机技术的飞速发展，图形图像处理技术在影像制作、版面设计、艺术创作、照片后期处理、网页设计等方面迅速发展。无论是从事平面广告设计、网页美工和印刷出版工作，还是从事三维设计、影视后期和艺术创作工作，都需要用到图形图像处理技术。图形图像处理已成为当今社会上一种比较热门的技术，是高校计算机专业及其他相关专业学生的一门必修课，同时也是很多高校学生的选修课。

本书贯彻"工学结合、任务驱动、项目导向"的课程教学模式，以实用案例为主线，介绍了 Photoshop CC 图形图像处理技术的基本方法及技巧。本书在注重系统性、科学性的基础上重点突出了实用性与可操作性，其宗旨在于培养读者独立设计与制作"画面精美、图文并茂、功能齐全"的图像的能力，使读者掌握图形图像处理技术的方法与技巧。

本书建议授课课时为 60～80 学时，并提倡在实验室授课，课程结束后，建议安排 1～2 周的时间进行实训。本书共 14 章，第 1 章主要介绍 Photoshop CC 基本知识，第 2 章介绍绘制与编辑选区的基本操作，第 3 章介绍色调与色彩调整命令的使用方法，第 4 章介绍编辑图像的操作方法，第 5 章介绍绘制图像的基本操作，第 6 章介绍修复图像的操作方法，第 7 章介绍图层的使用方法，第 8 章介绍路径的使用方法，第 9 章介绍文本的使用方法，第 10 章介绍通道的使用方法，第 11 章介绍蒙版的使用方法，第 12 章介绍滤镜的使用方法，第 13 章介绍动作与动画的操作方法，第 14 章讲解了 4 个综合实用案例。本书注重图形图像设计与制作能力的训练，为每章均安排了精选的操作案例与实训，力求循序渐进地强化读者的动手能力。

本书内容丰富、案例经典、素材新颖，采用任务+案例驱动的方式，将 Photoshop 图形图像处理技术的使用方法与技巧分解成 38 个知识点，并通过精选的 58 个案例、12 个实训对知识点进行讲解。每个知识点都是一个任务，在该任务中，首先介绍相关知识，然后通过实用案例、实训、上机操作 3 个环节来强化本知识点的实际操作与应用能力。每个案例均有详细的操作步骤，而上机操作部分只给出操作要点，以便于读者课下自行对知识点进行实战演练。综合实训部分则是对多个知识点的综合应用操作。

本书赖步英编著，在编写过程中，引用了曾岫老师编写的案例；得到了广州易礼信息技术有限公司的大力支持，为本书提供了部分高清图像和企业实用案例等素材，并提供了图形图像设计与制作的宝贵经验。

为了方便教学，本书专门制作了配套教学资源包，资源包中包含书中全部案例、实训、习题、两套试卷中所需要的素材及制作好的完整案例、实训、上机操作相关图片，可供读者练习和参考使用。

我们本着严谨的态度编写了本教材，但难免有疏漏和不足之处，敬请广大读者批评指正。

编　者

2020 年 8 月

目　录

第 **1** 章

认识 Photoshop CC

Photoshop 是 Adobe 公司推出的一款功能强大、使用广泛的平面图像处理软件，为美工设计提供了一个广阔的表现空间，使许多不可能实现的效果变成了现实。

Photoshop 被广泛地应用于美术设计、彩色印刷、排版以及数码摄影等诸多领域，不仅受到专业人员的喜爱，也成为家庭用户的宠儿。本章主要学习 Photoshop CC 的硬件配置、工作环境、基本操作、图像基础知识以及 Photoshop 的应用领域。

资源文件说明：本章案例、实训和上机操作等源文件素材放在本书附带资源包的"第 1 章\第 1 章素材"文件夹中，制作完成的文件放在"第 1 章\第 1 章完成文件"文件夹中。在实际操作时，将"第 1 章素材"文件夹复制到本地计算机，如 D 盘中，并在 D 盘中新建"第 1 章完成文件"文件夹。

任务 1　Photoshop CC 硬件配置、启动与退出

随着 Adobe 系列产品的不断升级，软件的功能越来越强大，同时，在计算机上运行这些软件时，对硬件的配置要求也越来越高。下面介绍在运行 Photoshop CC 时，对计算机硬件配置的要求。

知识点：Photoshop CC 硬件配置、启动与退出

1. 硬件配置

对于用于设计的 Photoshop 软件，经常需要渲染大图，同时对颜色的要求也比较高，因此对 CPU 的依赖性很大。如果使用 Photoshop 时计算机的 CPU 不能达到其要求，计算机

经常会陷入死机状态，很长时间没反应；其次，是对内存的要求，内存越大，其能做的预处理越充分，速度就越快；最后是对显存的要求，显存和内存的用途一样，CPU 是用来运算的，运算之前，数据先存放在显存中，显存位宽越高，其性能越好，价格也就越高。Photoshop CC 对计算机硬件配置的最低要求标准如表 1-1 所示。

表 1-1　Photoshop CC 对硬件配置的要求

硬 件 名 称	配 置 标 准
CPU	2GHz 或更快的处理器
内存	推荐 2GB 或更高
硬盘	32 位需要 2.6GB 可用硬盘空间；64 位需要 3.1GB 可用硬盘空间；安装过程中会需要更多可用空间（无法在使用区分大小写的文件系统的卷上安装）
显示器	带有 16 位颜色和 512MB 专用 VRAM；推荐使用 2GB
显卡	Open GL2.0 图形支持

2．启动 Photoshop CC

方法 1：在 Windows 桌面的"开始"菜单中选择"程序"| Adobe Photoshop CC 命令。

方法 2：双击桌面上的 Adobe Photoshop CC 快捷方式图标。

3．退出 Photoshop CC

退出 Photoshop CC 的方法有：单击标题栏右上角的"关闭"按钮 ；选择"文件"|"退出"命令；双击标题栏左上角的 Photoshop CC 图标；按 Ctrl+Q 组合键。

任务 2　Photoshop CC 工作环境

Photoshop CC 改变了以前版本华而不实的面孔，以一种简洁、漂亮的崭新面貌面向设计用户。下面介绍 Photoshop CC 的工作环境。

知识点：Photoshop CC 工作界面、工具箱与控制面板

1．Photoshop CC 工作界面

启动 Photoshop CC 后，工作界面如图 1-1 所示，其主要组成部分如表 1-2 所示。默认情况下，工具栏、工作区域与控制面板都有固定的位置，它们也可以成为浮动面板或浮动窗口。

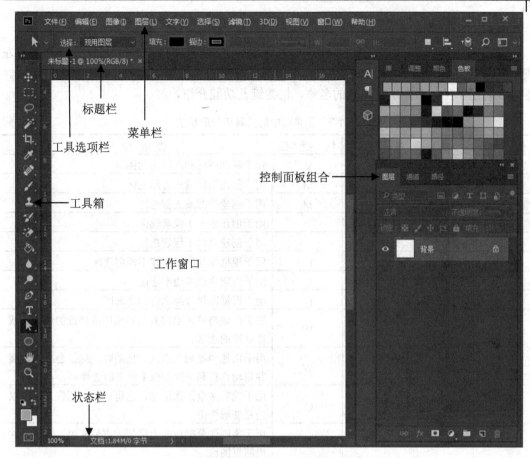

图 1-1 Photoshop CC 工作界面

表 1-2 Photoshop CC 工作界面组成部分功能介绍

区 域	简 介
菜单栏	Photoshop CC 的菜单栏包括 11 个菜单，分别是文件、编辑、图像、图层、文字、选择、滤镜、3D、视图、窗口和帮助。使用这些菜单中的相应命令可执行大部分 Photoshop 中的操作
工具选项栏	工具选项栏是从 Photoshop 6.0 版本开始出现的，用于设置工具箱中当前工具的参数，不同的工具所对应的选项也有所不同
工具箱	工具箱列出了 Photoshop 中常用的工具，单击工具按钮或按工具对应的快捷键即可使用这些工具。对于存在子工具的工具（工具按钮右下角有一个小三角形的标志，用于说明该工具中有子工具），只要在工具按钮上右击或按住鼠标左键不放，就可以显示该工具中的所有子工具
工作窗口	在打开或新建一幅图像文件时就会出现图像工作窗口，它是显示和编辑图像的区域
状态栏	状态栏中显示的是当前图像的相关信息
控制面板	使用控制面板可以对图像进行更方便、更快捷的操作。默认情况下，控制面板位于工作窗口的右边，浮动于图像文档窗口之上，以便用户使用。用户也可以按自己的喜好重新组合控制面板

2．工具箱

工具箱中集合了图像处理过程中使用最频繁的工具，它位于 Photoshop 工作界面的左侧，当按住鼠标左键不放并且拖动工具箱顶部非按钮的黑色部分时，工具箱呈半透明状。表 1-3 列出了工具箱中所有工具的名称、快捷键及功能介绍。

表 1-3　工具箱中的工具与相应功能

图　标	工　具　名　称	快　捷　键	功　能　介　绍
	移动工具	V	用于移动图层和选区内的图像
	矩形选框工具	M	用于创建矩形或正方形选区
	椭圆选框工具	M	用于创建椭圆或正圆选区
	单行选框工具		用于创建水平 1 像素选区
	选框工具		用于创建垂直 1 像素选区
	套索工具	L	用于根据拖动路径创建不规则选区
	多边形套索工具	L	用于创建直边多边形选区
	磁性套索工具	L	用于根据图像边缘颜色创建选区
	魔棒工具	W	用于创建与单击点像素色彩相同或相近的连续的或非连续的选区
	快速选择工具	W	用于快速"绘制"选区。拖动时，选区会向外扩展并自动查找和跟随图像中定义的边缘
	裁剪工具	C	用于裁剪多余图像边缘，也可以校正图像，还可以透视变形图像
	切片工具	C	用于将图像分割成多个区域，方便成组，按编号输出网页图像
	切片选择工具	C	用于选取图像中已分割的切片图像
	吸管工具	I	用于采集图像中的颜色
	颜色取样器工具	I	用于查看图像内的颜色参数
	标尺工具	I	用于测量两点之间的距离和角度
	注释工具	I	用于添加文字注释
	计算工具	I	用于对图像中的对象计数，计数数目会显示在项目上和"计算工具"选项栏中，计数数目会在存储文件时存储
	污点修复画笔工具	J	用于快速移去照片中的污点和其他不理想的部分
	修复画笔工具	J	用于修正图像中的瑕疵
	修补工具	J	用于将样本像素的纹理、光照和阴影与源像素进行匹配
	红眼工具	J	用于消除拍摄的人或动物照片中出现的红眼现象
	画笔工具	B	用于设置绘制多种笔触的直线、曲线和沿路径描边
	铅笔工具	B	用于设置笔触大小、绘制硬边直线、曲线和沿路径描边
	颜色替换工具	B	用于对图像局部颜色进行替换

续表

图　标	工　具　名　称	快　捷　键	功　能　介　绍
	仿制图章工具	S	按住 Alt 键定义复制区域后可以在图像内复制图像，并设置混合模式、不透明度和对齐方式
	图案图章工具	S	利用 Photoshop 预设图像或用户自定义图案绘制图像
	历史记录画笔工具	Y	以历史的某一状态绘图
	历史记录艺术画笔工具	Y	用艺术的方式恢复图像
	橡皮擦工具	E	用于擦除图像
	背景橡皮擦工具	E	用于擦除图像显示背景
	魔术橡皮擦工具	E	用于擦除设定容差内的颜色，相当于魔棒+Delete 键的功能
	渐变工具	G	用于填充渐变颜色，有 5 种渐变类型
	油漆桶工具	G	用于填充前景色或图案
	模糊工具		用于模糊图像内相邻像素颜色
	锐化工具		用于锐化图像内相邻像素颜色
	涂抹工具		以涂抹的方式修饰图像
	减淡工具	O	用于使图像局部像素变亮
	加深工具	O	用于使图像局部像素变暗
	海绵工具	O	用于调整图像局部像素饱和度
	钢笔工具	P	用于绘制路径
	自由钢笔工具	P	以自由手绘方式创建路径
	增加锚点工具		在已有的路径上增加节点
	删除锚点工具		用于删除路径中某个节点
	转换点工具		用于转换节点类型，如将直线节点转换为曲线节点，调整路径
	横排文字工具	T	用于输入和编辑横排文字
	直排文字工具	T	用于输入和编辑竖排文字
	直排文字蒙版工具	T	用于直接创建横排文字选区
	直排文字蒙版工具	T	用于直接创建竖排文字选区
	路径选择工具	A	用于选择路径，执行编辑操作
	直接选择工具	A	用于选择路径或部分节点，调整路径
	矩形工具	U	用于绘制矩形形状或矩形路径
	圆角矩形工具	U	用于绘制圆角矩形形状或路径
	椭圆工具	U	用于绘制椭圆、正圆形状或路径
	多边形工具	U	用于绘制任意多边形形状或路径
	直线工具	U	用于绘制直线或箭头
	自定形状工具	U	用于绘制自定义形状或自定义路径
	3D 旋转工具	K	上下拖动该工具可使模型围绕其 X 轴旋转，两侧拖动该工具可使模型围绕其 Y 轴旋转，按住 Ctrl 键的同时拖动该工具可滚动模型

续表

图 标	工 具 名 称	快 捷 键	功 能 介 绍
	抓手工具	H	用于移动图像窗口区域
	旋转视图工具	R	用于在不破坏图像的情况下旋转画布，这不会使图像变形（需要启用 OpenGL 文档）
	缩放工具	Z	用于放大或缩小（同时按住 Alt 键）图像显示比例
	设置前景色、背景色		用于设置前景色和背景色，按 D 键恢复为默认值，按 X 键切换前景色和背景色
	以快速蒙版模式编辑	Q	用于切换至快速蒙版模式编辑

➤ 工具按钮组：工具箱中有些工具按钮右下角有个小三角形标志，表示该工具是某一个工具组的一部分。例如，单击"矩形选框工具"按钮并按住左键不放或右击该按钮，则会弹出若干个功能相似的其他工具按钮，如图 1-2 所示。

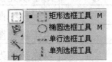

图 1-2 "选框工具"中的工具按钮组

➤ 工具选项栏：工具箱中的每一个工具都具有相应的选项，激活某个工具后，该工具对应的选项将显示在工具选项栏中，可根据需要随时对选项进行设置和调整。如图 1-3～图 1-6 所示为部分工具的选项栏设置。

图 1-3 "矩形选框工具"选项栏

图 1-4 "裁剪工具"选项栏

图 1-5 "横排文字工具"选项栏

图 1-6 "自定形状工具"选项栏

3. 控制面板

Photoshop CC 中的控制面板集合了在编辑图像时最常用的命令和功能，以按钮和快捷菜单的形式显示。在 Photoshop CC 中，控制面板以全新的形式出现，所有控制面板以图标形式显示在界面右侧，并将其分为 8 个面板组，在工具条与面板布局上采用了全新的可伸缩的组合方式，使编辑操作更加方便、快捷。

当单击其中一个控制面板图标后，将显示该控制面板；如果想打开另一个控制面板，直接单击其控制面板图标即可，此时原来显示的控制面板将自动缩小为图标形式；要想隐藏打开的控制面板，可以再次单击该控制面板的图标，或单击控制面板右上角的双三角按钮，如图 1-7 所示。

图 1-7　打开"颜色"面板、隐藏其他面板的控制面板

任务 3　Photoshop CC 基本操作

在 Photoshop 中，无论是绘制图像还是编辑图像，必须先掌握最基本的操作方法，例如打开或保存不同格式的图像文件、设置图像大小、调整图像窗口的大小或位置等。

知识点：文件管理、导入和导出文件、图像窗口等操作

1. Photoshop 文件管理

使用 Photoshop 进行图像处理有多种方式。可以在一个新建的空白文档中绘制；也可以打开一个素材图像，在原有的基础上进行编辑修改；还可以利用扫描仪、数码相机等输入设备导入图像，并对图像进行特效处理，从而创作出富有创意的图像效果。所有这些工作方式，都建立在掌握文件管理方法的基础之上。在 Photoshop 中，文件管理主要包括新建、打开及存储等操作。

（1）新建文件

在 Photoshop 中，新建文件方法是：在菜单栏中选择"文件"|"新建"命令（或按 Ctrl+N 组合键），打开"新建文档"对话框，如图 1-8 所示。对话框中各个选项及功能如表 1-4 所示。

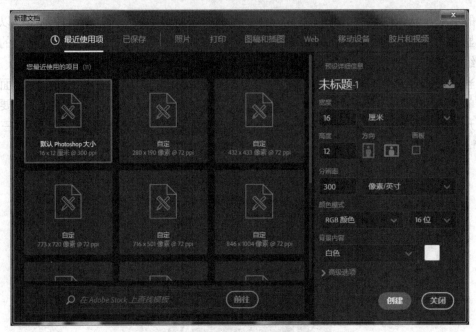

图 1-8 "新建文档"对话框

表 1-4 "新建文档"对话框中的各个选项及功能

选 项 名 称	功　　能
未标题-1	为新建的文件命名，如果不输入，则以默认名"未标题-1"命名
分辨率	图像的分辨率，单位可以选择"像素/英寸""像素/厘米"
颜色模式	在第一个下拉列表框中可以选择"位图""灰度""RGB 颜色""CMYK 颜色""Lab 颜色"等多种颜色模式，默认为"RGB 颜色"模式；在第二个下拉列表框中可选择"8 位""16 位""32 位"颜色
背景内容	设置新建图像背景图层的颜色，有 3 个选项：选择"白色"时，新建文件背景图层为白色；选择"背景色"时，新建文件背景与工具箱中设置的背景颜色一致；选择"透明"时，则新建一个完全透明的普通图层文档

（2）打开文件

操作方法：在菜单栏中选择"文件"|"打开"命令（或按 Ctrl+O 组合键），打开"打开"对话框，从中选择素材库中的图像或已有的 Photoshop 文件，例如选择"第 1 章素材"文件夹中的"百变小蛮腰.jpg"文件，单击"打开"按钮即可，如图 1-9 所示。在"打开"对话框的"文件类型"下拉列表框中可以选择要打开的文件格式，此时对话框中将只显示符合格式要求的文件。

（3）存储文件

存储文件是将制作好的文件存储到计算机上，为避免在绘图过程中出现停电、死机或 Photoshop 出错等情况使文件信息丢失，在编辑图像的过程中应养成经常存储图像的习惯。

操作方法：在菜单栏中选择"文件"|"存储为"命令（或按 Shift+Ctrl+S 组合键），打开"另存为"对话框，如图 1-10 所示。该对话框中的各个选项及功能如表 1-5 所示。

图 1-9　"打开"对话框

图 1-10　"另存为"对话框

表 1-5　"另存为"对话框中的各个选项及功能

选　项	功　能
《第1章 ▶ 第1章完成文件	用于选择文件的存储路径
文件名	用于输入新文件的名称
保存类型	用于选择所要存储的文件格式
作为副本	选中该复选框，系统将存储文件的副本，但是并不存储当前文件，当前文件在窗口中仍然保持打开状态
注释	选中该复选框，图像的注释内容将与图像一起存储
Alpha 通道	选中该复选框，系统将文件 Alpha 通道信息与图像一起存储
专色	选中该复选框，系统将文件中的专色通道信息与图像一起存储
图层	选中该复选框，将会存储图像中的所有图层

2．导入与导出文件

在其他软件中编辑的图像，如果在 Photoshop 中不能直接打开，可以将该图像通过"导入"命令导入；有时 Photoshop 编辑的文件也需要在其他软件中进行编辑，此时就需要将文件导出。

（1）导入文件

在 Photoshop 中，导入文件的方法是：在菜单栏中选择"文件"|"导入"命令，打开"导入"对话框，可将一些从输入设备上得到的图像文件或 PDF 格式文件直接导入 Photoshop 的工作区。

（2）导出文件

在 Photoshop 中，导出文件的方法是：在菜单栏中选择"文件"|"导出"命令，在打开的"导出路径"对话框中选择存储文件的位置，在"文件名"文本框中输入要存储的文件名，然后单击"保存"按钮，即可将导出的文件保存为相应的格式。

3．置入图像

在 Photoshop 中，一般的图像格式可以通过"打开"命令打开，如果遇到特殊图像格式，如矢量格式图像等，则需要通过"置入"命令打开。也可以通过"置入"命令将图像文件插入 Photoshop 中当前打开的文档内使用。

置入图像的方法：在菜单栏中选择"文件"|"置入"命令，在打开的"置入"对话框中选择图形文件后，单击"置入"按钮，此时文档中会显示一个浮动的对象控制框，可以更改它的位置、大小和方向，完成调整后在框线内双击或按 Enter 键确认插入即可。

4．图像窗口操作

在制作或修改图像时，很多情况下需要同时编辑多个图像。例如，将一个图像拖动到另一个图像中去，因此要在多个图像窗口之间频繁切换、缩放图像，以及改变图像的位置等。灵活掌握图像窗口的操作方法，可以提高工作效率。

（1）改变图像窗口的位置和大小

在 Photoshop 中打开多个图像时，系统会按先后顺序将打开的图像依次排列。有的图片会被最上面的图片遮挡，此时需要移动图像窗口的位置；有的图像在图像编辑区显示得不完全，为了预览全图，需要对图像窗口进行缩放。下面将介绍改变图像窗口位置和大小的方法。

- 移动图像窗口位置的方法：将光标移到窗口标题栏上，按住鼠标左键不放并拖动图像窗口到适当的位置释放鼠标。
- 改变图像窗口大小的方法：将光标移到图像窗口的边框上，当光标变成↕、↔ 或 ↗ 等形状时按住鼠标左键不放并拖动窗口边框，即可改变图像窗口的大小。
- 切换图像窗口的方法：直接在另一幅图像窗口的标题栏上单击，就可将该图像置为当前图像。如图 1-11 所示，3 幅纵联排图像，当前窗口为"日出夏威夷.jpg"。

图 1-11　同时打开 3 个图像窗口（纵联排）

（2）切换屏幕显示模式

在编辑图像的过程中，为了全面地观察图像效果，可以切换图像的显示模式。其方法是：单击 Photoshop CC 界面最顶端的视图快捷按钮中的"屏幕模式"按钮，会弹出 3 种屏幕模式，如图 1-12 所示。

- 标准屏幕模式：此模式显示 Photoshop 中的所有组件，适合对 Photoshop 不太了解的初学者。
- 带有菜单栏的全屏幕式：此模式不显示标题栏，只显示菜单栏，可使图像最大化，充满整个屏幕，以便有更大的操作空间。
- 全屏模式：此模式下系统隐藏了菜单栏，适合对 Photoshop 菜单栏熟悉的设计人员。

（3）隐藏面板、工具及菜单

- 隐藏面板：如果用户对 Photoshop 相当了解，还可以将右边的控制面板进行隐藏。无论在任何模式下只要按 Shift+Tab 组合键，就可隐藏右边的所有面板。再按 Shift+Tab 组合键又可显示所有面板。
- 隐藏所有的菜单及选项栏：该模式下可隐藏除图像外的所有选项，适合对 Photoshop 各个菜单、工具以及面板上所有信息相当熟悉的设计人员。在"全屏模式"下同时按 Tab 键即可隐藏各选项栏，再按 Tab 键又可显示各选项栏。

（4）切换图像层叠方式

当打开多个图像窗口后，屏幕会显得很乱，为了查看方便，需要对窗口依次排序。其方法是：单击 Photoshop CC 界面最顶端的视图快捷按钮中的"排列文档"按钮，里面包含 4 种主要排列方式和 14 种辅助排列方式，如图 1-13 所示。

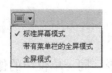

图 1-12　3 种屏幕模式　　　　　图 1-13　排列文档方式

（5）控制图像显示

在利用 Photoshop 编辑图像的过程中，要灵活控制图像的显示比例，以便于精确地编辑图像。例如，需要编辑图像的某个区域，可以放大该区域，编辑完毕后要预览全图，则可以缩小图像。灵活运用此功能可以为设计人员带来很大的帮助。

➥ 缩放图像显示：单击工具箱中的"缩放工具"按钮，然后在工具选项栏中单击"放大"按钮或"缩小"按钮，在图像窗口中单击即可。

➥ 在图像窗口中移动显示区域：单击"抓手工具"按钮，然后将光标移动到图像上，按住鼠标左键不放拖动鼠标即可移动显示区域。

任务 4　图像基础知识

要真正掌握和使用一个图像处理软件，不仅要掌握软件的操作，还要掌握一些图像处理的基本理论知识，只有掌握了这些知识，在使用、编辑和存储图像的过程中才能准确地选择合适的设置，合理地创作与制作出高品质的作品。

知识点：位图与矢量图、分辨率、图像格式等

1．位图与矢量图

计算机记录图像的方式有两种：一种是通过数学方法记录图像内容，即矢量图；另一种是用像素点阵方法记录图像内容，即位图。

（1）矢量图形

用矢量的方法绘制的图形称为矢量图形。矢量文件中的图形元素称为对象，每一个对象都是独立的实体，具有大小、形状、颜色和轮廓等属性。矢量图以线条和色块为主，移动直线、调整其大小或更改其颜色时不会降低图形的品质，并可以任意缩放尺寸，可以按任意分辨率打印，而不会丢失细节或降低图形的清晰度。

（2）位图图像

位图图像是由许多很小的点组成的，这些点称为像素。当许许多多不同颜色的点组合在一起后便形成了一幅完整的图像，位图式图像在保存文件时，需要记录每一个图像的位置和色彩数据，因此图像像素越多，文件越大，处理速度也就越慢。但是位图式图像能够记录下每一个点的数据信息，从而可精确地记录色调丰富的图像，并可以逼真地表现现实中的对象，达到照片般的品质。Photoshop 属于位图式的图像处理软件，所以保存的图像均为位图式图像。

2．分辨率

分辨率是指单位长度内所含点（即像素）的多少。同一单位中的像素越多，图像会越清晰，文件越大，反之亦然。分辨率包括图像分辨率、屏幕分辨率和输出分辨率等。

（1）图像分辨率

图像分辨率是指每英寸图像含有多少点或像素，其单位为点/英寸（dpi）。例如，96dpi 表示该图像每英寸含有 96 个点或像素。

（2）屏幕分辨率

屏幕分辨率是指打印灰度级图像或分色所用的网屏上每英寸的点数，是通过每英寸的水平和垂直方向上的像素来测量的。显示器的分辨率取决于显示器的像素设置。

（3）输出分辨率

输出分辨率是指激光打印机等输出设备在输出图像时，每英寸所产生的点数。不同的输出方式设置，图像分辨率也有所不同，铜版纸需要 300dpi，胶版纸需要 200dpi，新闻纸需要 150dpi，用于大幅喷绘时需要 100dpi。在相同尺寸的图像中，设置不同的输出分辨率，得到的印刷尺寸也不相同。

3. 图像格式

Photoshop 支持很多高品质的图像格式，包括 PSD、JPG、RMP、TIF、GIF、BMP、FLM、PDF、RAW、SCT 和 EPS 等 20 多种文件格式，表 1-6 所示为常用的文件格式及说明。Photoshop 还可以将一种格式转换为用户需要的任意一种格式。

表 1-6　图像文件格式及应用说明

文 件 格 式	扩 展 名	应 用 说 明
PSD	.psd	该格式是 Photoshop 自身默认生成的图像格式，PSD 文件自动保留图像编辑的所有数据信息和图层，便于进一步修改
TIFF	.tif	TIFF 格式是一种应用非常广泛的无损压缩图像格式，支持 RGB、CMYK 和灰度 3 种颜色模式，还支持使用通道、图层和裁切路径的功能
BMP	.bmp	BMP 图像文件是一种 Windows 标准的点阵图形文件格式，其特点是包含的图像信息较丰富，几乎不进行压缩，但占用磁盘空间较大
JPEG	.jpg	JPEG 是目前所有格式中压缩率最高的格式，普遍用于图像显示和一些超文本文档中
GIF	.gif	GIF 是 CompuServe 提供的一种图形格式，只能保持最多 256 色的 RGB 色阶数，还可以支持透明背景及动画格式
PNG	.png	PNG 是一种新兴的网络图形格式，采用无损压缩的方式，与 JPG 格式类似，网页中有很多图片都是这种格式，压缩比高于 GIF，支持图像半透明
RAW	.raw	RAW 是拍摄时从影像传感器得到的信号转换后，不经过其他处理而直接存储的影像文件格式
PDF	.pdf	PDF 是应用于多个系统平台的一种电子出版物软件的文档格式
EPS	.eps	EPS 是一种包含位图和矢量图的混合图像格式，主要用于矢量图像和光栅图像的存储
3D 文件	.3ds	Photoshop 支持由 3ds Max 创建的三维模型文件，在 Photoshop 中可以保留三维模型的特点，并可对模型的纹理、渲染角度或位置进行调整
视频文件	.AVI	Photoshop 可以编辑 QuickTime 视频格式文件，如 MPEG-4、MOV 和 AVI 等

任务 5　Photoshop 的应用领域

Photoshop 是世界上最优秀的图像编辑软件之一，它在计算机图形设计领域的应用十分广泛，不论是 3D 动画、平面设计、网页制作、矢量图形、多媒体制作还是排版，Photoshop 在每一个环节中都发挥着不可替代的作用。

知识点：Photoshop 的应用领域

1．平面设计与制作

平面设计是 Photoshop 应用得最为广泛的领域，无论是图书封面，还是大街上看到的招贴、海报，这些具有丰富图像的平面印刷品基本上都需要利用 Photoshop 软件对图像进行处理。换句话说，Photoshop 已经完全渗透到了平面广告、包装、海报、POP、书籍装帧、印刷和制版等平面设计的各个领域。

2．绘画设计

由于 Photoshop 具有良好的绘画与调色功能，因此许多插画设计制作者往往使用铅笔绘制草稿，然后通过 Photoshop 填色来绘制插画。

Photoshop 为插画设计提供了多种工具和应用技巧，由于它在表现虚幻主题的深度和广度方面能展示出更加独特的艺术魅力，所以在插画领域应用广泛。

3．数码照片与图像修复

Photoshop 也是数码照片后期处理最常用的工具软件之一。数码照片处理包括数码照片后期处理和管理各个方面，Photoshop 能够对原始图片受到损坏的地方进行修饰、调整，使其成为一张完美的照片。

4．婚纱照片设计

随着婚纱摄影潮流的发展，使得婚纱照片设计的处理成为一个新兴的行业。在进行婚纱照摄影时，通过照相机拍摄下的照片往往要经过 Photoshop 的修饰才能得到满意的效果，因此 Photoshop 便成了创作婚纱摄影艺术照的最强大的处理工具之一。

5．动画与 CG 作品设计

Photoshop 不仅在平面设计方面有着其他软件无法比拟的强大功能，在 CG 和动画制作方面的功能也非常突出。在三维软件中，当制作出了精良的模型，而无法为模型应用逼真的贴图时，那么就不能得到较好的渲染效果。实际上在制作材质时，除了要依靠软件本身所具有的材质功能外，还可以利用 Photoshop 制作出在三维软件中无法得到的合适材质。

6．界面设计

界面设计是一个新兴的领域，如今已经受到越来越多的软件企业及开发者的重视，虽然暂时还未成为一种全新的职业。在当前还没有用于界面设计的专业软件时，绝大多数设计者使用的仍然是 Photoshop。

特别是在游戏界面设计中，Photoshop 可以制作出复杂、虚幻、迷人的游戏背景，在创意、效率和技巧之间取得完美的平衡。利用它可以在较短的时间内高效而又富有创意地做出令人满意的作品。

7. 网页美工

Photoshop 是必不可少的网页图像处理软件。在网页设计中，先是利用 Photoshop 设计网页页面，然后将设计好的页面导入 Dreamweaver 中进行处理，再用 Flash 添加动画内容，便可以创建互动的网站页面了。

8. 效果图后期制作

在环境艺术和建筑设计方面主要运用 3ds Max 进行前期渲染，如果在渲染过程中发现颜色或结构方面有缺陷，可以运用 Photoshop 进行后期贴图、处理颜色或修饰纹理效果，美化场景，使图像更加完美。使用 Photoshop 美化和修饰场景可以提高工作效率。

【案例 1-1】赏析艺术照片

案例功能说明： 在 Photoshop CC 中打开作品"百变小蛮腰"，如图 1-14 所示。请从摄影与美学的角度赏析此作品，并设置照片的打印宽度为 5 厘米。

图 1-14 作品"百变小蛮腰"

操作步骤：

（1）启动 Photoshop CC，在菜单栏中选择"文件"|"打开"命令，或按 Ctrl+O 组合键，弹出"打开"对话框（见图 1-9），选择"第 1 章素材"文件夹下的"百变小蛮腰.jpg"，单击"打开"按钮。

（2）此时打开的图像文件以 50%的比例显示，在工具箱中选择"缩放工具" 🔍，然后在图像上双击，使图像按实际尺寸 100%显示。在工具箱中选择"抓手工具" ✋，可以移动图像窗口，从而可以从不同角度欣赏图像。

（3）作品赏析。此幅作品在人物的构图、色彩和光线等方面取得了很好的平衡效果，从中可欣赏广州的璀璨夜空。亚运盛会让世人见识了广州的"百变小蛮腰"，如今时尚界的潮人，也欲与其比试妖娆，这样大幅度的肢体扭曲，让欣赏者明白"腰"的重要性，无论是远处的高塔，还是近处的模特，都各有千秋。

（4）如果想打印照片，而打开的图像大小不合适，可使用"图像大小"命令重设图像的像素尺寸、打印尺寸和分辨率。

操作方法：在菜单栏中选择"图像"|"图像大小"命令，弹出"图像大小"对话框，如图 1-15 所示。在"图像大小"对话框中，可以查看和修改图像的大小。单击"尺寸"右边的下拉按钮，选择单位为"厘米"，单击按钮约束比例，在"宽度"输入框中输入 5，单位为"厘米"，此时"高度"自动约束变为"7.5 厘米"，在"分辨率"输入框中输入 300，单位为"像素/英寸"，选中"重新采样"复选框。此"图像大小"从原来的 1.54MB 变为 1.50MB。

图 1-15　"图像大小"对话框

技巧：为了取得高品质的打印结果，建议选中"重新采样"复选框，可分别更改文档大小的宽度、高度和分辨率；如果取消选中该复选框，则只能更改文档大小或分辨率，Photoshop CC 会自动调整另一个值的大小，以保持像素总数不变。

（5）保存文件。选择"文件"|"存储为"命令，弹出"另存为"对话框，在"保存类型"下拉列表框中选择文件的保存类型，在"文件名"输入框中输入要保存的文件名"百变小蛮腰 1.jpg"，保存在"第 1 章完成文件"文件夹中，单击"保存"按钮。

【实训 1-1】同时赏析 3 幅风景作品

实训功能说明：在 Photoshop CC 中同时打开 3 幅作品，练习图像窗口的切换、排列等操作，从摄影与美学的角度赏析作品，并设置照片的打印宽度为 10 厘米。

操作要点：

（1）启动 Photoshop CC，在菜单栏中选择"文件"|"打开"命令，或按 Ctrl+O 组合

键，弹出"打开"对话框，如图 1-16 所示。选择"第 1 章素材"文件夹下的"澳门大三巴.jpg"等 3 幅图像文件，单击"打开"按钮。

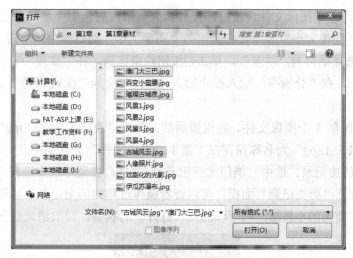

图 1-16 同时打开 3 幅图像文件对话框

（2）切换当前图像。此时在 Photoshop CC 的工作界面打开了 3 幅图像，单击其中非当前图像窗口的标题栏，可将该图像置为当前图像。

（3）改变图像窗口位置及大小。将光标移到当前窗口标题栏上，按住鼠标左键不放并拖动图像窗口到适当的位置释放鼠标，可移动图像窗口位置。将光标移到图像窗口的边框上，当光标变成↕、↔ 或 ↗ 等形状时按住鼠标左键不放并拖动窗口边框即可改变图像窗口的大小。

（4）切换屏幕显示模式。单击 Photoshop CC 界面最顶端的视图快捷按钮中的"屏幕模式"按钮，选择"带有菜单栏的全屏模式"选项，可全面地观察当前图像效果；再单击按钮，可选择"标准屏幕模式"选项。

（5）切换图像层叠方式。单击界面最顶端的视图快捷按钮中的"排列文档"按钮，选择一种排列方式，如"三联垂直"方式，3 幅图像将纵向联排展开，如图 1-17 所示。

图 1-17 3 幅图像纵向联排展开

（6）作品赏析。从作品的构图、色彩和光线方面赏析，可欣赏到作品的宏伟、壮观与神奇。

（7）分别为 3 个图像文件设置打印尺寸和分辨率。先选中"澳门大三巴.jpg"文件，选择"图像"|"图像大小"命令，在弹出的"图像大小"对话框中，单击"尺寸"右边的下拉按钮█，选择单位为"厘米"，单击█按钮约束比例，在"宽度"输入框中输入 10，单位为"厘米"，在"分辨率"输入框中输入 100，单位为"像素/英寸"，选中"重新采样"复选框。

（8）分别保存 3 个图像文件。将设置后的文件以"澳门大三巴 1.jpg""璀璨古城夜1.jpg""古城风云 1.jpg"为名称保存在"第 1 章完成文件"文件夹中。

（9）查看历史记录。选中"澳门大三巴.jpg"文件，在菜单栏中选择"窗口"|"历史记录"命令，打开"历史记录"面板，可以查看操作过程的历史记录，如图 1-18 所示。如果单击"打开"前面的小框█，则可以回到"打开"的状态，即取消此后面的操作。

图 1-18 "历史记录"面板

上 机 操 作

1．赏析艺术照片。

要求：在 Photoshop CC 中打开"第 1 章素材"文件夹中的"戏剧化的光影.jpg"文件，从摄影与美学的角度赏析此作品，并设置图像的打印宽度为 10 厘米。

2．同时赏析多幅风景作品。

要求：在 Photoshop CC 中同时打开 3 幅风景图像（"第 1 章素材"文件夹中的"风景1.jpg""风景 2.jpg""风景 3.jpg"文件），掌握 3 幅图像窗口的切换、排列等操作，从摄影与美学的角度赏析作品，并设置图像的打印宽度为 10 厘米。

3．查看并配置 Photoshop CC 系统性能，设置历史记录状态值，设置界面的颜色。

要求：查看系统的运行环境，设置历史记录状态为 60，设置界面的颜色方案为"高亮"。

提示：选择"编辑"|"首选项"|"性能"命令，打开"首选项"对话框，如图 1-19所示，从中可查看系统的运行环境并设置"历史记录状态"值为 60。选择"界面"选项卡，如图 1-20 所示，设置界面的颜色方案为"高亮"。

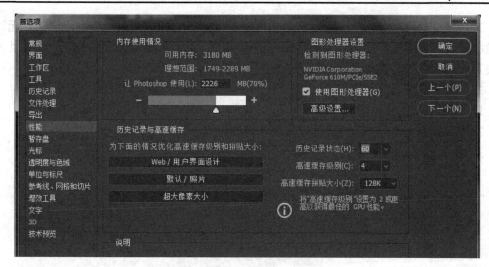

图 1-19　"首选项"对话框

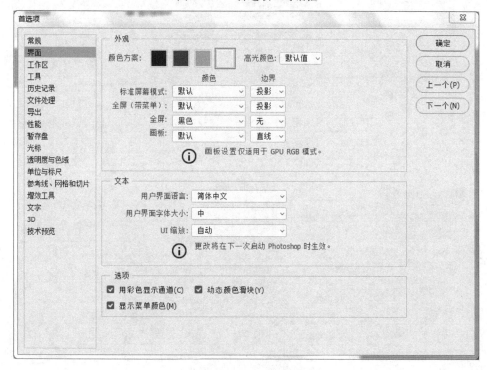

图 1-20　设置界面的颜色方案

理 论 习 题

一、填空题

1. 位图图像也称_____，它是由许多代表不同颜色的_____排列在一起组成的，将位图图像放大到一定倍数后，图像会变得非常模糊，并具有明显的锯齿。

2．矢量图又称_____，它是由许多_____和_____组成的，无论将矢量图放大到多少倍，图形都会保持原来的清晰度，不会出现锯齿模糊的现象，并且色彩不失真。

二、简答题

1．简述矢量图和位图的性质。

2．简述 Photoshop CC 的颜色模式及各自的特点。

3．在 Photoshop CC 中打开图像文件的方式有哪些？

第2章

绘制与编辑选区

在 Photoshop 中，选区是用来隔离图像的封闭区域。在处理和编辑图像的过程中，选区内的图像将被编辑，选区外的图像不会产生任何变化。通常，创建选区后，选区四周会有流动的虚线。在进行图像创作时，选取范围的优劣、准确与否，都与图像编辑的成败有着密切的关系，因此在最短时间内有效、精确地确定选区范围，是提高处理图像效率和图像质量的关键所在。

利用选取工具选取对象，包括规则形状创建选区、不规则形状创建选区以及根据色彩范围创建选区等多种方式。对于创建的选区，可以根据需要对选区进行扩大、缩小、羽化和反选调整。

资源文件说明：本章案例、实训和上机操作等源文件素材放在本书附带资源包的"第2章\第2章素材"文件夹中，制作完成的文件放在"第2章\第2章完成文件"文件夹中。在实际操作时，将"第2章素材"文件夹复制到本地计算机，如 D 盘中，并在 D 盘新建"第2章完成文件"文件夹。

任务 1　绘制规则形状选区

创建选区是 Photoshop 中最基本的编辑功能。无论进行任何编辑操作，都要通过选区选取对象确定编辑操作的有效区域；如果没有绘制选区，编辑操作的对象就是当前图像。

知识点：矩形选框工具、椭圆选框工具和单行（单列）选框工具

在 Photoshop 中，规则选取工具有 4 种：矩形选框工具、椭圆选框工具、单行选框工具和单列选框工具。使用方法很简单：只需选择相应的选取工具，然后在画面中单击并按住鼠标左键不放，拖动鼠标拉出一个矩形或椭圆选框，释放鼠标即可创建选区。

1．矩形选框工具

矩形选框工具与椭圆选框工具是 Photoshop 中最常用的选取工具。操作方法是：在工具箱中选择"矩形选框工具"后，在画布上单击并按住鼠标左键不放，拖动鼠标绘制出一个矩形区域（若同时按住 Shift 键，则可在图像中绘制正方形选区），释放鼠标后会看到区域四周有流动的虚线，如图 2-1 所示。其工具选项栏中各项功能说明如表 2-1 所示。

图 2-1　"正常"样式下创建的矩形选区

表 2-1　"矩形选框工具"选项栏各选项功能说明

图标或名称	功 能 说 明
▣	重新建立选区
▣	在原来的基础上添加选区
▣	在原来的基础上去除选区
▣	在第 1 次与第 2 次选区相重叠的地方产生选区
羽化	"羽化"选项可以使选区边沿产生柔和的效果
样式	样式有 3 种："正常"用于创建任意大小的选区；"固定比例"用于创建指定宽度和高度比例的选区；"固定大小"用于创建指定大小的选区

2．椭圆选框工具

"椭圆选框工具"的使用方法与"矩形选框工具"类似，在工具箱中选择"椭圆选框工具"后，在画布上单击并按住鼠标左键不放，拖动鼠标绘制出一个椭圆区域（同时按住 Shift 键，则可在图像中绘制圆形选区），如图 2-2 所示。在工具选项栏中除了可以设置与"矩形选框工具"相同的选项外，还有一个"消除锯齿"复选框，用于消除曲线边缘的马赛克效果。

3．单行（单列）选框工具

通过"单行（单列）选框工具"可以在图像或图层中绘制出 1 个像素宽的单行或单列选区，如图 2-3 所示。此时，其工具选项栏中的"消除锯齿"和"样式"选项不可用。

图 2-2　"正常"样式下创建的椭圆选区

图 2-3　创建的单行选区

4．标尺与参考线

利用"标尺工具" 🖊 和参考线可以更加精确地对图像进行处理。例如，在选择图像区域时，可使选择的部位和大小更加准确。

（1）标尺

在使用标尺前，选择"编辑"|"首选项"|"单位与标尺"命令，在弹出的对话框中可以对标尺的属性进行设置，如图 2-4 所示。

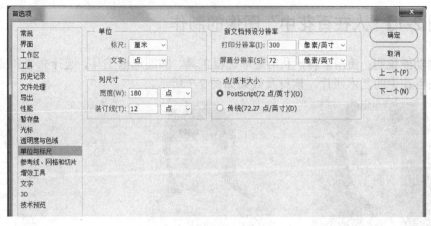

图 2-4　设置标尺属性

在菜单栏中选择"视图"|"标尺"命令，可以显示或隐藏标尺。

（2）参考线

参考线常用的操作有以下几种。

➧　设置水平参考线：在设置水平参考线时，需要将光标放在水平标尺上，按住鼠标左键不放，向下拖曳出水平的参考线，或者选择"视图"|"新建参考线"命令，在打开的对话框中选择"水平"方向并设置"位置"值，效果如图 2-5 所示。

➧　设置垂直参考线：将光标放在垂直标尺上，按住鼠标左键不放，向右拖曳出垂直参考线，或者选择"视图"|"新建参考线"命令，在打开的对话框中选择"垂直"方向并设置"位置"值，效果如图 2-6 所示。

图 2-5　设置水平参考线

图 2-6　设置垂直参考线

➧　显示或隐藏参考线：选择"视图"|"显示"|"参考线"命令，或者按 Ctrl+; 组合键，可以显示或隐藏参考线。

➧　移动参考线：在工具箱中选择"移动工具"，将光标放在参考线上，当其变为上下箭头形状（水平参考线）或左右箭头形状（垂直参考线）时，按住鼠标左键不放并拖曳鼠标，可以移动参考线。

➲ 锁定参考线：选择"视图"｜"锁定参考线"命令或按 Ctrl+Alt+; 组合键，可以锁定参考线。参考线锁定后将不能移动。

➲ 清除参考线：选择"视图"｜"清除参考线"命令，可以清除参考线。

【案例 2-1】"人在百花中"图像的制作

案例功能说明：使用素材，利用矩形选框工具、椭圆选框工具、选择命令和变换命令，制作人在百花中的艺术照片，素材及效果如图 2-7 所示。

s1.jpg　　　　　　　　s2.jpg　　　　　　　　s3.jpg

s4.jpg　　　　　　　人在百花中.jpg（效果图）

图 2-7　人在百花中素材及效果

操作步骤：

（1）启动 Photoshop CC，选择"文件"｜"打开"命令，在弹出的对话框中同时选择"第 2 章素材"文件夹下的 s1.jpg、s2.jpg、s3.jpg 和 s4.jpg 文件，单击"打开"按钮。

（2）在工具箱中选择"矩形选框工具"，在其选项栏中设置"羽化"为"20px"，如图 2-8 所示。在 s1.jpg 人物画面上创建人物头部长方形图像区域，如图 2-9 所示。

图 2-8　"矩形选框工具"选项栏

（3）选择"编辑"｜"拷贝"命令，然后在 s4.jpg 窗口中选择"编辑"｜"粘贴"命令，将头部选区复制到 s4.jpg 画面的适当位置，按 Ctrl+T 组合键，出现变形控制框，将图像缩放到合适大小并拖曳到如图 2-10 所示的位置，双击该选区，关闭 s1.jpg 文件。

图 2-9　选取人物头部

图 2-10　将长方形头部选区拖曳到适当位置

（4）选择 s2.jpg 图像，在工具箱中选择"椭圆选框工具"，在其选项栏中设置"羽化"为"20px"。在 s2.jpg 人物画面上创建人物头部椭圆形图像区域，如图 2-11 所示。

（5）选择"编辑"|"拷贝"命令，然后在 s4.jpg 窗口中选择"编辑"|"粘贴"命令，将头部椭圆形选区复制到 s4.jpg 画面中的适当位置，按 Ctrl+T 组合键，出现变形控制框，将图像缩放到合适大小后拖曳到如图 2-12 所示位置，双击该选区，关闭 s2.jpg 文件。

图 2-11　选取椭圆形头部

图 2-12　将椭圆形头部选区拖曳到适当位置

（6）选择 s3.jpg 图像，选择"椭圆选框工具"，在其选项栏中设置"羽化"为"20px"，选中"消除锯齿"复选框，选择 s3.jpg 人物头部椭圆图像区域，如图 2-13 所示。

（7）选择"编辑"|"拷贝"命令，然后在 s4.jpg 窗口中选择"编辑"|"粘贴"命令，将头部椭圆形选区复制到 s4.jpg 画面的适当位置，选择"编辑"|"变换"|"缩放"命令或按 Ctrl+T 组合键，出现变形控制框，将图像缩放到合适的大小并拖曳到如图 2-14 所示的位置，双击该选区，最终效果如图 2-7 所示，最后关闭 s3.jpg 文件。

图 2-13　选取椭圆形头部

图 2-14　将椭圆形头部选区拖曳到适当位置

（8）保存为 PSD 格式。选择"文件"|"存储为"命令，在打开的对话框中将此文件以"人在百花中.psd"为名保存在"第 2 章完成文件"文件夹（此文件夹如果不存在，则新建）中。

（9）保存为 JPG 格式。选择"文件"|"存储为"命令，将文件以"人在百花中.jpg"为名保存在"第 2 章完成文件"文件夹中。

【案例 2-2】分格艺术数码照处理

案例功能说明：使用照片素材，利用"单行（单列）选框工具"和选择命令制作分格艺术数码照，素材及效果如图 2-15 所示。

s5.jpg   分格艺术照.jpg

图 2-15　分格艺术数码照素材及效果

操作步骤：

（1）启动 Photoshop CC，选择"文件"|"打开"命令，在弹出的对话框中选择"第 2 章素材"文件夹下的 s5.jpg 文件，单击"打开"按钮。

（2）选择"视图"|"标尺"命令，显示标尺。

（3）选择"单行选框工具"[图标]，在其选项栏中单击"添加到选区"按钮，如图 2-16 所示；或者按住 Shift 键的同时创建选区，形成的选区如图 2-17 所示。

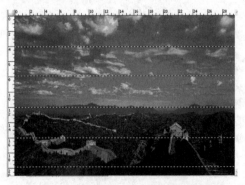

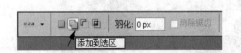

图 2-16　"单行选框工具"选项栏　　　　　　图 2-17　多个水平单行选区

（4）选择"单列选框工具" ，在其选项栏中单击"添加到选区"按钮，如图 2-18 所示；或者按住 Shift 键的同时创建选区，形成的选区如图 2-19 所示。

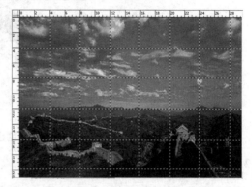

图 2-18　"单列选框工具"选项栏　　　　　图 2-19　多个垂直单列选区

（5）选择"编辑"|"填充"命令，在弹出的"填充"对话框中设置"内容"为白色。

（6）选择"选择"|"取消选择"命令，形成分格艺术照片。

（7）保存为 PSD 格式。选择"文件"|"存储为"命令，将文件以"分格艺术照.psd"为名保存在"第 2 章完成文件"文件夹中。

（8）保存为 JPG 格式。选择"文件"|"存储为"命令，将文件以"分格艺术照.jpg"为名保存在"第 2 章完成文件"文件夹中。

任务 2　选取不规则的图像

知识点：不规则选区工具组的使用及色彩范围

可以应用套索工具、多边形套索工具、磁性套索工具、魔棒工具、快速选择工具和色彩范围命令绘制不规则选区。

1. 套索工具

使用"套索工具"可以绘制直边和自由曲线选框，特别适合用于快速选择边缘与背景对比强烈而且边缘复杂的对象。在工具箱中选择"套索工具"，其选项栏如图 2-20 所示，与"矩形选框工具"选项栏相似。

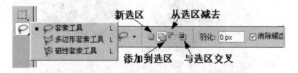

图 2-20　"套索工具"工具组及其选项栏

使用"套索工具" 可以在图像或图层中绘制不规则形状，如图 2-21 所示。在图像中适当位置单击并按住鼠标左键不放，拖曳鼠标绕图像周围进行绘制，释放鼠标后将自动生成封闭选区，从而选取不规则形状的图像。

图 2-21　创建的选区

2. 多边形套索工具

多边形套索工具 ☜ 可以用来选取不规则的多边形图像，如图 2-22 所示。在图像中单击设置所选区域的起点，然后单击设置选择区域的其他点，当光标回到起点时，就自动生成封闭选区。

图 2-22　创建的多边形选区

在绘制选区时，按 Enter 键可以封闭选区；按 Esc 键可以取消选区；按 Delete 键可以删除建立的选区。

3. 磁性套索工具

磁性套索工具 ☜ 可以用来选取不规则的并与背景反差大的图像，如图 2-23 所示。在图像中适当位置单击并按住鼠标左键不放，根据选取图像的形状拖曳鼠标，选取图像的磁性轨迹会紧贴图像的边缘，若光标回到起点，或者直接按 Enter 键即可形成封闭选区。

图 2-23　用"磁性套索工具"创建选区

4. 魔棒工具

在工具箱中选择"魔棒工具" ，其选项栏如图 2-24 所示。魔棒工具可以用来选取图像中的某一点（如红色处），并将与该点颜色相同或相近的点自动溶入选区中，如图 2-25 所示。工具选项栏中的"容差"选项用于控制选择色彩的范围，数值越大，可允许的颜色范围越大；如果选中"连续"复选框，则只会把与选择点相连通而且颜色相同或相近的像素点作为选区。

图 2-24   "魔棒工具"选项栏

图 2-25   用"魔棒工具"创建选区

5. 色彩范围

"色彩范围"命令与"魔棒工具"类似，但该命令比"魔棒工具"具有更高的精度和可控性。该命令可在较复杂的环境中快速达到选取的目的，其选取规则是选择图像内指定的颜色，利用与选取颜色相同或相近的像素点来获得选区。选择"选择"|"色彩范围"命令，将弹出"色彩范围"对话框，如图 2-26 所示。

图 2-26   "色彩范围"对话框

"色彩范围"对话框中的主要参数属性如下。

- ➧ 取样颜色：当打开"色彩范围"对话框后，图像窗口中的光标会变成吸管图标，在图像窗口中单击选取一种颜色范围，单击"确定"按钮后，显示该范围选区。
- ➧ 颜色容差：该选项和"魔棒工具"中的"容差"选项含义相同，均是选取颜色范围的误差值，数值越小，选取的颜色范围越小。
- ➧ 添加或减去颜色数量："颜色容差"选项更改的是某一颜色像素的范围，而单击对话框中的"添加到取样"按钮 ✎ 与"从取样中减去"按钮 ✎ 可以增加或减少不同的颜色像素。

➤ 反相：当图像中的颜色复杂时，要选择一种颜色或者多种颜色的像素，可以在该对话框中选取较少的颜色像素后，再选中"反相"复选框，单击"确定"按钮后得到反方向的选区。

【案例 2-3】制作饼图

案例功能说明： 使用素材，并利用"多边形套索工具""魔棒工具"和选择命令制作饼图，素材及效果如图 2-27 所示。

s6.jpg

饼图.jpg（效果图）

图 2-27　饼图素材及效果

操作步骤：

（1）启动 Photoshop CC，选择"文件"|"打开"命令，在弹出的对话框中选择"第 2 章素材"文件夹下的 s6.jpg 文件，单击"打开"按钮。

（2）在工具箱中单击"前景色"按钮，将其设为红色，如图 2-28 所示。在工具箱中选择"多边形套索工具" ▽，在图上切出一块，如图 2-29 所示。

图 2-28　设置前景色为红色

（3）选择"编辑"|"填充"命令，打开"填充"对话框，如图 2-30 所示。设置"使用"为"前景色"，"模式"为"正常"，"不透明度"为 100%，单击"确定"按钮。

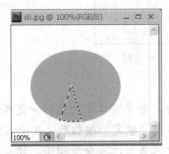

图 2-29　用"多边形套索工具"在图上切出一块　　　　图 2-30　"填充"对话框

（4）选择"移动工具" ▶₊，把步骤（2）中切出的部分向外移出一点，并选择"选择"|

"取消选择"命令，即取消选择，得到如图 2-31 所示的效果。

（5）在工具箱中单击"前景色"按钮，将其设为蓝色。

（6）选择"多边形套索工具" ，在图上再切出一块，按照步骤（3）和步骤（4）再执行一次，得到如图 2-32 所示的效果。

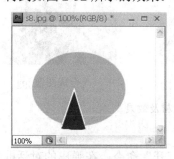
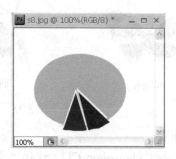

图 2-31　切出红色块　　　　　　　　　图 2-32　切出蓝色块

（7）在工具箱中选择"魔棒工具" ，按住 Shift 键的同时先后单击绿、红、蓝 3 个色块，即同时选中这 3 种色彩块，形成的选区如图 2-33 所示。

（8）按住 Ctrl+Alt 组合键不放，同时连续按↑键，3 个色块的饼状图即可产生立体感（按一次组合键，色块选区向上移动一个像素），然后选择"选择"|"取消选择"命令，即取消选择，效果如图 2-34 所示。

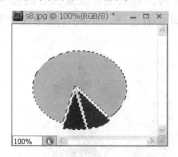
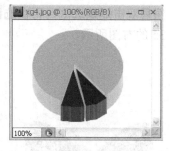

图 2-33　同时选中 3 种色彩块　　　　　图 2-34　立体感色块

注意：如果组合键功能没有产生立体效果，则选择"移动工具"，按 Ctrl+J 组合键一次，然后按↑键一次，再按 Ctrl+J 组合键一次，然后再按↑键一次，这样重复进行 15 次，即可将色块选区向上移动 15 个像素，产生立体效果。

（9）保存为 PSD 格式。选择"文件"|"存储为"命令，将文件以"饼图.psd"为名保存在"第 2 章完成文件"文件夹中。

（10）保存为 JPG 格式。选择"文件"|"存储为"命令，将文件以"饼图.jpg"为名保存在"第 2 章完成文件"文件夹中。

【案例 2-4】合成图像

案例功能说明：使用素材，并利用"色彩范围"命令和选择命令制作合成图像，素材及效果如图 2-35 所示。

s7.jpg　　　　　　　　　s8.jpg　　　　　　　合成图像.jpg

图 2-35　合成图像素材及效果

操作步骤：

（1）启动 Photoshop CC，选择"文件"|"打开"命令，在弹出的对话框中同时选择"第 2 章素材"文件夹中的 s7.jpg 和 s8.jpg 文件，单击"打开"按钮。

（2）在 s7.jpg 窗口中，选择"选择"|"色彩范围"命令，打开"色彩范围"对话框（见图 2-26）。设置"选择"为"取样颜色"，在图像窗口中选取白色背景，并选中"反相"复选框，单击"确定"按钮，形成蝴蝶选区图像，如图 2-36 所示。

（3）选择"编辑"|"拷贝"命令，然后选择 s8.jpg 窗口，并选择"编辑"|"粘贴"命令，将蝴蝶选区复制到 s8.jpg 中。按 Ctrl+T 组合键调整其大小、位置及方向直至图 2-37 所示的效果，然后双击蝴蝶选区，再在选区外单击即取消选择，完成合成图像的制作，最终效果如图 2-35 的右图所示。

图 2-36　蝴蝶选区　　　　　　　　　　　　图 2-37　调整蝴蝶

（4）保存为 PSD 格式。选择"文件"|"存储为"命令，将文件以"合成图像.psd"为名保存在"第 2 章完成文件"文件夹中。

（5）保存为 JPG 格式。选择"文件"|"存储为"命令，将文件以"合成图像.jpg"为名保存在"第 2 章完成文件"文件夹中。

【实训 2-1】环境转换

实训功能说明：使用素材，并利用"磁性套索工具"完成照片环境转换，素材及效果如图 2-38 所示。

s9.jpg

s10.jpg

环境转换.jpg

图 2-38　环境转换素材及效果

操作要点：

（1）启动 Photoshop CC，打开素材文件 s9.jpg 和 s10.jpg。

（2）在 s9.jpg 窗口中，选择"磁性套索工具"，在其选项栏中按照图 2-39 所示设置各项参数。

图 2-39　"磁性套索工具"选项栏

（3）沿北极熊边缘慢慢勾画，选择北极熊图像区域。

（4）把北极熊选区复制到 s10.jpg 中，按 Ctrl+T 组合键调整其大小、位置，直至效果如图 2-38（右）所示，得到环境转换照片效果图。

（5）保存为 PSD 格式。选择"文件"|"存储为"命令，将文件以"环境转换.psd"为名保存在"第 2 章完成文件"文件夹中。

（6）保存为 JPG 格式。选择"文件"|"存储为"命令，将文件以"环境转换.jpg"为名保存在"第 2 章完成文件"文件夹中。

【实训 2-2】制作购物天堂合成图像

实训功能说明： 使用素材，并利用选区工具和选择命令制作购物天堂合成图像，素材及效果如图 2-40 所示。

zhsxsc1.jpg

zhsxsc2.jpg

zhsxsc3.jpg

购物天堂.jpg

图 2-40　购物天堂素材及效果

操作要点：

（1）打开素材文件 zhsxsc1.jpg，选中图像中的山和湿地（不包括后面的天空）。

（2）打开素材文件 zhsxsc2.jpg，将步骤（1）中创建的选区复制到此文件中，并将选区调整到原来图像的下部，制作出在湿地旁是一幢建筑的效果。

（3）打开素材文件 zhsxsc3.jpg，只选取天空部分并复制；在素材文件 zhsxsc2.jpg 中，也只选取天空部分，选择"编辑"|"选择性粘贴"|"贴入"命令，将 zhsxsc3.jpg 中选定的天空部分贴入 zhsxsc2.jpg 中，替换 zhsxsc2.jpg 建筑上的天空。

（4）保存为 PSD 格式。将文件以"购物天堂.psd"为名保存在"第 2 章完成文件"文件夹中。

（5）保存为 JPG 格式。将文件以"购物天堂.jpg"为名保存在"第 2 章完成文件"文件夹中。

上 机 操 作

1．利用选取等工具，制作干涸河流合成图像效果，素材与最终效果如图 2-41 所示。

sj1.jpg

sj2.jpg

sj3.jpg　　干涸的河流.jpg

图 2-41　干涸的河流素材及效果

提示：

（1）打开素材文件 sj1.jpg，选中大树下方部分和根的部分。

（2）打开素材文件 sj2.jpg，将步骤（1）中创建的选区复制到此文件中，并将其选区放在原来图像的右下部，离水洼远点，调整它的大小，设计出树根与干枯的河床自然融合的效果。

（3）打开素材文件 sj3.jpg，选中绿色植物，复制至 sj2.jpg 中，放在水洼旁边，并缩放到合适的大小，设计出绿色植物具有顽强生命力的效果。

2．利用选取等工具制作合成图像效果，素材与最终效果如图 2-42 所示。

sj4.jpg

sj5.jpg

sj6.jpg

风景区.jpg

图 2-42　合成图像素材及效果

提示：

（1）打开素材文件 sj4.jpg，选中红色花和绿色的草地。

（2）打开素材文件 sj5.jpg，将步骤（1）中创建的选区复制到其中，并将选区放在图像中间，调整它的大小和位置，制作出花地毯造型效果。

（3）打开素材文件 sj6.jpg，只选取后面的天空部分并复制，在文件 sj5.jpg 中，也只选取天空部分，选择"编辑"|"选择性粘贴"|"贴入"命令，将其贴入 sj5.jpg 中，替换原有的天空背景，调整它的大小和位置。

3．利用矩形选区、椭圆选区、添加选区、填充等功能绘制灯笼，如图 2-43 所示。

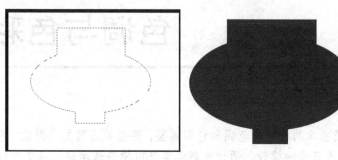

图 2-43　绘制灯笼选区及填充为红色

理 论 习 题

一、填空题

1．"矩形选框工具"和"椭圆选框工具"的快捷键为_____，按键盘中的_____键可以在两种工具之间进行切换。

2．在使用"多边形套索工具"绘制选区时，按住_____键只能在水平方向、垂直方向或 45°角倍数的方向绘制；按_____键可以逐步向前撤销绘制的转折点。

二、选择题

1．在"色彩范围"对话框（选择"选择"|"色彩范围"命令打开）中，如果想增加选区范围，应调整哪一个数值？（　　　）

　　A．反相　　　　　　　　　　　　B．边对比度

　　C．颜色容差　　　　　　　　　　D．羽化

2．在使用"磁性套索工具"选取区域的过程中，做什么操作可以暂时切换成"多边形套索工具"？（　　　）

　　A．按 Ctrl 键并单击　　　　　　　B．按 Alt 键并单击

　　C．按 Shift 键并双击　　　　　　　D．直接按 Ctrl+Alt 组合键

3．下列工具中能够用于制作可用于定义为画笔及图案的选区是哪一个工具？（　　　）

　　A．椭圆选框工具　　　　　　　　B．矩形选框工具

　　C．套索工具　　　　　　　　　　D．魔棒工具

第3章

色调与色彩调整

　　Photoshop 中最基本的技巧是色调和色彩调整，要想做出精美的图像，色彩模式的应用和色彩的调整是必不可少的操作，通过色彩调整可以精确地增强、修复和校正图像中的颜色和色调，如图像的亮度、暗度和对比度等。本章将介绍 Photoshop 中色调与色彩调整的方法，帮助读者掌握改变图像整体色调与色彩的方法，达到使用 Photoshop 制作精美艺术作品的目的。

　　资源文件说明：本章案例、实训和上机操作等源文件素材放在本书附带资源包的"第3章\第3章素材"文件夹中，制作完成的文件放在"第3章\第3章完成文件"文件夹中。在实际操作时，将"第3章素材"文件夹复制到本地计算机，如 D 盘中，并在 D 盘中新建"第3章完成文件"文件夹。

任务 1　色彩基本理论

知识点：色彩基本理论

　　色彩可分为无彩色和有彩色两大类，前者如黑、白、灰，后者如红、绿、蓝等。自然界中的色彩虽各不相同，但任何有彩色的色彩都具有色相、明度和纯度这 3 种基本属性，将它们称为色彩的三要素。

1. 无彩色系

　　无彩色系包括黑色、白色和由黑色与白色互相调和形成的各种不同浓淡层次的灰色。如果将这些白色、黑色以及各种灰色按上白下黑渐变地排列起来，可形成由白色依次过渡到浅灰色、中灰色、深灰色直到黑色的一个系列，色彩学上称此系列为黑白系列。无彩色没有色相和纯度属性，只有明度属性。

2. 有彩色系

有彩色系又简称为彩色系，指具有不同明度、不同纯度和不同色相的颜色。

➦ 色相：指色的相貌。最基本的色相是太阳光通过三棱镜分解出来的红、橙、黄、绿、蓝、紫这 6 个光谱色，其他各种色相都是以这 6 个基本色相为基础的。把与色相接近的那些色称为同类色；把与色相差别较大的那些色称为对比色或互补色；把与色相差别不大的那些色称为类似色。图 3-1 所示是一个简单的色环。

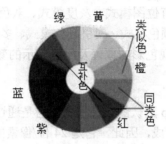

图 3-1   一个简单的色环

➦ 纯度：又称为饱和度，指某色相纯色的含有程度，也就是指色彩的艳丽程度。纯度取决于该色中含色成分和消色成分（黑、白、灰）的比例，含色成分越大，纯度越高；相反，消色成分越大，纯度越低，即向任何一种色彩中加入黑、白、灰都会降低它的纯度。例如，在一个大红色里逐步添加白色或黑色，这个大红色就会变得不像以前那么艳丽了，这是因为它的纯度下降了。图 3-2 所示是一个纯度色标。

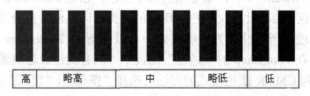

图 3-2   纯度色标

➦ 明度：指色彩的明暗程度。不同的颜色之间存在着明度的差异，从色相环中可以看到黄色最亮，即明度最高；红色和紫色明度最低。图 3-3 所示为一个简单的明度色标。在无彩色系中，明度是主要特征。如在某色中加入一定量的白色，可提高该色的明度；相反，在某色中加入一定量的黑色，可降低该色明度。

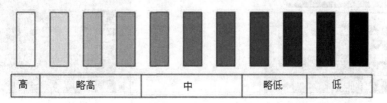

图 3-3   明度色标

任务 2　色彩模式与转换

知识点：色彩模式与转换

色彩模式是指计算机中颜色的不同组合方式，不同的色彩模式有不同的特性，也可进行互相交换。常见的色彩模式有位图模式、灰度模式、双色调模式、HSB 模式、RGB 颜色模式、CMYK 颜色模式、Lab 颜色模式、索引颜色模式、多通道模式以及 8 位/16 位通道模式，每种模式的图像描述和重现色彩的原理及所能显示的颜色数量是不同的。

1．RGB 颜色模式与转换

RGB 颜色模式是 Photoshop 默认的图像模式，它是通过对红（Red）、绿（Green）和蓝（Blue）3 种基本颜色组合而成，因此，它是 24 位/像素的 3 通道图像模式，每一种颜色都有从 0～255 的亮度值，通过 3 种基色的各种值进行组合来改变像素颜色。它是目前运用最广的颜色系统之一，主要应用在显示器显示、RGB 色打印和 RGB 色喷画等方面。在 Photoshop 的"通道"面板中可以看到组成画面的 3 种通道，如图 3-4 所示。转换为 RGB 颜色模式的方法：选择"图像"|"模式"|"RGB 颜色"命令即可。

2．CMYK 颜色模式与转换

CMYK 颜色模式是专门用于印刷的颜色。CMYK 即代表青（Cyan）、洋红（Magenta）、黄（Yellow）和黑（Black）4 种印刷专用的油墨颜色，也是 Photoshop 软件中 4 个通道的颜色，根据 4 个颜色的百分比定义颜色。现在的喷墨打印机或者高分辨率的彩色激光打印机都是利用这个原理，所以称其为印刷模式。可以在新建 Photoshop 图像文件时就选择 CMYK 印刷模式。在 Photoshop 的"通道"面板中可以看到组成这幅画面的 4 种通道，如图 3-5 所示。转换为 CMYK 颜色模式的方法：选择"图像"|"模式"|"CMYK 颜色"命令即可。

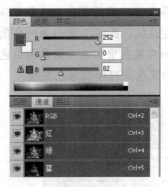

图 3-4　RGB 颜色模式下的"颜色"和"通道"面板

图 3-5　CMYK 颜色模式下的"颜色"和"通道"面板

3．灰度模式与转换

灰度模式就是平常说的黑白照片。这样的图像由黑、白以及从黑到白的中间灰度组成。当 K 值为 0 时为全白，当 K 值为 100% 时为全黑，而"通道"面板中也就剩下一个灰度通道了，如图 3-6 所示。转换为灰度模式的方法：选择"图像"|"模式"|"灰度"命令即可。

4．索引颜色模式与转换

所谓的索引就是把一幅图像中的色彩进行分级归类，和采样原理是一样的，把中间过渡的色彩去除，这样很多色彩过渡层次就丢失了。这种色彩模式损失很大，不到万不得已建议不要使用，如图 3-7 所示。转换为索引颜色模式的方法：选择"图像"|"模式"|"索引颜色"命令即可。

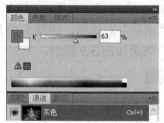

图 3-6　灰度模式下的"颜色"和"通道"面板　　图 3-7　索引颜色模式下的"颜色"和"通道"面板

5．Lab 颜色模式与转换

Lab 颜色模式是一个用亮度分量 L 及两个颜色分量 a 和 b 来表示颜色的，因此 Lab 模式也是由 3 个通道组成的，一个通道是亮度 L，取值范围是 0～100，另外两个是色彩通道 a 和 b，取值范围均为 -128～127，因此，这种色彩混合后将产生明亮的色彩，如图 3-8 所示。转换为 Lab 颜色模式的方法：选择"图像"|"模式"|"Lab 颜色"命令即可。

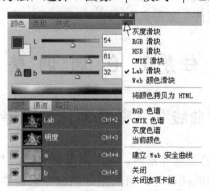

图 3-8　Lab 颜色模式下的"颜色"和"通道"面板

【案例 3-1】彩色图像转换为黑白图像

案例功能说明：利用 Photoshop 色彩模式转换功能将彩色图像转换为黑白图像，转换前后的效果如图 3-9 所示。

图 3-9 彩色图像转换为黑白图像前后的效果图

操作步骤：

（1）启动 Photoshop CC，选择"文件"|"打开"命令，在弹出的对话框中选择"第 3 章素材"文件夹下的"璀璨古城夜.jpg"文件。选择"窗口"|"通道"命令，在窗口的右侧查看"颜色"和"通道"面板，可知打开的图像是 RGB 颜色模式，如图 3-4 所示。

（2）选择"图像"|"模式"|"灰度"命令，打开"信息"对话框，如图 3-10 所示。单击"扔掉"按钮即可将彩色的图像转换为黑白的图像，效果如图 3-9 所示。

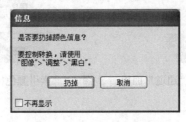

图 3-10 "信息"对话框

（3）保存为 PSD 格式。选择"文件"|"存储为"命令，将文件以"璀璨古城夜-黑白.psd"为名保存在"第 3 章完成文件"文件夹中。

（4）保存为 JPG 格式。选择"文件"|"存储为"命令，将文件以"璀璨古城夜-黑白.jpg"为名保存在"第 3 章完成文件"文件夹中。

任务 3 色 调 调 整

知识点："色阶""曲线""亮度/对比度"等调整命令

Photoshop 中调整颜色的工具非常多，其中最重要的就是"色阶"和"曲线"命令。当遇到色调灰暗或层次不分明的图像时，可利用这些命令来调整图像的明暗关系。图像的明度提高后，颜色的饱和度就会增加，颜色就鲜艳；反之，图像的明度降低，颜色的饱和度就会减少，颜色就显得灰暗。

1. "色阶"命令

"色阶"是 Photoshop 中常用的命令，主要用来调整图像的明与暗、整体与局部，操作时色调变化直观、简单且实用。主要通过高光、中间调和暗调 3 个变量进行图像色调调

整。当图像偏暗或偏亮时，可使用此命令调整其中较暗或较亮部分，对于暗色调图像，可将高光设置为一个较低的值，以免对比度太大。操作方法：选择"图像"|"调整"|"色阶"命令（或按 Ctrl+L 组合键），打开"色阶"对话框，如图 3-11 所示。其中的各选项功能如表 3-1 所示。

图 3-11　"色阶"对话框

表 3-1　"色阶"对话框中的选项及其功能

选　　项	功　能　说　明
预设	在该下拉列表框中，按照高光、中间调、暗调 3 个变量预设了"较暗""较亮"等 8 个智能选项，选择每一个选项，均有不同的效果，可方便、快捷地调整图像的明暗关系
通道	该选项根据图像颜色模式而改变（如 RGB 颜色模式，有 RGB、红、绿、蓝等 4 个选项），可以对每个颜色通道设置不同的输入色阶值与输出色阶值
输入色阶	该选项区域的 3 个三角形滑块分别控制图像暗调（黑色滑块）、中间调（灰色滑块）和高光部分（白色滑块），可用来增加图像的对比度
输出色阶	该选项区域的两个三角形滑块控制图像的最暗和最亮数值，用于降低图像的对比度
自动	单击该按钮，执行"自动色阶"命令。如果要更改其默认参数值，单击"选项"按钮
选项	单击该按钮可以更改"自动色阶"命令中的默认参数
吸管工具	分别为黑场、灰场和白场 3 个吸管工具，用于调整图像的色彩平衡及将色调校正，应用于图像中的所有像素

（1）输入色阶

在"色阶"对话框中，主要的调整参数为"输入色阶"，该选项可用来增加图像的对比度。增加图像的对比度有两种方法：一种是通过拖动色阶的 3 个三角滑块进行调整；另一种是直接在"输入色阶"的 3 个文本框中输入数值。3 个三角滑块的作用如下。

- 左侧的黑色三角滑块：用于控制图像的暗调部分，取值范围为 0～253。当向右拖动该滑块时，增大图像中暗调的对比度，使图像变暗，而相应的数值框也发生变化。
- 中间的灰色三角滑块：用于调整中间色调的对比度，可以控制黑场和白场之间的分布比例，数值小于 1.00 图像变暗，大于 1.00 图像变亮。如果往暗调区域即向左移动该滑块，图像变亮，因为黑场到中间调的距离比起中间调到高光的距离要短，这代表中间调偏向高光区域更多一些，因此图像变亮；反之，图像变暗。

➥ 右侧的白色三角滑块 △：用于控制图像的高光对比度，数值范围为 2～255。当向左拖动该滑块时，将增大图像中的高光对比度，使图像变亮，而相应的数值框也会发生变化。

（2）输出色阶

通过"输出色阶"选项可降低图像的对比度。降低图像的对比度也有两种方法：一种是通过拖动色阶的两个三角滑块进行调整；另一种是直接在"输出色阶"的两个文本框中输入数值。两个三角滑块的作用如下。

➥ 左侧的黑色三角滑块 ▲：用来降低图像中暗部的对比度，向右拖动该滑块，可将最暗的像素变亮，即图像整体色调变白，其取值范围为 0～255。

➥ 右侧的白色三角滑块 △：用来降低图像中亮部的对比度，向左拖动该滑块，将最亮的像素变暗，图像整体色调变暗，其取值范围为 255～0。

（3）"通道"选项

"通道"选项是以选择特定的颜色通道的方式来调整其色阶分布。"通道"选项中的颜色通道是根据图像颜色模式来决定的。当图像模式为 RGB 时，该选项中的颜色通道为 RGB、红、绿和蓝；当图像模式为 CMYK 时，该选项中的颜色通道为 CMYK、青色、洋红、黄色和黑色。

前面介绍的"输入色阶"与"输出色阶"调整的是整个图像的明暗关系，而图像色相并不会发生变化，这是因为调整操作是在默认的 RGB 通道中进行的。

在 RGB 模式的图像中，颜色通道中较亮的部分表示这种颜色用量大，较暗部分表示该颜色用量少。相反，对于 CMYK 图像来说，颜色通道中较亮的部分表示这种颜色用量少，较暗部分表示该颜色用量大。所以当图像中存在整体的颜色偏差时，可以方便地选择图像中的一个颜色通道，并对这一颜色通道的"输入色阶"与"输出色阶"的各项数值进行适当的调整，从而使图像效果更佳。

（4）双色通道

在"色阶"对话框中，除了可以调整单色通道中的颜色外，还可以调整由两个通道组成的一组颜色通道。但在"通道"下拉列表框中没有该选项，只有结合"通道"面板才能选择双色通道。操作方法：在"通道"面板中按住 Shift 键，并选中其中的两个单色通道（如红、绿）。这时"色阶"对话框中的"通道"下拉列表框中有 RGB、红与绿，如图 3-12 所示。

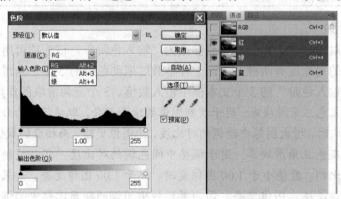

图 3-12　"色阶"对话框中双色通道设置与选中"通道"面板中的双通道

（5）吸管工具

"色阶"对话框右下方的吸管分别用于设置黑场、灰场和白场并调整图像的色彩平衡，还可以将色彩校正应用于图像中的所有像素。默认情况下，设置黑场吸管工具的目标值为0，设置白场吸管工具的目标值为255。

2. "曲线"命令

"曲线"是 Photoshop 中另一个重要的命令，使用它可以调节全体或单独通道的对比度，也可以调节任意局部的亮度和颜色。"曲线"不仅可以使用 3 个变量（高光、暗调和中间调）进行调整，而且可以调整 0～255 范围内的任意点，也可以使用"曲线"命令对图像中的个别颜色通道进行精确的调整。操作方法：选择"图像"|"调整"|"曲线"命令，打开"曲线"对话框，如图 3-13 所示。其中各项功能如表 3-2 所示。

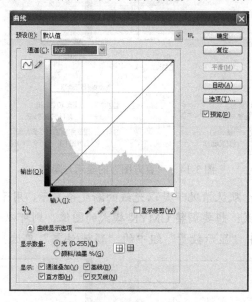

图 3-13　"曲线"对话框

表 3-2　"曲线"对话框中的选项及功能

选　项	功　能　说　明
预设	在该下拉列表框中，预设了"较暗""较亮""反冲"等9个智能选项，选择不同的选项，均有不同的效果，这样可方便、快捷地调整图像的色彩及明暗关系
通道	该选项根据图像颜色模式而改变（如 RGB 颜色模式，有 RGB、红、绿、蓝），在单独调整颜色信息通道中的颜色时，可以通过增加曲线上的点来细微地调整图像的色调
输入曲线	在该选项里输入数值可以改变图像的灰度
输出曲线	该选项则是图像的灰度改变后的结果
曲线显示选项	该选项包含"显示数量"和"显示"两类选项，可以精确调整图像的明暗关系和色彩
自动	单击该按钮，执行"自动曲线"命令
吸管工具	分别为黑场、灰场和白场 3 个吸管工具，用于调整图像的色彩平衡和将色调校正应用于图像中的所有像素

（1）曲线显示选项

下面介绍"曲线显示选项"选项区域中的相关设置。

➥ 直方图：在 Photoshop CC 的"曲线"对话框中，显示了要调整图像的直方图。直方图能体现图片的阴影、中间调、高光和单色通道的特性。如果取消选中"曲线显示选项"选项区域中的"直方图"复选框，则可以隐藏直方图，如图 3-14 所示。

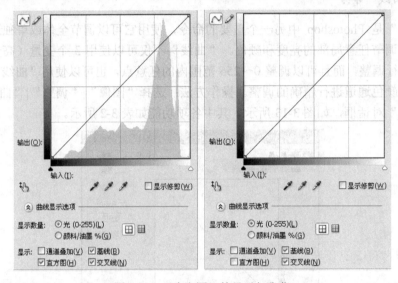

图 3-14　"直方图"的显示与隐藏

➥ RGB 显示模式：默认情况下是以光线的渐变条显示，用于调整 RGB 模式的图像。

➥ CMYK 显示模式：想要调整 CMYK 模式的图像，则可以选择油墨的渐变条显示。操作方法是选中"显示数量"组中的"颜料/油墨"单选按钮，如图 3-15 所示。

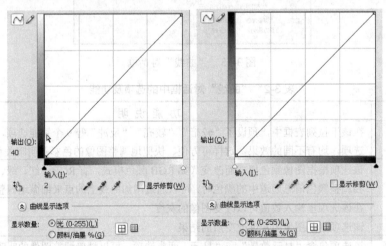

图 3-15　光（RGB）与颜料（CMYK）显示模式

（2）修饰深色图像

在修饰灰暗图像时，可以使用"曲线"命令来提高亮度和对比度。具体方法：打开"曲线"对话框，单击对角线的中间处，添加一个控制点，然后将添加的控制点向上拖动，此时图像逐渐变亮，如图 3-16 所示。相反，如果将添加的控制点向下拖动，图像则逐渐变暗。

图 3-16　在曲线上添加控制点可提高图像亮度

（3）自由曲线

下面介绍自由曲线的相关选项设置。

- 铅笔工具 ✐：位于直方图的左上方，单击它，可以根据自己的需要随意在网格内绘制曲线形状，如图 3-17 所示。

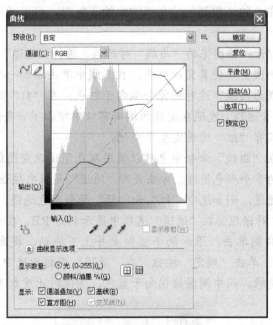

图 3-17　使用 ✐ 绘制自由曲线

- "平滑"按钮：使用"铅笔工具"绘制完形状之后，会发现曲线的形状凹凸不平，这时可以单击"平滑"按钮，单击它的次数越多，曲线越平滑，如图 3-18 所示。
- "曲线"按钮 ∿：位于直方图的左上方，它可以把铅笔绘制的线条转换为普通的带有控制点的曲线，如图 3-19 所示。

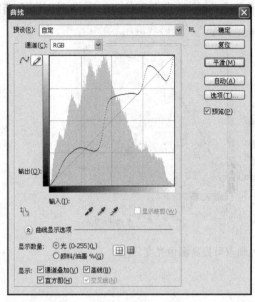
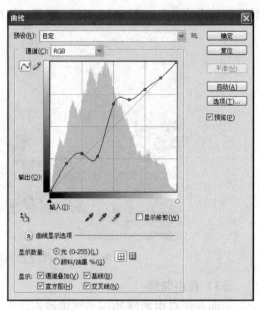

图 3-18　单击"平滑"按钮平滑曲线　　　　图 3-19　转换为带有控制点的曲线

（4）调整通道颜色

"曲线"对话框在单独调整颜色信息通道中的颜色时，可以通过增加曲线上的点来细微地调整图像的色调。

➥ 单色通道：打开一幅图像的"曲线"对话框，选择"通道"下拉列表框中的"红"选项，编辑曲线窗口使其变成红色。在直线中单击添加一个控制点，然后向上拖动，使直线成为曲线，这时图像会偏向于红色。在"红"通道中调整完曲线后，返回 RGB 复合通道，发现在曲线的编辑窗口中增添了一条红色的曲线，这说明在所有通道中只有"红"通道发生了变化。

➥ 双色通道：在"曲线"命令中也可以使用双色通道改变图像的色调，这样能快速调整图像里的多个颜色通道。方法是在"通道"面板中按住 Shift 键的同时选中两个颜色信息通道，例如选中"红"和"蓝"两个颜色通道，如图 3-20 所示。接着打开"曲线"对话框，在"通道"选项中显示的是 RB，在曲线编辑窗口直线上不同的位置上分别单击，添加两个控制点并上下拖动，提高其颜色的对比度，如图 3-21 所示。单击"确定"按钮，在"通道"面板中选中 RGB 通道，会发现图像中的绿色更绿，而中间区域偏向于蓝色，图像对比度加深。

图 3-20　在"通道"面板中选中两个通道

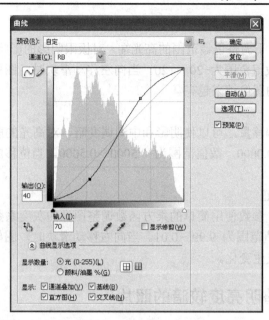

图 3-21 调整双通道 RB 曲线

3. "亮度/对比度"命令

"亮度/对比度"命令主要用来调节图像的亮度和层次感，它可以迅速地使图像变亮、变暗，或改变图像的对比度。操作方法是：打开一幅图像后，选择"图像"|"调整"|"亮度/对比度"命令，打开"亮度/对比度"对话框，如图 3-22 所示。

在图 3-22 所示的对话框中选中"使用旧版"复选框时，"亮度"和"对比度"值的设置范围均为-100～100。取消选中"使用旧版"复选框时，"亮度"值的设置范围为-150～150，"对比度"值的设置范围为-50～100。

当"亮度/对比度"对话框中的"亮度"和"对比度"数值均为最大或最小值时，会出现不同的效果，可以使用该操作增加图像的层次感。

4. "曝光度"命令

要使图像局部变亮，可使用"曝光度"命令，它主要用来调整色彩范围内较亮的那部分，阴影色调变化不大。操作方法：选择"图像"|"调整"|"曝光度"命令，打开"曝光度"对话框，如图 3-23 所示。

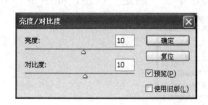

图 3-22 "亮度/对比度"对话框

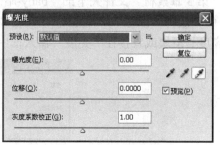

图 3-23 "曝光度"对话框

（1）曝光度

"曝光度"参数用于调整色调范围的高光端，对极限阴影的影响很轻微。默认情况下，该选项的值为 0.00，数值范围为−20～+20。当向左移动滑块时，图像逐渐变黑；向右移动滑块时，高光区域中的图像越来越亮。

（2）位移

"位移"也就是偏移量，可以使阴影和中间调变暗，对高光的影响很轻微。默认情况下，该选项的数值为 0.0000，数值范围为−0.5000～0.5000。当位移的值为负数时，图像中间调会变暗。

（3）灰度系数校正

"灰度系数校正"参数使用简单的乘方函数调整图像的灰度系数。默认情况下，该选项的数值为 1.00，数值范围为 9.99～0.01。当向右移动滑块时，图像除了像蒙上一层白纱外，最亮区域颜色也发生变化。

【案例 3-2】调整明亮度较暗的照片

案例功能说明：利用 Photoshop 的"色阶""曲线""曝光度""亮度/对比度"等命令调整较暗的照片，效果如图 3-24 所示。

图 3-24　较暗照片调整前后的效果

操作步骤：

（1）启动 Photoshop CC，选择"文件"|"打开"命令，在弹出的"打开"对话框中选择"第 3 章素材"文件夹下的"baby-暗.jpg"文件。

（2）选择"图像"|"调整"|"亮度/对比度"命令，打开"亮度/对比度"对话框。拖动"亮度"滑块或直接在"亮度"输入框中输入 100，单击"确定"按钮，如图 3-25 所示。

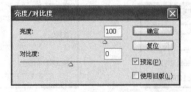

图 3-25　"亮度/对比度"对话框

（3）选择"图像"|"调整"|"色阶"命令，打开如图 3-26 所示的对话框。设置"输入色阶"的暗调为 0，向左拖动灰色三角滑块或直接在"中间调"输入框中输入 1.10，再向左拖动白色三角滑块或直接在"高光"输入框中输入 240，单击"确定"按钮。

（4）选择"图像"|"调整"|"曲线"命令，打开如图 3-27 所示的对话框。在直方图的对角线中间处单击，添加一个控制点，然后向上拖动该控制点，使得"输出"值为 140，"输入"值为 120，单击"确定"按钮。

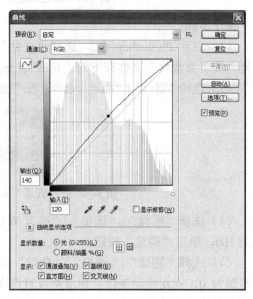

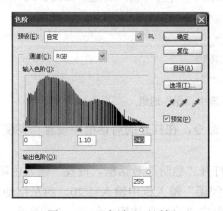

图 3-26 "色阶"对话框   图 3-27 "曲线"对话框

（5）选择"图像"|"调整"|"曝光度"命令，打开如图 3-28 所示的对话框。拖动"曝光度"滑块或直接在"曝光度"输入框中输入 0.10，单击"确定"按钮，即可使照片变亮，如图 3-24（右）所示。

（6）保存为 PSD 格式。选择"文件"|"存储为"命令，将文件以"baby-good.psd"为名保存在"第 3 章完成文件"文件夹中。

图 3-28 "曝光度"对话框

（7）保存为 JPG 格式。选择"文件"|"存储为"命令，将文件以"baby-good.jpg"为名保存在"第 3 章完成文件"文件夹中。

【案例 3-3】处理绿色通道色调较暗的照片

案例功能说明：利用 Photoshop 的"色阶""曲线""亮度/对比度"等命令调整某色通道较暗的照片，效果如图 3-29 所示。

图 3-29 绿色通道较暗照片处理前后的效果

操作步骤：

（1）启动 Photoshop CC，选择"文件"|"打开"命令，在弹出的"打开"对话框中选择"第 3 章素材"文件夹下的"花绿-暗.jpg"文件。

（2）选择"窗口"|"通道"命令，在"通道"面板中只选中"绿"通道，如图 3-30 所示。

图 3-30 在"通道"面板中只选中"绿"通道

（3）选择"图像"|"调整"|"亮度/对比度"命令，在打开的对话框中设置"亮度"值为 100，单击"确定"按钮。

（4）选择"图像"|"调整"|"色阶"命令，打开"色阶"对话框。设置"输入色阶"的暗调为 0，向左拖动灰色三角滑块或直接在"中间调"输入框中输入 1.20，向左拖动白色三角滑块或直接在"高光"输入框中输入 210，单击"确定"按钮，如图 3-31 所示。

（5）选择"图像"|"调整"|"曲线"命令，打开如图 3-32 所示的对话框。在直方图的对角线的中间处单击，添加一个控制点，然后向上拖动该控制点，使得"输出"值为 150，"输入"值为 120，单击"确定"按钮，即可使照片绿色更加鲜亮，最终效果如图 3-29（右）所示。

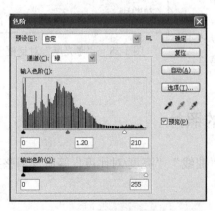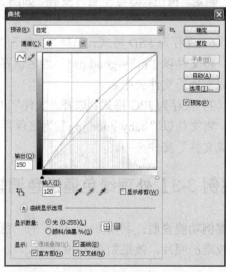

图 3-31 "绿"通道的"色阶"设置　　　图 3-32 "绿"通道的"曲线"设置

（6）保存为 PSD 格式。选择"文件"|"存储为"命令，将文件以"花绿-good.psd"为名保存在"第 3 章完成文件"文件夹中。

（7）保存为 JPG 格式。选择"文件"|"存储为"命令，将文件以"花绿-good.jpg"为名保存在"第 3 章完成文件"文件夹中。

任务4　色相/饱和度调整

知识点："色相/饱和度"命令

颜色是用色彩三要素来表示的，即色相、明度和饱和度。通过调整图像色彩三要素，可以调整或修改图像中的色彩关系，使图像效果柔和、自然。Photoshop 中有两个命令是专门调整图像色彩三要素的，它们分别是"色相/饱和度"与"替换颜色"。

使用"色相/饱和度"命令可以调整图像中特定颜色分量的色相、饱和度和亮度，根据颜色的色相和饱和度来调整图像的颜色，并使这种调整应用于特定范围的颜色或影响色谱上的所有颜色。使用该命令可以在保留原始图像亮度的同时，应用新的色相与饱和度值给图像着色。

操作方法：选择"图像"|"调整"|"色相/饱和度"命令，打开"色相/饱和度"对话框进行调整，如图 3-33 所示。下面介绍该对话框中各参数的功能。

图 3-33　"色相/饱和度"对话框

1．参数设置

下面介绍相关参数设置。

➣ "色相"选项：默认情况下，"色相"的取值范围为−180～180，它是用来更改图像色相的，在参数栏中输入数值或拖动滑动，图像的颜色外观会跟随着"色相"滑块指向的颜色而变化。

➣ "饱和度"选项：默认情况下，"饱和度"的取值范围为−100～100。在其他选项不变的情况下，由左到右拖动"饱和度"滑块时，图像的色彩由无彩色到有彩色变化，即当饱和度值为−100 时，是无彩色图像；当值为 0 或大于 0 时，图像的色谱则是相同的显示。

➥ "明度"选项：默认情况下，"明度"的取值范围为-100～100。由左向右拖动"明度"滑块时，看到的是全黑色到正常显示图像再到全白色的变化，即当明度数值为负数时，图像上方覆盖一层不同程度的不透明度黑色；当明度数值为正数时，图像上方覆盖一层不同程度的不透明度白色。

2．单色调设置

选中"着色"复选框后，可以将画面改为同一种颜色的效果，它的原理是将一种色相与饱和度应用到整个图像或选区中。此时的"色相"的取值范围变为0～360，"饱和度"的取值范围变为0～100，并可以更改图像的色相、饱和度与明度，使图像色彩更加饱和。

➥ 选中"着色"复选框，如果前景色是黑色或白色，则图像会转换为红色色相。

➥ 选中"着色"复选框，如果前景色不是黑色或白色，则图像会转换为当前前景色的色相。

3．颜色蒙版

在"颜色蒙版"下拉列表框中选择一种颜色，可专门对这种特定的颜色进行更改，而其他颜色不变，以达到精确调整颜色的目的，可以选择对红色、黄色、绿色、青色、蓝色和洋红 6 种颜色进行更改。在下拉列表框中默认的是全图颜色蒙版，选择除"全图"选项外的任意一种颜色选项，如红色，对话框下部的色谱会发生变化，如图 3-34 所示。

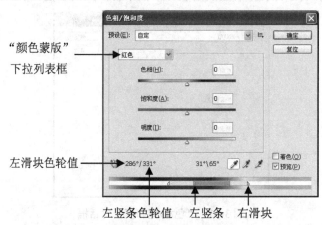

图 3-34　在"色相/饱和度"对话框中选择"红色"蒙版

色谱中出现 4 个调整滑块及与这些颜色条相对应的 4 个色轮值（用度数表示）。在两个竖条之间的颜色都称为红色，在调整色相、饱和度和明度滑块时，这个范围内的颜色全部改变，而介于左滑块与左竖条之间、右滑块与右竖条之间的区域颜色部分改变，改变的多少视离竖条远近而定，滑块以外的颜色则不受影响。

显示的调整滑块可以分别通过拖动竖条或者滑块来改变颜色范围。当滑块不变，向右拖动竖条后，完全改变颜色的范围扩大，部分改变颜色的范围缩小；向左拖动该竖条后效果相反。

除了选择"颜色蒙版"下拉列表框中的颜色选项外，还可以通过"吸管工具"选择图像中的颜色或相近颜色。在"颜色蒙版"下拉列表框中任意选择一个颜色后，使用"吸管工具" $\mathscr{J}$ 在图像中单击，可以更改要调整的色相。

选择"添加到取样工具" $\mathscr{J}$ ，在图像中单击取样颜色，这时对话框中的状态色谱将发生变化（两个竖条之间的距离扩大），即图像要调整的颜色区域范围扩大；相反，选择"从取样中减去工具" $\mathscr{J}$ ，在图像中单击减去颜色，这时对话框中的状态色谱也将发生变化（两个竖条之间的距离减小），即图像要调整的颜色区域范围缩小。

【案例 3-4】 红玫瑰变成蓝玫瑰

案例功能说明：利用"色相/饱和度"命令调整图像色彩，将红玫瑰变成蓝玫瑰，效果如图 3-35 所示。

图 3-35　红玫瑰变成蓝玫瑰

操作步骤：

（1）启动 Photoshop CC，选择"文件"|"打开"命令，在弹出的对话框中选择"第 3 章素材"文件夹下的"红玫瑰.jpg"文件。

（2）在工具箱中选择"多边形套索工具" $\leftthreetimes$ ，在红玫瑰图像中的红色花瓣周围绘制多边形选区，然后选择"图像"|"调整"|"色相/饱和度"命令，打开"色相/饱和度"对话框，如图 3-36 所示。在"颜色蒙版"下拉列表框中选择"红色"，拖动"色相"滑块或直接在"色相"输入框中输入–100，拖动"饱和度"滑块或直接在"饱和度"输入框中输入70，拖动"明度"滑块或直接在"明度"输入框中输入40，单击"确定"按钮。

图 3-36　"色相/饱和度"对话框中红色蒙版的设置

（3）保存为 PSD 格式。选择"文件"|"存储为"命令，将文件以"玫瑰-蓝色.psd"为名保存在"第 3 章完成文件"文件夹中。

（4）保存为 JPG 格式。选择"文件"|"存储为"命令，将文件以"玫瑰-蓝色.jpg"为名保存在"第 3 章完成文件"文件夹中。

任务 5 替 换 颜 色

知识点："替换颜色"命令

使用"替换颜色"命令可以替换图像中指定的颜色，并可以设置替换颜色的色相、饱和度和明度属性，例如调整或替换图像中单个颜色的显示区域，以达到高质量的图像效果。"替换颜色"与"色相/饱和度"命令中的某些功能相似，其只能调整某一种颜色。

操作方法：选择"图像"|"调整"|"替换颜色"命令，打开"替换颜色"对话框进行调整，如图 3-37 所示。其中各选项名称及功能如表 3-3 所示。

图 3-37 "替换颜色"对话框

表 3-3 "替换颜色"对话框中的主要选项及其功能说明

选　　项	功 能 说 明
颜色	想要改变的颜色显示，可以右击该色块，打开"拾色器（选区颜色）"对话框来选择一种颜色
颜色容差	拖动"颜色容差"滑块或输入一个值来调整蒙版的容差，此滑块控制选区中相关颜色的程度
选区颜色范围预览框	有两种方式，一种是选区方式，另一种是图像方式。前者在预览框中显示蒙版，蒙版区域是黑色，未蒙版区域是白色，部分蒙版区域（覆盖半透明蒙版）会根据不透明度显示不同的灰色色阶；后者在预览框中显示图像，在处理放大的图像或仅有有限屏幕空间时，该选项非常有用
结果	更改后的颜色显示，双击该色块，打开"拾色器（结果颜色）"对话框来选择一种颜色作为更改后的颜色

打开"替换颜色"对话框后，显示的选取颜色是前景色，这时"吸管工具"处于可用状态，可以在图像中单击选取要更改的颜色。

在选区颜色范围预览框中，白色区域为选中区域，黑色区域为被保护区域。与"色相/饱和度"命令相同，扩大或缩小颜色选中范围可以使用"添加到取样工具"和"从取样中减去工具"。在"替换颜色"命令中，还有一种扩大或缩小颜色范围的方法，那就是通过设置"颜色容差"选项值，当"颜色容差"参数值大于默认数值时，颜色范围就会扩大。

选取颜色后，可以更改选区中的颜色，具体操作是：拖动"替换"选项区域中的"色相""饱和度""明度"滑块，或直接在相应的文本框中输入数值。

双击"结果"颜色显示框，打开"拾色器（结果颜色）"对话框，在该对话框中可以选择一种颜色作为更改后的颜色。更改颜色后，还可以再次扩大或缩小颜色范围，当改变"颜色容差"参数值时，更改后的颜色也会随之变化。

【案例 3-5】紫色牵牛花变成蓝色牵牛花

案例功能说明：利用"替换颜色"命令将紫色牵牛花变成蓝色牵牛花，并使绿叶变得更绿，其前后效果如图 3-38 所示。

图 3-38 紫色牵牛花变成蓝色牵牛花前后的效果

操作步骤：

（1）启动 Photoshop CC，选择"文件"|"打开"命令，在弹出的对话框中选择"第 3 章素材"文件夹下的"紫色牵牛花.jpg"文件。

（2）选择"图像"|"调整"|"替换颜色"命令，打开如图 3-37 所示的对话框。在该对话框中选择"吸管工具"，在图像中一个花瓣（如上面的花瓣）的紫色处单击，选取要被替换的颜色为紫色；再选择"添加到取样工具"，在图像中另一个花瓣的（如下面的花瓣）紫色处单击，目的是扩大替换紫色的范围。

（3）拖动"颜色容差"滑块或直接在其输入框中输入 81，此时在选区颜色范围预览框中可以看到 3 个白色花瓣区域。

（4）拖动"替换"选项区域中的"色相"滑块或直接在其文本框中输入数值-80，拖动"饱和度"滑块或直接在其文本框中输入数值 60，拖动"明度"滑块或直接在其文本框中输入数值 30，单击"确定"按钮，此时可以看到紫色花瓣变成了蓝色花瓣。

（5）再次选择"图像"|"调整"|"替换颜色"命令，打开"替换颜色"对话框，如图 3-39 所示。选择"吸管工具"  ，在图像中的一个绿叶上单击，选取要被替换的绿色；再选择"添加到取样工具"，在图像中的不同绿叶上单击，这样就扩大替换绿色颜色的范围。

图 3-39　"替换颜色"对话框

（6）拖动"颜色容差"滑块或直接在其输入框中输入 81，此时在选区颜色范围预览框中可以看到白色叶子区域。

（7）拖动"色相"滑块或直接在其文本框中输入数值 45，拖动"饱和度"滑块或直接在其文本框中输入数值 30，拖动"明度"滑块或直接在其文本框中输入数值-15，此时可以看到绿叶变得更绿了，单击"确定"按钮。

（8）保存为 PSD 格式。选择"文件"|"存储为"命令，将文件以"蓝色牵牛花.psd"为名保存在"第 3 章完成文件"文件夹中。

（9）保存为 JPG 格式。选择"文件"|"存储为"命令，将文件以"蓝色牵牛花.jpg"为名保存在"第 3 章完成文件"文件夹中。

任务 6　可 选 颜 色

知识点："可选颜色"命令

"可选颜色"命令用于在 RGB 色彩空间中校正图像并将 RGB 色彩空间转换为 CMYK 空间，用于准备交付印刷前的二次校正，也就是调整单个颜色分量的印刷色数量，主要针对 CMYK 模式的图像，当然也可以在 RGB 模式的图像中使用它，使用该命令可以在这两种色彩空间中拥有更多的校正空间和可使用的色彩。例如使用"可选颜色"命令校正可减少图像绿色图素中的青色，同时保留蓝色图素中的青色不变。

　　操作方法：选择"图像"|"调整"|"可选颜色"命令，打开"可选颜色"对话框进行调整，如图 3-40 所示。下面介绍该对话框中的各选项及其功能。

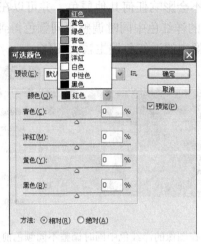

图 3-40　"可选颜色"对话框

1．减去颜色参数

　　因"可选颜色"命令主要是针对 CMYK 模式图像的颜色调整，所以"颜色"参数为青色、洋红、黄色和黑色。当选择的颜色中包含颜色参数中的某一颜色（如洋红色）时，拖动"洋红"滑块使其文本框值为负数（如-100）时，则在图像的洋红色中减少洋红色，从而使图像中的洋红色部分发生较大的改变。如图 3-41 所示为在图像的洋红色中减少洋红含量得到的前后对比效果。反之，如果选择的颜色中不包含颜色参数中的某一颜色，则在改变颜色参数值时，图像中该颜色变化不明显。

图 3-41　在图像的洋红色中减少洋红含量前后的效果

2．增加颜色参数

　　在图像颜色中增加颜色参数时，基本上不会更改颜色色相，但是增加某些颜色参数产生的变化较大还是较小，是由颜色含量比例决定的。例如，选择"黄色"选项后，分别增加青色与洋红，结果发现增加洋红后颜色变化较大。

3．调整不同颜色

"可选颜色"校正是高端扫描仪和分色程序使用的一项技术，它可以增加和减少图像中原色分量中色的量。通过增加和减少与其他油墨相关的油墨数量，可以有选择地修改任何原色中印刷色的数量，而不会影响任何其他原色，并可以在同一对话框中调整不同的颜色。如图 3-42 所示为在图像的洋红色中同时调整不同颜色得到的前后对比效果，可发现图像中的绿色不受影响，而图像中的洋红色发生较大变化。

图 3-42　在图像的洋红色中同时调整不同颜色前后的效果

4．调整方式

有以下两种调整方式。

➥　"相对"方式：按照总量的百分比更改现有的青色、洋红、黄色或黑色的量。

➥　"绝对"方式：采用绝对值调整颜色。

【案例 3-6】调整广告图片色彩

案例功能说明：利用"可选颜色"命令将广告图片中的红色调整为绿色，调整前后的效果如图 3-43 所示。

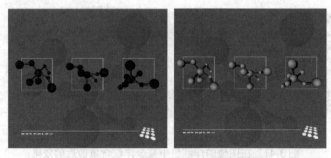

图 3-43　广告图片色彩调整前后的效果

操作步骤：

（1）启动 Photoshop CC，选择"文件"|"打开"命令，在弹出的对话框中选择"第 3 章素材"文件夹下的"广告图片.jpg"文件。

（2）选择"图像"｜"调整"｜"可选颜色"命令，打开如图 3-44 所示的对话框。在"颜色"下拉列表框中选择"红色"，拖动"洋红"滑块或直接在其输入框中输入-100，拖动"青色"滑块或直接在其输入框中输入 100，单击"确定"按钮，可看到图像中红色的圆球都变为绿色了。

图 3-44　"可选颜色"对话框

（3）保存为 PSD 格式。选择"文件"｜"存储为"命令，将文件以"广告图片-绿色.psd"为名保存在"第 3 章完成文件"文件夹中。

（4）保存为 JPG 格式。选择"文件"｜"存储为"命令，将文件以"广告图片-绿色.jpg"为名保存在"第 3 章完成文件"文件夹中。

任务 7　"去色""阈值""黑白""反相"等调整命令

在 Photoshop 中，有些颜色调整命令不需要复杂的参数设置也可以更改图像颜色，其特点是快速、简便、实效。

知识点："去色""阈值""黑白""反相"等调整命令

1."去色"命令

"去色"命令是将彩色图像转换为灰度图像，但图像的颜色模式保持不变。例如 RGB图像中的每个像素指定相等的红色、绿色和蓝色值，并且每个像素的明度值不改变。

操作方法：选择"图像"｜"调整"｜"去色"命令（或按 Shift+Ctrl+U 组合键）后，即可得到灰色图像显示效果。

【案例 3-7】彩色青花瓷变成灰色青花瓷

案例功能说明：利用 Photoshop 的"去色"命令将彩色图像变成灰色图像，效果如

图 3-45 所示。

图 3-45　彩色青花瓷去色前后的效果

操作步骤：

（1）启动 Photoshop CC，选择"文件"|"打开"命令，在打开的对话框中选择"第 3 章素材"文件夹下的"青花瓷.jpg"文件。

（2）选择"图像"|"调整"|"去色"命令，可看到彩色青花瓷变成灰色青花瓷了。

（3）保存为 PSD 格式。选择"文件"|"存储为"命令，将文件以"青花瓷-去色.psd"为名保存在"第 3 章完成文件"文件夹中。

（4）保存为 JPG 格式。选择"文件"|"存储为"命令，将文件以"青花瓷-去色.jpg"为名保存在"第 3 章完成文件"文件夹中。

2．"阈值"命令

"阈值"命令是将灰度或彩色图像转换为黑白两色图像，可以指定阈值为 1～255 亮度中的任意一级。所有比阈值亮的像素转换为白色，而所有比阈值暗的像素转换为黑色。

操作方法：选择"图像"|"调整"|"阈值"命令，打开"阈值"对话框，如图 3-46 所示。在其中指定不同阈值色阶值（1～255），可以产生不同效果。高对比度的黑白图像效果可用来制作漫画或板刻画。

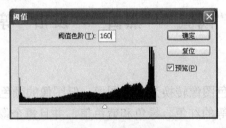

图 3-46　"阈值"对话框

【案例 3-8】将澳门大三巴图像变成黑白画

案例功能说明： 利用 Photoshop 的"阈值"命令将澳门大三巴图像变成黑白画，效果如图 3-47 所示。

图 3-47 澳门大三巴图像变成黑白画前后的效果

操作步骤：

（1）启动 Photoshop CC，选择"文件"|"打开"命令，在打开的对话框中选择"第 3 章素材"文件夹下的"澳门大三巴.jpg"文件。

（2）选择"图像"|"调整"|"阈值"命令，打开"阈值"对话框，如图 3-46 所示。在"阈值色阶"输入框中输入 160，单击"确定"按钮即可。

（3）保存为 PSD 格式。选择"文件"|"存储为"命令，将文件以"澳门大三巴-黑白画.psd"为名保存在"第 3 章完成文件"文件夹中。

（4）保存为 JPG 格式。选择"文件"|"存储为"命令，将文件以"澳门大三巴-黑白画.jpg"为名保存在"第 3 章完成文件"文件夹中。

3. "黑白"命令

使用"黑白"命令可以将彩色图像转换为灰度图像，同时保持对各颜色的转换方式的完全控制，也可以通过对图像应用色调来为灰度着色。

操作方法：选择"图像"|"调整"|"黑白"命令，打开"黑白"对话框进行调整，如图 3-48 所示。

图 3-48 "黑白"对话框

下面介绍该对话框中各选项的功能。

（1）预设

"预设"选项用于选择预定义的灰度混合或以前存储的混合。默认情况下，该选项为"无"，效果与"去色"命令相同。如果选择下拉列表框中的"最白"或"最黑"选项，效果会有所不同。

（2）颜色滑块

颜色滑块用于调整图像中特定颜色的灰色调。将滑块向左或向右拖动可分别使图像原色的灰色调变暗或变亮。

（3）色调

"黑白"命令除了可以将彩色图像转换为灰色图像外，还可以为灰色图像添加色调。方法是在对话框中选中"色调"复选框。在该选项中，如果对默认颜色不满意，可以通过拖动"色相"滑块，选择任意一种色相作为图像的色调；如果想使色彩更加鲜艳，可以通过向右拖动"饱和度"滑块来增加图像色调中的饱和度。

【案例 3-9】黑色连衣裙变成色彩亮丽的连衣裙

案例功能说明：利用 Photoshop 的"黑白"命令为黑色连衣裙着色，效果如图 3-49 所示。

图 3-49 黑色连衣裙着色成亮丽紫色前后的效果

操作步骤：

（1）启动 Photoshop CC，选择"文件"|"打开"命令，在打开的对话框中选择"第 3 章素材"文件夹下的"黑色连衣裙.jpg"文件。

（2）在工具箱中选择"魔棒工具"，在其选项栏中设置其"容差"为32，如图 3-50 所示，然后单击黑色连衣裙的黑色部分，并按住 Shift 键不放，再单击没被选中的黑色部分，将连衣裙黑色部分（如图 3-49 所示被虚线套住的黑色区域）全部选中。

✳ ▾	□ ▣ ▣ ▣	容差: 32	☑消除锯齿	☑连续	□对所有图层取样

图 3-50 "魔棒工具"选项栏

（3）选择"图像"|"调整"|"黑白"命令，打开如图 3-48 所示的"黑白"对话框，

选中"色调"复选框，拖动"色相"滑块或直接在其输入框中输入 300，拖动"饱和度"滑块或直接在其输入框中输入 70，单击"确定"按钮，即可看到黑色连衣裙变成了色彩亮丽的紫色连衣裙了。

（4）保存为 PSD 格式。选择"文件"|"存储为"命令，将文件以"连衣裙黑色-着色.psd"为名保存在"第 3 章完成文件"文件夹中。

（5）保存为 JPG 格式。选择"文件"|"存储为"命令，将文件以"连衣裙黑色-着色.jpg"为名保存在"第 3 章完成文件"文件夹中。

4. "反相"命令

"反相"命令用来反转图像中的颜色。在对图像进行反相时，通道中每个像素的亮度值都会被转换为 256 级颜色值刻度上相反的值。例如，值为 255 的正片图像中的像素会被转换为 0（即 255-255），值为 25 的像素会被转换为 230（即 255-25）。

操作方法：选择"图像"|"调整"|"反相"命令，即可得到反相颜色显示效果。

【案例 3-10】古代文物图像"反相"颜色处理

案例功能说明：利用 Photoshop 的"反相"命令处理古代文物图像，效果如图 3-51 所示。

图 3-51　古代文物图像反相处理前后的效果

操作步骤：

（1）启动 Photoshop CC，选择"文件"|"打开"命令，在打开的对话框中选择"第 3 章素材"文件夹下的"古代文物.jpg"文件。

（2）选择"图像"|"调整"|"反色"命令即可。

（3）保存为 PSD 格式。选择"文件"|"存储为"命令，将文件以"古代文物-反相.psd"为名保存在"第 3 章完成文件"文件夹中。

（4）保存为 JPG 格式。选择"文件"|"存储为"命令，将文件以"古代文物-反相.jpg"为名保存在"第 3 章完成文件"文件夹中。

任务 8　　"照片滤镜""渐变映射"等调整命令

在处理图像的过程中，会遇到将图像色调转换为另外一种色调的操作。其中通过一步操作就可以完成的命令有"照片滤镜""渐变映射"等。

知识点："照片滤镜""渐变映射"等命令

1. 照片滤镜

"照片滤镜"命令是通过模拟相机镜头前滤镜的效果进行色彩调整的，该命令还允许选择预设的颜色，以便向图像应用色相调整。

操作方法：选择"图像"|"调整"|"照片滤镜"命令，打开如图 3-52 所示的对话框，可发现图像发生了细微变化。

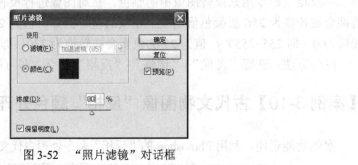

图 3-52　"照片滤镜"对话框

下面介绍该对话框中的各选项的功能。

➥　滤镜：在该下拉列表框中有预设的滤镜颜色，它能快速地使照片达到某种效果，其中包括"加温滤镜""冷却滤镜""个别颜色"等选项。

➥　颜色：选中"颜色"单选按钮，单击其右边的颜色预览框，即可打开"拾色器（照片滤镜颜色）"对话框自定义颜色。

➥　浓度：该选项用来调整应用于图像的颜色数量。浓度越高，颜色调整幅度就越大，反之就越小。

➥　保留明度：通过添加颜色滤镜可以使图像变暗，为了保持图像原有的明暗关系，必须选中"保留明度"复选框。

【案例 3-11】给梅花照片添加滤镜效果

案例功能说明：利用"照片滤镜"命令处理梅花图像，效果如图 3-53 所示。

图 3-53　梅花照片滤镜处理前后的效果

操作步骤：

（1）启动 Photoshop CC，选择"文件"|"打开"命令，在打开的对话框中选择"第 3 章素材"文件夹下的"白梅.jpg"文件。

（2）选择"图像"|"调整"|"照片滤镜"命令，打开如图 3-52 所示的"照片滤镜"对话框。选中"颜色"单选按钮，然后单击其右边的颜色预览框，在打开的"拾色器（照片滤镜颜色）"对话框中选择深蓝色。

（3）拖动"浓度"滑块或直接在其输入框中输入 80，即可看到应用深蓝色滤镜后的梅花效果。

（4）保存为 PSD 格式。选择"文件"|"存储为"命令，将文件以"白梅-滤镜.psd"为名保存在"第 3 章完成文件"文件夹中。

（5）保存为 JPG 格式。选择"文件"|"存储为"命令，将文件以"白梅-滤镜.jpg"为名保存在"第 3 章完成文件"文件夹中。

2．渐变映射

使用"渐变映射"命令可以将相等的图像灰度范围映射到指定的渐变填充色，指定双色渐变填充使图像中的阴影映射到渐变填充的一个端点颜色，高光映射到另一个端点颜色，而中间调映射到两个端点颜色之间的渐变，从而得到图像的特殊调整效果。

操作方法：选择"图像"|"调整"|"渐变映射"命令，打开"渐变映射"对话框进行调整，如图 3-54 所示。

（1）灰度映射所用的渐变

在默认情况下，"灰度映射所用的渐变"选项显示的是前景色为阴影到背景色为高光之间的渐变。随着工具箱中前景色与背景色的更改，打开的对话框会随之变化。当光标指向渐变显示条上方一会儿并显示"点按可编辑渐变"提示时单击即可弹出"渐变编辑器"对话框，如图 3-55 所示。

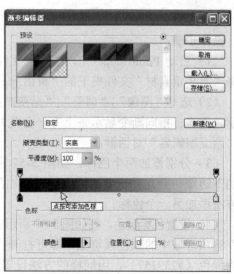

图 3-54　"渐变映射"对话框　　　　　图 3-55　"渐变编辑器"对话框

在"渐变编辑器"对话框可进行以下设置。

➲ 添加色标📍：添加色标的方法是，当光标指向渐变显示条的下边缘一会儿并显示"点按可添加色标"提示时，单击即可添加一个色标。

➲ 色标位置：改变色标位置的方法是拖动该色标📍或直接在"位置"输入框中输入值（如20）。

➲ 色标颜色：改变色标颜色的方法是单击该色标📍，然后单击"色标"选项区域中的颜色预览框，即可打开"拾色器（色标颜色）"对话框自定义颜色。

➲ 删除色标：选中该色标后单击"删除"按钮或按 Delete 键即可删除色标。

（2）渐变选项

"渐变选项"选项区域包含"仿色"与"反向"两个复选框。"仿色"用于添加随机杂色以平滑渐变填充的外观并减少带宽效应，其效果不明显；"反向"用于切换渐变填充的方向，从而进行反向渐变映射。

【案例 3-12】黄山图像渐变映射处理

案例功能说明：利用"渐变映射"命令处理黄山图像，效果如图 3-56 所示。

图 3-56　黄山图像渐变映射处理前后的效果

操作步骤：

（1）启动 Photoshop CC，选择"文件"|"打开"命令，在打开的"打开"对话框中选择"第 3 章素材"文件夹下的"黄山.jpg"文件。

（2）选择"图像"|"调整"|"渐变映射"命令，打开"渐变映射"对话框，如图 3-54 所示。用光标指向渐变显示条上方一会儿并在显示"点按可编辑渐变"提示时单击即可弹出"渐变编辑器"对话框。

（3）分别添加两个色标。如图 3-57 所示，设置四色渐变映射，用光标指向渐变显示条的下边缘一会儿并在显示"点按可添加色标"提示时单击即可添加一个色标📍。用同样的方法添加另一个色标。

（4）设置色标颜色。在如图 3-57 所示的对话框中单击左边第一个色标📍，然后单击"色标"选项区域中的颜色预览框，即可打开"拾色器（色标颜色）"对话框，设置该色标颜色为绿色（#239257），用同样的方法设置从左边起第 2、第 3 个色标颜色分别为淡绿色（#67b68c）和淡蓝色（#b4beec）。

图 3-57　"渐变编辑器"对话框中四色渐变映射

（5）设置色标位置。拖动左边起第 2 个淡绿色色标⬆或选中该色标后直接在"位置"输入框中输入值 20，拖动左边起第 3 个淡蓝色色标⬆或选中该色标后直接在"位置"输入框中输入值 75，单击"确定"按钮完成操作。

（6）保存为 PSD 格式。选择"文件"|"存储为"命令，将文件以"黄山-渐变映射.psd"为名保存在"第 3 章完成文件"文件夹中。

（7）保存为 JPG 格式。选择"文件"|"存储为"命令，将文件以"黄山-渐变映射.jpg"为名保存在"第 3 章完成文件"文件夹中。

【实训 3-1】调整月饼礼盒图像的背景色

实训功能说明：利用"可选颜色"命令将月饼礼盒的背景色绿色调整为青色，前后效果如图 3-58 所示。

图 3-58　将月饼礼盒的背景色绿色调整为青色前后的效果

操作要点：

（1）启动 Photoshop CC，打开"第 3 章素材"文件夹下的"月饼礼盒.jpg"文件。

（2）选择"图像"|"调整"|"可选颜色"命令，在打开的对话框中的"颜色"下拉列表框中选择"绿色"，拖动"黄色"滑块或直接在其输入框中输入-100，单击"确定"

按钮即可。

（3）保存为 PSD 格式。将文件以"月饼礼盒-青色.psd"为名保存在"第 3 章完成文件"文件夹中。

（4）保存为 JPG 格式。将文件以"月饼礼盒-青色.jpg"为名保存在"第 3 章完成文件"文件夹中。

上 机 操 作

调整图像中花蕊的颜色。

要求：利用"替换颜色"命令调整花蕊颜色，效果如图 3-59 所示。

图 3-59　花蕊颜色变为蓝色前后的效果图

提示：

（1）在 Photoshop CC 中打开"第 3 章素材"文件夹下的"花蕊.jpg"文件。

（2）选择"图像"|"调整"|"替换颜色"命令，打开"替换颜色"对话框，利用"吸管工具"在花蕊中部单击，吸取花蕊中部的颜色，并利用"添加到取样工具"在花蕊头部单击，扩大替换颜色范围，然后调整"颜色容差"选项值，设置"色相""饱和度""明度"选项值，如图 3-60 所示。

图 3-60　"替换颜色"对话框

理 论 习 题

一、选择题

1. 下面的（　　）命令不能够将彩色图像转换为黑白图像。
   A．阈值　　　　　　　　　　　　　B．反相
   C．去色　　　　　　　　　　　　　D．黑白

2. 在"曲线"对话框中，X 轴和 Y 轴分别代表的是（　　）。
   A．输出值，输入值　　　　　　　　B．输入值，输出值
   C．暗调，高光　　　　　　　　　　D．高光，暗调

3. 使用"曲线"命令时，可以按组合键（　　）。
   A．Ctrl+M　　　　　　　　　　　　B．Ctrl+Alt+M
   C．Shift+Ctrl+M　　　　　　　　　D．Shift+Ctrl+Alt+M

二、简答题

1. 色彩的三要素是什么？
2. 使用什么命令可以调整图像局部色彩？
3. 简要说明"色阶"命令有哪些功能。
4. 利用什么命令可以为黑白图像上色？

第 4 章

编辑图像

图像处理的过程是从整体到细节循序渐进的过程。通常情况下，应先对图像整体进行编辑，规划出大致的整体效果。对图像的整体编辑主要包括调整图像尺寸，移动、复制和删除图像，裁剪图像，变换图像和改变透视效果等方面，本章将对这些编辑方法进行讲解。

资源文件说明：本章案例、实训和上机操作等源文件素材放在本书资源包的"第 4 章\第 4 章素材"文件夹中，制作完成的文件放在"第 4 章\第 4 章完成文件"文件夹中。在实际操作时，将"第 4 章素材"文件夹复制到本地计算机，如 D 盘中，并在 D 盘中新建"第 4 章完成文件"文件夹。

任务 1 调整图像大小和裁剪图像

在制作图像的过程中，根据设计要求，常需要调整图像大小或裁剪图像。

知识点：图像尺寸、画布尺寸、裁剪、描边

1. 调整图像尺寸

图像的尺寸决定了屏幕上的图像大小和保存时的文件大小，分辨率影响到图像品质及其打印的效果。一般而言，分辨率越高，图像越清晰。

操作方法：选择"图像"|"图像大小"命令，打开"图像大小"对话框，如图 4-1 所示。在此对话框中，可以查看和设置图像的尺寸和分辨率。该对话框中各选项的功能如表 4-1 所示。

图 4-1　"图像大小"对话框

表 4-1　"图像大小"对话框中各选项功能说明

选　项	功　能　说　明
图像大小 尺寸	该选项用于设置图像"宽度"和"高度"的像素值，在尺寸右侧的下拉列表框中可以选择像素值的单位，包含"像素""厘米""百分比"等，如果选择"百分比"，则以占原图的百分比为单位显示图像的宽度和高度
宽度（D） 高度（G） 分辨率	该选项用于设置图像"宽度""高度""分辨率"的数值，可以在输入框中直接输入数值，在其右侧的下拉列表框中可以设置单位
🔒	选中约束比例 🔒，在"宽度"和"高度"选项左侧出现锁链标志，表示改变其中一项设置时，另一项会同时成比例地改变；如果取消约束比例 🔒，"宽度"和"高度"选项左侧的锁链标志将会消失，表示改变任一选项的数值都不会影响另一选项
重新采样	不选中该复选框，不能设置"图像大小"选项区域中各项值，"宽度""高度""分辨率"选项左侧将出现锁链标志，改变其中一项数值时其他两项会同时改变。如果选中该复选框，可在其右侧的下拉列表框中选择重定像素的方式，包括"邻近（保留硬边缘）""两次线性""两次立方""两次立方较平滑""两次立方较锐利"等方式，"自动"即系统将自动调整图像的分辨率和品质效果

2. 调整画布尺寸

Photoshop 中的画布指的是图像的工作空间。一般情况下，打开一幅已经设计好的图像时，该图像总是充满整个画布的。通俗地说，就是已经画满了。这时，如果增大画布尺寸，图像并不能随着增大填满新的画布，而是在多出的空间中显示与图像背景色相同的颜色和透明度；如果减小画布尺寸，图像将会被剪裁，只剩下与新画布尺寸一样大小的部分图像，而不是将整幅图像缩小以适应新的画布尺寸。这就是改变画布尺寸与改变图像尺寸的根本区别。

调整画布尺寸的操作方法：选择"图像"|"画布大小"命令，打开如图 4-2 所示的对话框，可以查看和设置画布尺寸。该对话框中各选项的功能如表 4-2 所示。

图 4-2　"画布大小"对话框

表 4-2　"画布大小"对话框中各选项功能说明

选　项	功 能 说 明
当前大小	显示当前文件的大小和尺寸
新建大小	用于重新设定图像画布的大小
相对	如果不选中"相对"复选框，可直接在"宽度"和"高度"输入框中输入新画布数值，并选择单位和定位方式，则当前工作画布以新设定的画布值扩展；如果选中"相对"复选框，在"宽度"和"高度"输入框中输入要扩展画布的数值，同样选择单位和定位方式后，工作画布将以设定的扩展量从原有画布上向外或向内扩展 10%画布的效果
定位	即为画布定位，可调整图像在新画布中的位置，可在偏左、居中或在右上角等位置
画布扩展颜色	在该下拉列表框中可以选择填充图像周围扩展部分的颜色，可以选择前景色、背景色或 Photoshop CC 中的默认颜色，也可以自己调整所需颜色

3．裁剪工具

　　裁剪是移去部分图像以形成突出或加强构图效果的过程。裁剪工具可以在图像或图层中裁剪区域（选择区域里的部分被保留，选择区域以外的部分被切除），裁剪后图像会自动调整为剩下区域的大小。

　　操作方法：在工具箱中选择"裁剪工具" ，或按 C 键，其选项栏如图 4-3 所示。然后在要裁剪的图像上拖曳出裁切区域，选区边缘将出现 8 个控制手柄，如图 4-4 所示，用于调整选区的大小。选区确定后，按 Enter 键，则图像将按选区的大小被裁剪。"裁剪工具"选项栏中各选项的功能如表 4-3 所示。

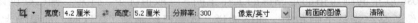

图 4-3　"裁剪工具"选项栏

图 4-4　裁切框选区边缘出现 8 个控制手柄

表 4-3　"裁剪工具"选项栏中各选项功能说明

选项或图标	功 能 说 明
宽度和高度	用于设定裁剪宽度和高度数值
⇄	高度和宽度互换按钮,可以切换高度和宽度的数值
分辨率	用于设定裁切出来的图像的分辨率及设置单位
前面的图像	此按钮用于记录前面图像的裁切数值
清除	此按钮用于清除所有设置

4. "描边"命令

使用"描边"命令除了可以为选区填充颜色与图案外,还可以为选区的虚线涂上颜色,生成边框图像的边缘效果。"描边"命令可以将选定区域的边缘用前景色描绘出来。

操作方法:首先选定要描边的区域,然后选择"编辑"|"描边"命令,在弹出的"描边"对话框中进行相应设置,如图 4-5 所示。该对话框中各选项的功能如表 4-4 所示。

图 4-5　"描边"对话框

表 4-4　"描边"对话框中各选项功能说明

选　　项	功 能 说 明
描边	用于设定边线的宽度和颜色
颜色	默认情况下,描边颜色为工具箱中的前景色,可单击其右侧的颜色框,打开"拾色器"对话框进行自定义颜色
位置	用于设定所描边线相对于区域边缘的位置,包括"内部""居中""居外"3 个选项
混合	用于设置描边模式和不透明度
保留透明区域	当选区内部为图像区域、选区外部为透明区域时,选中此复选框,对内部描边没有影响,而外部描边则会完全没有描边效果,居中描边则是这两者的综合效果

【案例 4-1】护照照片的制作

案例功能说明:使用"裁剪工具"和"描边"命令制作护照照片,效果如图 4-6 所示。

图 4-6　护照照片效果图

操作步骤：

（1）启动 Photoshop CC，选择"文件"|"打开"命令，在打开的对话框中选择"第 4 章素材"文件夹下的 s1.jpg 文件，单击"打开"按钮。

（2）在工具箱中选择"裁剪工具" ，在如图 4-3 所示的选项栏中将"宽度"设置为"4.2 厘米"，"高度"为"5.2 厘米"，"分辨率"为"300 像素/英寸"。在图像窗口中绘制裁切框，如图 4-4 所示。按 Enter 键，效果如图 4-7 所示。

（3）在工具箱中选择"磁性套索工具" ，在图像窗口中沿着人物边缘绘制选区，如图 4-8 所示。选择"选择"|"反选"命令，则选区为人物背景，如图 4-9 所示。

图 4-7　裁切效果图　　　　图 4-8　绘制人物选区　　　　图 4-9　选区为背景

（4）在工具箱中将前景色设置为蓝色（R:1,G:134,B:253），单击"确定"按钮，如图 4-10 所示。

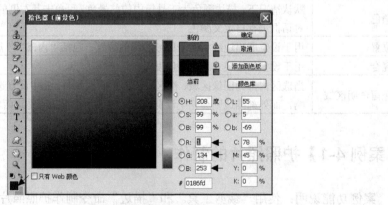

图 4-10　设置前景色为蓝色

（5）按 Alt+Delete 组合键，则将前景色蓝色填充到背景选区，效果如图 4-11 所示。

（6）按 Ctrl+A 组合键，选择全部图片，如图 4-12 所示。选择"编辑"|"描边"命令，打开如图 4-5 所示的"描边"对话框。设置"宽度"为"30px"，"颜色"为白色，"位置"为"居中"，"模式"为"正常"，"不透明度"为 100%，单击"确定"按钮，效果如图 4-13 所示。

图 4-11　用蓝色填充背景选区　　图 4-12　全选图片　　图 4-13　白色描边效果

（7）选择"编辑"|"定义图案"命令，打开如图 4-14 所示的"图案名称"对话框，设置"名称"为 s1.JPG，单击"确定"按钮。

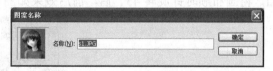

图 4-14　"图案名称"对话框

（8）按 Ctrl+N 组合键，新建一个文件，设置"宽度"为"16.8（即 4.2×4）厘米"，"高度"为"10.4（即 5.2×2）厘米"，"分辨率"为"300 像素/英寸"，"颜色模式"为"RGB 颜色"，"背景内容"为"白色"，单击"确定"按钮。

（9）选择"编辑"|"填充"命令，弹出"填充"对话框，如图 4-15 所示。在"使用"下拉列表框中选择"图案"选项；在"自定图案"下拉列表框中选择自定义图案 s1.JPG；设置"模式"为"正常"，"不透明度"为 100%，单击"确定"按钮，即可看到如图 4-6 所示的护照效果。

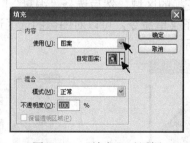

图 4-15　"填充"对话框

（10）保存为 PSD 格式。选择"文件"|"存储为"命令，将文件以"护照.psd"为名保存在"第 4 章完成文件"文件夹中。

（11）保存为 JPG 格式。选择"文件"|"存储为"命令，将文件以"护照.jpg"为名

保存在"第 4 章完成文件"文件夹中。

任务2　图像变换

Photoshop 中的变换功能可以对图像进行缩放、旋转、斜切或变形处理，也可以对选区、整个图层、多个图层或图层蒙版进行应用变换，还可以对路径、矢量形状、选区或 Alpha 通道进行应用变换。

知识点：旋转、变换

1. 旋转画布

旋转画布用于创建倾斜画面的效果。采用旋转画布来旋转图像的方法能够旋转或翻转整幅图像，但不能用于单个或部分图层、路径和选区边框的翻转。

操作方法：选择"图像"|"图像旋转"|"任意角度"命令，打开如图 4-16 所示的"旋转画布"对话框。例如，将画布顺时针旋转 45°后，前后效果如图 4-17 和图 4-18 所示。

图 4-16　"旋转画布"对话框　　　　　　图 4-17　原图

2. 变换图像

如果要旋转图像中的部分图层而不是整幅图像，则不能使用旋转画布的方法，而应选择"编辑"|"自由变换"或"变换"命令。

操作方法：首先选择要变换的区域，然后选择"编辑"|"自由变换"或"变换"命令（或按 Ctrl+T 组合键）中的子菜单命令，可以对图像的选区进行各种变换。"变换"命令中的子菜单命令如图 4-19 所示。

图 4-18　旋转 45°后的效果　　　　　　图 4-19　"变换"的子菜单命令

➡ 缩放：缩放操作是通过沿着水平和垂直方向拉伸或挤压图像内的一个区域来修改该区域的大小。进行缩放操作时，按住 Shift 键可以进行等比例缩放，按住 Shift+Alt 组合键可以向中心进行等比例缩放。

➡ 斜切：沿着单个轴，即水平或垂直轴，倾斜一个选择区域。斜切的角度影响最终图像倾斜程度。拖动边界框的节点即可斜切一个选择区域。

➡ 扭曲：当扭曲一个选择区域时，可以沿着它的每个轴进行拉伸操作。和斜切不同的是，倾斜不再局限于每次一条边。拖动一个角，两条相邻边将沿着该角拉伸。

➡ 透视：根据远小近大透视变换挤压或拉伸一个图层或选择区域的单条边，进而向内外倾斜两条相邻边。

➡ 变形：使用该命令可以任意拉伸图像从而产生各种变换。

在图像中绘制选区，按 Ctrl+T 组合键，选区周围出现控制手柄，拖曳控制手柄，可以对图像选区进行自由缩放。按住 Shift 键的同时拖曳控制手柄，可以等比例缩放图像选区。按住 Ctrl 键的同时，任意拖曳变换框的 4 个控制手柄，可以使图像任意变形。按住 Alt 键的同时，任意拖曳变换框的 4 个控制手柄，可以使图像对称变形。按住 Shift+Ctrl 组合键，拖曳变换框中间的控制手柄，可以使图像斜切变形。按住 Shift+Ctrl+Alt 组合键，任意拖曳变换框的 4 个控制手柄，可以使图像透视变形。按住 Shift+Ctrl+T 组合键，可以再次应用上一次使用过的变换命令。

如果变换后仍要保留原图像的内容，按 Ctrl+Alt+T 组合键，选区周围出现控制手柄，向选区外拖曳选区中的图像，会复制出新的图像，原图像的内容将被保留。

【实训 4-1】制作薰衣草装饰画

实训功能说明： 利用描边、魔棒工具和选择区域的编辑等相关知识制作薰衣草装饰画，效果如图 4-20 所示。

素材（s7.jpg）　　　　薰衣草装饰画.jpg

图 4-20　薰衣草装饰画

操作要点：

（1）建立一个新文件，设置大小为 280×460 像素，"分辨率"为"72 像素/英寸"，"颜色模式"为"RGB 颜色"，以"薰衣草装饰画.jpg"为文件名进行保存；将背景进行 RGB（69,23,72）至白色的线性渐变，如图 4-21 所示。

（2）按 Ctrl+A 组合键全部选中背景，选择"编辑"|"描边"命令，在弹出的"描边"对话框中设置"宽度"为"15px"，"颜色"为黄色，"位置"为"内部"，"模式"为"正常"，"不透明度"为 100%，单击"确定"按钮，效果如图 4-22 所示。

图 4-21　背景效果　　　　　　　　　　图 4-22　描边效果

（3）打开素材文件 s7.jpg，利用"魔棒工具"在图像的黑色部分单击，即选中了图像的背景黑色部分。选择"选择"|"反选"命令，选中薰衣草，再选择"编辑"|"拷贝"命令，如图 4-23 所示。

（4）选择"薰衣草装饰画.jpg"窗口，选择"编辑"|"粘贴"命令，将薰衣草粘贴到该文件上。利用"移动工具"对薰衣草的位置进行细微的调整，最终效果如图 4-24 所示。

图 4-23　选中薰衣草的效果　　　　　图 4-24　最终效果

上 机 操 作

投篮高手图像组合制作,素材与最终效果如图 4-25 所示。完成后分别以"投篮高手.psd" "投篮高手.jpg"为名保存在"第 4 章完成文件"文件夹中。

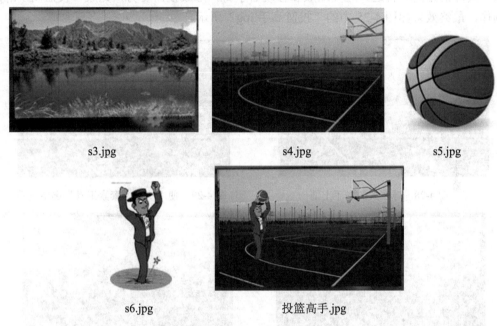

s3.jpg   s4.jpg   s5.jpg

s6.jpg   投篮高手.jpg

图 4-25   投篮高手素材与效果图

提示:使用素材,运用移动命令、复制命令、多种图像变换命令制作投篮高手图像组合。

(1)同时打开"第 4 章素材"文件夹下的 s3.jpg、s4.jpg、s5.jpg 和 s6.jpg 文件。

(2)按 Ctrl+A 组合键全选 s4.jpg,把它复制到 s3.jpg 中;使用变换快捷键 Ctrl+T 调整复制区域的大小,将它作为电视机 s3.jpg 的球场背景,如图 4-26 所示。

(3)使用"魔棒工具" 选择 s5.jpg 的背景,选择"选择"|"反选"命令,选择篮球。用"移动工具" 把篮球复制到 s3.jpg 中,使用变换快捷键 Ctrl+T 调整篮球至合适的大小,如图 4-27 所示。

图 4-26   球场背景   图 4-27   调整篮球大小

（4）使用"多边形套索工具"选择 s6.jpg 中的人物，用"移动工具" 把人物复制到 s3.jpg 中，同样使用变换快捷键 Ctrl+T 调整其大小；用"移动工具" 调整人和球的位置，使球在人的左手上面，如图 4-28 所示。

（5）使用"磁性套索工具"选中人的右手（见图 4-29），使用变换快捷键 Ctrl+T 变换选区（见图 4-30），把旋转中心移到右手胳膊，旋转右手到球的位置，如图 4-31 所示。如果手离球的距离不合适，还要缩放和移动右手臂，形成投篮姿势，完成"投篮高手.jpg"的制作，最终效果如图 4-25 中的"投篮高手.jpg"所示。

图 4-28　球在人的左手上面

图 4-29　使用"磁性套索工具"选中右手

图 4-30　变换选区

图 4-31　旋转右手到球的位置

理 论 习 题

一、填空题

1．在 Photoshop 中，如果希望准确地移动选区，可通过方向键来实现，但每按一次方向键，选区只能移动_____像素。如果希望每按一次方向键选区移动 10 像素，那么在移动选区时需按住_____键。

2．在 Photoshop 中，当设计师需要将当前图像文件的画布旋转 12°时，可执行菜单命令"图像"|"图像旋转"|_____。

3．在 Photoshop 中，菜单命令"编辑"|"自由变换"的快捷键是_____，菜单命令"编辑"|"填充"的快捷键是_____。

4．确认工具箱中的 为当前正在使用的工具，按下键盘中的_____键，拖动鼠标可移动复制图形，若_____、_____键同时按下，拖动鼠标可垂直或水平移动复制图形。

5. 配合_____键可进行选择裁切,配合_____键可进行选择复制。

6. 在为图形外部描边时,应注意取消选中"图层"面板中的_____选项。

二、选择题

1. 如果在"图像大小"对话框中锁定"约束比例"及选中"重新采样"复选框,则在加大对话框中的"宽度"与"高度"数值后,"分辨率"数值会如何变化?(　　)

    A. 变大　　　　　　　　　　　B. 变小

    C. 不变　　　　　　　　　　　D. 不可确定

2. 如果在"图像大小"对话框中取消选中"重新采样"复选框,则在对话框中加大"分辨率"数值后,对话框中的"宽度"与"高度"数值如何变化?(　　)

    A. 变小　　　　　　　　　　　B. 变大

    C. 不变　　　　　　　　　　　D. 都有可能

3. 在使用"变换"命令中的"缩放"命令时,按住哪个键可以保证等比例缩放?(　　)

    A. Alt　　　　　　　　　　　　B. Ctrl

    C. Shift　　　　　　　　　　　D. Shift+ Ctrl

4. 在"自由变换"命令的状态下,按哪组快捷键可以对图像进行透视变形?(　　)

    A. Shift+Alt　　　　　　　　　B. Shift+Ctrl

    C. Ctrl+Alt　　　　　　　　　D. Shift+Ctrl+Alt

第5章

绘制图像

利用 Photoshop CC 可以轻松地为图像添加画笔效果，并且还可以绘制各种图像。本章结合具体图像的具体特点，学习如何应用各种绘画工具和绘画修饰工具进行绘画和对图像修饰处理。

资源文件说明：本章案例、实训和上机操作等源文件素材放在本书附带资源包"第 5 章\第 5 章素材"文件夹中，制作完成的文件放在"第 5 章\第 5 章完成文件"文件夹中。在实际操作时，将"第 5 章素材"文件夹复制到本地计算机，如 D 盘中，并在 D 盘中新建"第 5 章完成文件"文件夹。

任务 1 手 绘 国 画

知识点：画笔工具、铅笔工具、颜色替换工具等的使用

"画笔工具"是 Photoshop CC 中非常重要的绘图工具，结合画笔笔尖、画笔预设和许多画笔选项的设置，可以自由地创作各种绘画效果或模拟使用传统介质进行绘画。在工具箱中用鼠标右键单击"画笔工具" ，弹出画笔工具组，其包括"画笔工具""铅笔工具""颜色替换工具" 3 种工具，如图 5-1 所示。

图 5-1 画笔工具组

1. 画笔工具

使用"画笔工具"可以绘制比较柔和的线条，其效果如同用毛笔画出的线条。在使用

画笔绘图工具时，必须在选项栏中选定一个适当的画笔，才可以绘制图像。

利用"画笔工具"选项栏，可设置画笔的大小、形态、不透明度以及填充模式等，如图 5-2 所示。其中各项功能说明如表 5-1 所示。

图 5-2 "画笔工具"选项栏

表 5-1 "画笔工具"选项栏中各项功能说明

选 项	功 能 说 明
画笔	用于选择和设置画笔种类，即画笔的大小和形态
模式	用于将混合色与基色以某种方式进行叠加，从而产生不同的结果色，形成更加丰富的绘画效果。基色：图像原来的颜色；混合色：绘画工具或填充工具所描绘的颜色，大多数情况下是前景色；结果色：基色与混合色进行叠加后得到的颜色
不透明度	其取值范围为 1%～100%，当值为 100%时，直接填充前景色；当值为 1%时，则是完全透明的，不填充颜色
流量	用于指定油彩的涂抹速度。流量是在激活喷枪功能后，决定填色的浓度，其值为 100%时，直接填充前景色，该值越小，填色的效果就越模糊
喷枪	单击"喷枪"按钮，将画笔用作喷枪，此时按住鼠标左键（不拖曳）可增大颜色量

单击选项栏中最右边的"切换画笔面板"按钮 ，可打开"画笔"面板，如图 5-3 所示。下面介绍其中的主要选项。

（1）画笔预设：用于查看 Photoshop 提供的各种画笔形态，并可根据需要选择使用。

（2）画笔笔尖形状：用于改变画笔的大小、角度和粗糙程度等属性，如图 5-4 所示。其中各项功能说明如表 5-2 所示。

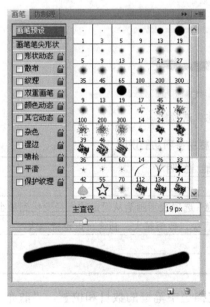

图 5-3 "画笔"面板

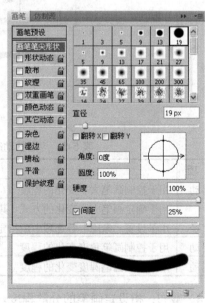

图 5-4 "画笔笔尖形状"选项栏

表 5-2 "画笔笔尖形状"选项栏中各项功能说明

选 项	功 能 说 明
直径	用于调节画笔大小
翻转 X（Y）	用于改变画笔笔尖在其 X（Y）轴上的方向
角度	用于控制椭圆画笔的长轴从水平方向旋转的角度
圆度	用于控制椭圆形画笔长轴和短轴的比例
硬度	用于定义画笔边界的柔和程度，其变化范围为 0～100%，该值越小，画笔越柔和
间距	用于控制绘制线条时，两个绘制点之间的中心距离，其范围为 1%～1000%。当数值为 25%时，能绘制比较平滑的线条；当数值为 150%时，绘制出的是断断续续的圆点

（3）形状动态：决定描边中画笔笔迹的变化。抖动指不规则的变化，包括大小抖动、角度抖动和圆度抖动，每种抖动方式可产生不同的效果。"形状动态"选项栏如图 5-5 所示，其中各项功能说明如表 5-3 所示。

图 5-5 "形状动态"选项栏

表 5-3 "形状动态"选项栏中各项功能说明

选 项	功 能 说 明
大小抖动	用于控制画笔大小变化的程度
控制	用于确定画笔大小变化的方式。其中"渐隐"选项表示画笔从设定的直径变化到最小直径
最小直径	用于设置"渐隐"等选项中所指定的最小直径，数值越大，画笔止点也就越大
角度抖动	用于控制画笔角度变化的程度
圆度抖动	用于控制画笔圆度变化的程度

（4）散布：指设定画笔的分散程度，可确定描边中笔迹的数目和位置。"散布"选项栏如图 5-6 所示。一般的画笔在上色时不会产生缝隙，而应用了散布的画笔随着上色的位

置不同，分散的程度也不一样，即产生缝隙。

（5）纹理：利用图案使描边看起来像是在有纹理的画布上绘制的一样。可以把载入图案预置框中的各种图案纹理包含在画笔上。"纹理"选项栏如图 5-7 所示。

图 5-6　"散布"选项栏　　　　　　图 5-7　"纹理"选项栏

（6）双重画笔：使用两个笔尖创建画笔笔迹。"双重画笔"选项栏如图 5-8 所示。

（7）颜色动态：决定描边路线中画笔颜色的变化方式。画笔通常都是利用工具箱中的前景色来上色，如果使用了颜色动态选项，除了可以适当混合前景色和背景色以外，还可以改变颜色的亮度和饱和度。"颜色动态"选项栏如图 5-9 所示。

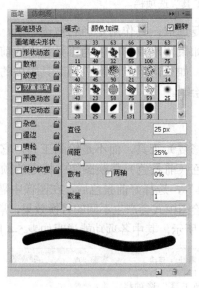
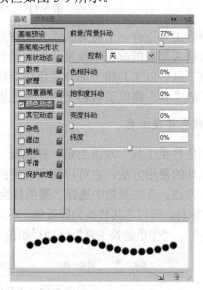

图 5-8　"双重画笔"选项栏　　　　　图 5-9　"颜色动态"选项栏

（8）其他动态：确定油彩在描边路线中的改变方式。此选项栏用于设置画笔的不透明度和频度。"其他①动态"选项栏如图 5-10 所示。

图 5-10 "其他动态"选项栏

2. 铅笔工具

"铅笔工具"常用来绘制一些棱角突出的线条，其使用方法和"画笔工具"类似，只不过"铅笔工具"选项栏中的画笔都是硬边的，因此使用铅笔绘制出来的直线或线段都是硬边的。"铅笔工具"选项栏如图 5-11 所示。

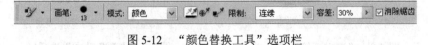

图 5-11 "铅笔工具"选项栏

"铅笔工具"有一个特有的"自动抹除"复选框，其作用是当它被选中后，"铅笔工具"会根据落笔点的颜色来改变绘制的颜色，如果落笔点的颜色为工具箱中的前景色，那么"铅笔工具"以工具箱上的背景色进行绘制；如果落笔点的颜色为工具箱中的背景色，那么"铅笔工具"将以工具箱上的前景色进行绘制。

3. 颜色替换工具

"颜色替换工具"本质上是一种编辑（或修复）工具，而不是绘画工具，它只是吸取了绘画工具的使用方法。它可以使用选定的颜色（前景色）替换图像中特定的颜色。

操作方法：在工具箱中选择"颜色替换工具"，选择好前景色后，在图像中需要更改颜色的地方涂抹，即可将其替换为前景色，不同的绘图模式会产生不同的替换效果，常用的模式为"颜色"。"颜色替换工具"选项栏如图 5-12 所示，其中各项功能说明如表 5-4 所示。

图 5-12 "颜色替换工具"选项栏

---

① "其他"同图 5-10 中的"其它"，后面不再赘述。

表 5-4 "颜色替换工具"选项栏中各项功能说明

图标选项名称		功 能 说 明
画笔		用于选择和设置画笔种类，即画笔的大小和形态
模式		"模式"下拉列表框中包含了 4 个选项，它们可改变替换颜色时的作用范围
取样：连续		在拖曳时对颜色连续取样
取样：一次		只替换第一次点按的颜色所在区域中的目标颜色
取样：背景色板		只抹除包含当前背景色的区域
限制	不连续	替换出现在指针下任何位置的样本颜色
	连续	替换与紧挨在指针下的颜色邻近的颜色
	查找边缘	替换包含样本颜色的相连区域，同时更好地保留形状边缘的锐化程度
容差		输入一个百分比值（范围为 1~100）或者拖曳滑块。选取较低的百分比可以替换与所点按像素非常相似的颜色，而增加该百分比可替换范围更广的颜色

【案例 5-1】绘制水墨画"竹子"

案例功能说明：利用 Photoshop 的"画笔工具"绘制水墨画"竹子"，效果如图 5-13 所示。

图 5-13 水墨画"竹子"效果图

操作步骤：

（1）启动 Photoshop CC，选择"文件"|"新建"命令，在弹出的"新建文档"对话框中设置"宽度"为"11 厘米"，"高度"为"17 厘米"，"分辨率"为"150 像素/英寸"，"颜色模式"为"RGB 颜色"，"背景内容"为"白色"。

（2）绘制竹叶并自定义图案。选择"画笔工具"，单击选项栏中的"切换画笔面板"按钮打开"画笔"面板，选择"画笔笔尖形状"选项进行设置：选择"画笔"为 Oil Pastel Large，设置"直径"为"63px"，"圆度"为 72%，如图 5-14 所示。

（3）在"画笔"面板中选择"形状动态"选项，设置"大小抖动"为 45%，"控制"为"渐隐""250"，如图 5-15 所示。

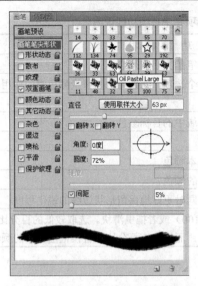

图 5-14 设置"画笔笔尖形状"参数

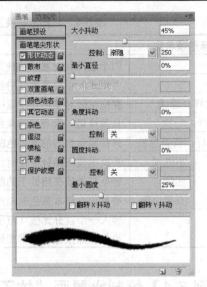

图 5-15 设置"形状动态"参数

（4）在"画笔"面板中选择"散布"选项，选中"两轴"复选框，设置"散布随机性"为 30%，"数量"为 8，"数量抖动"为 20%，如图 5-16 所示。

（5）在"画笔"面板中选择"其他动态"选项，设置"不透明度抖动"为 60%，"控制"为"渐隐""300"，"流量抖动"为 100%，"控制"为"渐隐""500"，如图 5-17 所示。

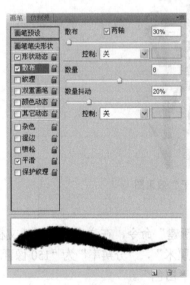

图 5-16 设置"散布"参数

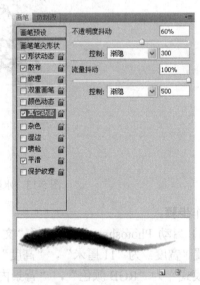

图 5-17 设置"其他动态"参数

（6）单击"图层"面板底部的"创建新图层"按钮 🖿，新建图层"竹叶"，将前景色与背景色设置为默认的颜色，在图像编辑窗口中绘制如图 5-18 所示的 3 组竹叶。

（7）选择"矩形选框工具"，在图像编辑窗口中框选最上方的 3 片竹叶，选择"编辑"|

"定义画笔预设"命令,在弹出的"画笔名称"对话框中设置"名称"为"竹叶 1",如图 5-19 所示。

图 5-18 3 组竹叶效果及"图层"面板   图 5-19 设定"竹叶"画笔

(8)与步骤(7)的操作相同,设定 4 片竹叶的画笔名称为"竹叶 2",两片竹叶的画笔名称为"竹叶 3"。

(9)对绘制竹子枝干及竹节的画笔进行设置。选择"画笔工具",单击选项栏中的"切换画笔面板"按钮 📄,打开"画笔"面板,选择"画笔笔尖形状"选项进行设置:选择"画笔"为 Oil Pastel Large,设置"直径"为"60px",其他为默认值。

(10)在"画笔"面板中选择"纹理"选项,设置"图案"为"艺术表面"中的"画布",选中"为每个笔尖设置纹理"复选框,如图 5-20 所示(注意,其他选项保持默认值)。

(11)在"画笔"面板中选择"双重画笔"选项,设置"模式"为"变暗","画笔"为"柔角 65","直径"为"85px","间距"为 30%,如图 5-21 所示。

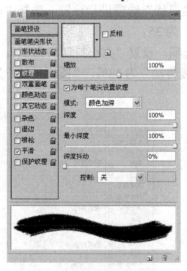

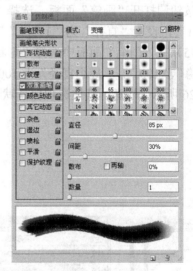

图 5-20 设置"纹理"参数   图 5-21 设置"双重画笔"参数

(12)在"画笔"面板中选择"其他动态"选项,设置"不透明度抖动"为 100%,"控制"为"渐隐""120","流量抖动"为 100%,"控制"为"钢笔斜度",如图 5-22 所示。

(13)单击"图层"面板底部的"创建新图层"按钮 📄,新建图层"竹竿",设置画笔直径分别为 60px 和 43px，绘制竹子的主干和枝干，在绘制枝干时注意画笔从大到小的变化，效果如图 5-23 所示；接着，分别设置画笔直径为 40px 和 30px，绘制竹子主干和枝干的竹节，完成后的效果如图 5-24 所示；最后，设置画笔直径为 20px，绘制竹子主干上的分枝，完成后的效果如图 5-25 所示。

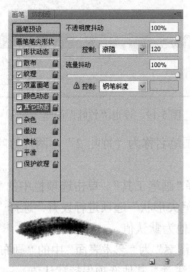  

图 5-22　设置"其他动态"参数　　　　图 5-23　主干和枝干　　　　图 5-24　完成竹节图

（14）对"竹叶 1"画笔进行设置。选择"画笔工具"，单击选项栏中的"切换画笔面板"按钮打开"画笔"面板，选择"画笔笔尖形状"选项进行设置：选择"画笔"为"竹叶 1"，设置"直径"为"172px"，"间距"为 35。

（15）在"画笔"面板中选择"形状动态"选项，设置"大小抖动"为 0%，"控制"为"渐隐""100"，"最小直径"为 100%，"角度抖动"为 13%，"圆度抖动"为 100%，如图 5-26 所示（注意，其他选项保持默认值）。

图 5-25　竹子枝干和竹节最终效果及"图层"面板　　　　图 5-26　设置"形状动态"参数

（16）在"画笔"面板中选择"其他动态"选项，设置"不透明度抖动"为 100%，"控制"为"渐隐""150"，"流量抖动"为 100%，"控制"为"钢笔斜度"，如图 5-27 所示。

（17）单击"图层"面板底部的"创建新图层"按钮□，新建图层"竹叶 1"，绘制竹子的竹叶，效果及"图层"面板如图 5-28 所示。

图 5-27 设置"其他动态"参数 　　　图 5-28 "竹叶 1"的效果及"图层"面板

（18）与步骤（14）～（17）的操作相似，分别设置及绘制"竹叶 2"和"竹叶 3"。绘制"竹叶 2"后的效果及"图层"面板如图 5-29 所示，绘制"竹叶 3"后的最终效果及"图层"面板如图 5-30 所示。绘制时顺着竹竿的方向进行绘制，注意竹叶的疏密关系。

图 5-29 "竹叶 2"的效果及"图层"面板 　　图 5-30 水墨画"竹子"最终效果及"图层"面板

（19）保存为 PSD 格式。选择"文件"|"存储为"命令，将文件以"水墨画竹子.psd"为名保存在"第 5 章完成文件"文件夹中。

（20）保存为 JPG 格式。选择"文件"|"存储为"命令，将文件以"水墨画竹子.jpg"为名保存在"第 5 章完成文件"文件夹中。

任务2 绘制型工具

知识点：模糊工具、锐化工具、涂抹工具、减淡工具、加深工具和海绵工具的使用

这里要介绍的 6 种工具都属于绘制型操作工具，这就意味着它们都可以使用 Photoshop 中提供的各种笔刷。而习惯上将能够使用笔刷的工具称为绘制型工具或绘图工具，它们的另一个共同点就是都依赖于鼠标移动轨迹产生作用。两个工具组如图 5-31 所示，其中包括"模糊工具""锐化工具""涂抹工具""减淡工具""加深工具""海绵工具"。使用这两个工具组中的工具可以进一步修饰图像的细节。

图 5-31　两个工具组

1. 模糊工具

"模糊工具" 是使涂抹的区域变得模糊，可以柔化图像中的硬边缘或区域，同时减少图像中的细节。在工具箱中选择"模糊工具"后，其选项栏如图 5-32 所示。

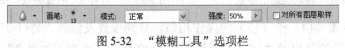

图 5-32　"模糊工具"选项栏

- ➤ 强度：用于指定"模糊工具"应用的描边强度，值越大，在视图中涂抹的效果越明显。
- ➤ 对所有图层取样：如果当前文档有多个图层存在，选中"对所有图层取样"复选框后，即可使"模糊工具"作用于所有图层的可见部分。

例如，使用"模糊工具"给白荷花的背景增加模糊感，前后效果如图 5-33 所示。

图 5-33　模糊背景前后的效果

2. 锐化工具

使用"锐化工具"可以使柔边变硬，增大像素之间的对比度，从而提高图像的清晰度。"锐化工具"的作用效果与"模糊工具"正好相反，但是这个工具不能过度使用，如果画

面过于锐化，就会出现杂色。在工具箱中选择"锐化工具"后，其选项栏如图 5-34 所示。

图 5-34 "锐化工具"选项栏

例如，使用"锐化工具"可以使柔边变硬、变清晰，前后效果如图 5-35 所示。

图 5-35 模糊照片变清晰前后的效果

3．涂抹工具

使用"涂抹工具"可模拟在湿颜料中拖曳手指的绘画效果，它可以拾取描边开始位置的颜色，并沿拖曳的方向展开这种颜色。在工具箱中选择"涂抹工具"后，其选项栏如图 5-36 所示。

图 5-36 "涂抹工具"选项栏

选中"手指绘画"复选框，相当于用手指蘸着前景色在图像中进行涂抹；取消选中该复选框，将只是以拖动图像处的色彩进行涂抹。

【案例 5-2】制作动感效果

案例功能说明：利用 Photoshop 的"涂抹工具"使人物变得有动感，其前后效果如图 5-37 所示。

图 5-37 人物变动感前后的效果

操作步骤：

（1）启动 Photoshop CC，选择"文件"|"打开"命令，在弹出的"打开"对话框中

选择"第 5 章素材"文件夹下的"跑步.jpg"文件。

（2）在工具箱中选择"涂抹工具"，设置"笔画"为"柔角 120"，"强度"为 50%，移动光标到头发处，按住鼠标左键不放并向左拖动鼠标，经过多次重复操作即可制作出动感的头发，如图 5-37（右）所示。用同样的方法也可使背景具有动感效果。

（3）保存为 PSD 格式。选择"文件"|"存储为"命令，将文件以"涂抹-动感.psd"为名保存在"第 5 章完成文件"文件夹中。

（4）保存为 JPG 格式。选择"文件"|"存储为"命令，将文件以"涂抹-动感.jpg"为名保存在"第 5 章完成文件"文件夹中。

4．减淡工具

"减淡工具"常常是通过提高图像的亮度来校正曝光度，其主要作用是对图像的阴影、中间色和高光部分进行增亮和加光处理。在工具箱中选择"减淡工具"后，其选项栏如图 5-38 所示。

图 5-38　"减淡工具"选项栏

➤ 范围：其有 3 个选项，分别为"阴影""中间调""高光"。
   ◇ 阴影：选择该选项，将只作用于图像中较暗的区域。
   ◇ 中间调：选择该选项，将只作用于图像中的中间色调区域。
   ◇ 高光：选择该选项，将只作用于图像中的高光区域。
➤ 曝光度：用于控制图像的曝光强度，数值越大，曝光强度越明显。
➤ 喷枪：单击该按钮，将启用喷枪工具。
➤ 保护色调：选中该复选框，操作后图像的色调不发生变化。

【案例 5-3】制作霓虹灯效果

案例功能说明：利用 Photoshop 的"减淡工具"使霓虹灯的效果更加明显，前后效果如图 5-39 所示。

图 5-39　霓虹灯变亮前后的效果

操作步骤：

（1）启动 Photoshop CC，选择"文件"|"打开"命令，在弹出的"打开"对话框中选择"第 5 章素材"文件夹下的"霓虹灯.jpg"文件。

（2）在工具箱中选择"减淡工具" ，设置"画笔"为"柔角 45"，"范围"为"中间调"，"曝光度"为 50%，选中"保护色调"复选框，在霓虹灯上单击并按住鼠标左键不放进行拖动，直至霓虹灯的效果如图 5-39（右）所示。

（3）保存为 PSD 格式。选择"文件"|"存储为"命令，将文件以"霓虹灯-加亮.psd"为名保存在"第 5 章完成文件"文件夹中。

（4）保存为 JPG 格式。选择"文件"|"存储为"命令，将文件以"霓虹灯-加亮.jpg"为名保存在"第 5 章完成文件"文件夹中。

5．加深工具

"加深工具"的主要作用是将图片中局部区域亮度减少，从而使该区域变得更暗。在工具箱中选择"加深工具"后，其选项栏如图 5-40 所示。

图 5-40　"加深工具"选项栏

【案例 5-4】制作气球

案例功能说明： 利用 Photoshop 的"加深工具"和"减淡工具"，使物体具有立体效果，绘制的气球最终效果如图 5-41 所示。

图 5-41　气球效果图

操作步骤：

（1）启动 Photoshop CC，选择"文件"|"新建"命令，在弹出的"新建文档"对话框中设置"宽度"为"8 厘米"，"高度"为"8 厘米"，"分辨率"为"150 像素/英寸"，"颜色模式"为"RGB 颜色"，"背景内容"为"白色"。

（2）选择"渐变工具"，在其选项栏中单击"编辑渐变"按钮 ，在打开的对话框中设置位置 0 颜色为（R:68,G:243,B:54），位置 47 颜色为（R:157,G:252,B:175），位置

100 颜色为（R:5,G:171,B:13）。单击"线性渐变"按钮，在画面上填充渐变色，如图 5-42
所示。

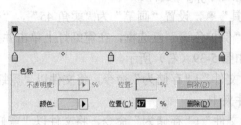

图 5-42 "渐变编辑器"对话框及填充渐变色效果

（3）新建"图层 2"，设置前景色为白色。选择"画笔工具"，单击选项栏中最右边
的"切换画笔面板"按钮▤，打开"画笔"面板，设置"画笔"为"尖角 25"，"间距"
为 168%。按住 Shift 键，在图像窗口中绘制多个白色小圆点，使之形成多条平行直线，如
图 5-43 所示。

图 5-43 "画笔"面板及绘制多条平行直线效果图

（4）在"图层"面板中选中"图层 2"，设置其"不透明度"为 25%，图像效果如图 5-44
所示。

（5）新建"图层 3"，选择工具箱中的"椭圆选框工具"，在图像中绘制椭圆选区，
如图 5-45 所示。

图 5-44 调节不透明度　　　　　图 5-45 绘制椭圆选区

（6）设置前景色为蓝色（R:104,G:129,B:253），在工具箱中选择"填充工具"，将选
区内填充为前景色蓝色，按 Ctrl+D 组合键取消选区，如图 5-46 所示。

（7）在工具箱中选择"加深工具"，设置"画笔"为"柔角 80"，"范围"为"中

间调"，"曝光度"为 10%，沿气球的四周进行涂抹，效果如图 5-47 所示。

图 5-46　用蓝色填充选区

图 5-47　使气球四周变暗

（8）在工具箱中选择"减淡工具"，设置"画笔"为"柔角 19"，"范围"为"中间调"，"曝光度"为 100%，绘制出气球的高光部分，效果如图 5-48 所示。

（9）在工具箱中选择"钢笔工具"，在气球下方绘制一个闭合的气球瓣，如图 5-49 所示。

图 5-48　绘制气球的高光部分

图 5-49　绘制气球瓣

（10）按 Ctrl+Enter 组合键将路径转换为选区，设置前景色为蓝色（R:55,G:87,B:251），将选区内容填充为前景色蓝色，如图 5-50 所示。

（11）新建"图层 3"，设置前景色为蓝色（R:55,G:87,B:251），在工具箱中选择"画笔工具"，设置"画笔"为"尖角 3"，在气球瓣下方绘制长绳，效果如图 5-51 所示。

图 5-50　绘制蓝色气球瓣

图 5-51　在气球瓣下方绘制长绳

（12）保存为 PSD 格式。选择"文件"|"存储为"命令，将文件以"气球.psd"为名保存在"第 5 章完成文件"文件夹中。

（13）保存为 JPG 格式。选择"文件"|"存储为"命令，将文件以"气球.jpg"为名保存在"第 5 章完成文件"文件夹中。

6. 海绵工具

"海绵工具"的作用是改变局部的色彩饱和度，有减少饱和度和增加饱和度两种选择。"海绵工具"在对图像的特定区域进行饱和度更改时非常有用，它不会造成像素的重新分布，因为其"降低饱和度"和"饱和"方式可以互补，过度降低饱和度后，可以切换到"饱和"方式增加色彩饱和度。在工具箱中选择"海绵工具"后，其选项栏如图 5-52 所示。

图 5-52 "海绵工具"选项栏

- 模式：包括"降低饱和度"和"饱和"两种模式。
  - ◇ 降低饱和度：选择该选项，可减弱图像的饱和度。
  - ◇ 饱和：选择该选项，可增加图像的饱和度。
- 流量：此选项的百分比值越大，每次涂抹的效果就越明显。
- 自然饱和度：选中此复选框时，在调节图像饱和度时会保护已经饱和的像素，即在调整时会大幅增加不饱和像素的饱和度，而对已经饱和的像素只做很少、很细微的调整。

【案例 5-5】制作鲜艳色彩效果

案例功能说明：利用 Photoshop 的"海绵工具"使荷花更加鲜艳，前后效果如图 5-53 所示。

图 5-53 荷花变鲜艳前后的效果

操作步骤：

（1）启动 Photoshop CC，选择"文件"|"打开"命令，在弹出的"打开"对话框中

选择"第 5 章素材"文件夹下的"荷花.jpg"文件。

（2）在工具箱中选择"海绵工具" ，设置"笔画"为"柔角 65"，"模式"为"饱和"，"流量"为 50%，选中"自然饱和度"复选框，在荷花区域反复单击进行涂抹，即可增加荷花的颜色饱和度，效果如图 5-53（右）所示。

（3）保存为 PSD 格式。选择"文件"|"存储为"命令，将文件以"荷花-鲜艳.psd"为名保存在"第 5 章完成文件"文件夹中。

（4）保存为 JPG 格式。选择"文件"|"存储为"命令，将文件以"荷花-鲜艳.jpg"为名保存在"第 5 章完成文件"文件夹中。

7. 历史记录画笔工具

"历史记录画笔工具" 的作用是可以将图像还原到先前的某个编辑状态，与普通的撤销操作不同的是，图像中未被该工具涂抹过的区域将保持不变。此工具常用于面部磨皮，从而使面部变光滑细腻。在工具箱中选择"历史记录画笔工具" 后，其选项栏如图 5-54 所示。

图 5-54　"历史记录画笔工具"选项栏

【案例 5-6】为美女面部磨皮

案例功能说明：利用 Photoshop 的历史记录画笔工具、高斯模糊、曲线等功能为美女面部磨皮，美白人物面部，处理前后效果如图 5-55 所示。

面部.jpg　　　　　　　　　　面部磨皮美白.jpg

图 5-55　面部磨皮美白前后的效果

操作步骤：

（1）启动 Photoshop CC，选择"文件"|"打开"命令，在弹出的"打开"对话框中选择"第 5 章素材"文件夹下的"面部.jpg"文件。

（2）选择"滤镜"|"模糊"|"高斯模糊"命令，在弹出的"高斯模糊"对话框中设置"半径"为"9.8 像素"（参数值依具体情况而定，设置到完全看不清脸上的斑为止），如图 5-56 所示。

（3）选择"窗口"|"历史记录"命令，显示"历史记录"面板，单击右上角的 ≡ 按钮，选择"新建快照"命令，建立"快照 1"，如图 5-57 所示。单击"快照 1"前面的 □，此时原本在"面部.jpg"前面的"设置历史记录画笔的源"会跳到"快照 1"前面 ☑ ◻ 快照 1，再单击"历史记录"面板中的"面部.jpg"，此时"历史记录"面板如图 5-58 所示。

图 5-56　"高斯模糊"对话框　　　　图 5-57　在"历史记录"面板中创建新快照

（4）在工具箱中选择"历史记录画笔工具" ☑，在其选项栏中设置画笔的"不透明度"为 40%，设置合适的画笔大小，如 60 像素，然后在面部要美化的位置拖动鼠标进行涂抹，可以看到涂抹过的区域恢复到建立快照时的状态，注意不要触及不需要处理的眼睛等部位，然后重新设置画笔大小，如 30 像素，在嘴周边的皮肤上进行涂抹。磨皮完成后的效果如图 5-59 所示。

图 5-58　选择"面部.jpg"记录　　　　　图 5-59　磨皮完成后效果

（5）为使磨皮完成后的肤色更自然更美观，选择"图像"|"调整"|"曲线"命令，在弹出的"曲线"对话框中设置"输出"为 94，"输入"为 84，单击"确定"按钮；再选择"图像"|"调整"|"色阶"命令，在"色阶"对话框中设置"高光"为 230，"中间调"为 1.25，单击"确定"按钮，得到最终的效果，如图 5-55（右）所示。

（6）保存为 PSD 格式。选择"文件"|"存储为"命令，将文件以"面部磨皮美白.psd"为名保存在"第 5 章完成文件"文件夹中。

（7）保存为 JPG 格式。选择"文件"|"存储为"命令，将文件以"面部磨皮美白.jpg"为名保存在"第 5 章完成文件"文件夹中。

上 机 操 作

美化人物。

要求：利用工具箱中的工具美化照片，前后效果如图 5-60 所示。

图 5-60　美化人物前后效果

提示：

（1）利用"历史记录画笔工具""加深工具""减淡工具"美化人物的眼睛、眉毛和嘴巴。

（2）利用"钢笔工具"和"画笔工具"绘制人物的睫毛，最终效果如图 5-60（右）所示。具体操作步骤参考案例。

理 论 习 题

一、填空题

1．如果要对图像特定区域的色彩饱和度进行调整，可以使用_____工具。

2．"自动涂抹"选项是_____工具特有的。

二、简答题

1．如何新建一个自定义画笔？

2．绘制型工具有哪几种类型？它们的功能各是什么？

第**6**章

修复图像

在 Photoshop CC 中，修饰图像工具组添加了新的工具，这些工具有很大的相似性。本章主要介绍修复工具和图章工具的特点及使用方法。

资源文件说明：本章案例、实训和上机操作等源文件素材放在本书附带资源包"第 6 章\第 6 章素材"文件夹中，制作完成的文件放在"第 6 章\第 6 章完成文件"文件夹中。在实际操作时，将"第 6 章素材"文件夹复制到本地计算机，如 D 盘中，并在 D 盘中新建"第 6 章完成文件"文件夹。

任务 1 数码照片修复

知识点：污点修复画笔工具、修复画笔工具、修补工具和红眼工具等的使用

所有的修复或修补工具都会把样本像素的纹理、光照、透明度和阴影与所修复的像素相匹配。当这组工具配合选区使用时，仅对选区内的对象起作用，而使用复制的方法或使用仿制图章工具则不能实现这样的效果。在工具箱中右击"污点修复画笔工具" ，其包括"污点修复画笔工具""修复画笔工具""修补工具""红眼工具"，弹出修复工具组，如图 6-1 所示。

图 6-1 修复工具组

1. 污点修复画笔工具

使用"污点修复画笔工具"可以快速移去照片中的污点和其他不理想的部分。此工具不要求指定样本点，而是自动从所修饰区域的周围取样，然后将样本像素的纹理、光照、透明度和阴影与所要修复的像素进行匹配。

操作方法：在工具箱中选择"污点修复画笔工具"，其选项栏如图 6-2 所示。在选项

栏中适当调整画笔直径大小（比斑点区域稍大一点最为合适），然后在斑点部分单击即可去除斑点。"污点修复画笔工具"选项栏中各选项功能说明如表 6-1 所示。

图 6-2 "污点修复画笔工具"选项栏

表 6-1 "污点修复画笔工具"选项栏中各选项功能说明

选 项	功 能 说 明
画笔	用于选取画笔的大小。如果没有建立污点选区，则画笔比要修复的区域稍大一点最为合适。这样只需要单击一次即可覆盖整个污点区域
模式	从"模式"下拉列表框中选择"替换"可以保留画笔描边边缘处的杂色、胶片颗粒和纹理
近似匹配	选中该单选按钮时，如果没有为污点建立选区，则样本自动采用污点外部四周的像素；如果选中污点，则样本采用选区外围的像素
创建纹理	选中该单选按钮时，使用选区中的所有像素创建一个用于修复该区域的纹理。如果纹理不起作用，请尝试再次拖过该区域
对所有图层取样	如果选中"对所有图层取样"复选框，那么可从所有可见图层中对数据进行取样。若取消选中"对所有图层取样"复选框，则只能从现有图层中取样。单击要修复的区域，或单击后按住鼠标左键不放并在较大的区域上拖曳

污点是指包含在大片相似或相同颜色区域中的其他颜色，不包括在两种颜色过渡处出现的其他颜色。修复的原理为：使用图像或图案中的样本像素进行绘画，并将样本像素的纹理、光照、透明度和阴影与所要修复的像素相匹配。如图 6-2 所示，在"污点修复画笔工具"选项栏中有两种样本像素的确定方法，即"近似匹配"和"创建纹理"。

【案例 6-1】为人脸去斑

案例功能说明：利用 Photoshop 的"污点修复画笔工具"为人脸去斑，处理前后的效果如图 6-3 所示。

图 6-3 人脸斑点去除前后的效果

操作步骤：

（1）启动 Photoshop CC，选择"文件"|"打开"命令，在弹出的"打开"对话框中选择"第 6 章素材"文件夹下的"斑脸.jpg"文件。

（2）在工具箱中选择"污点修复画笔工具" ，在其选项栏中单击"画笔"右边的下拉按钮 ，在弹出的选项面板中设置画笔"直径"为"14px"（比斑点区域直径稍大点），其他选项保持默认值，即"模式"为"正常"，"类型"为"近似匹配"，如图 6-4 所示。

（3）如图 6-5 所示，在左脸的最右边的斑点处（当圆圈圈住斑点时）单击即可去除该斑点，然后在别的斑点处单击，斑点较小时则需要修改画笔直径，直到去除所有斑点。用同样的方法去除右脸上的所有斑点，最终处理效果如图 6-3（右）所示。

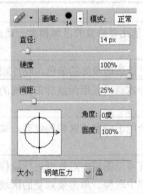

图 6-4　设置"画笔"　　　　　　　　　图 6-5　在最右边的斑点处单击去除该斑点

（4）保存为 PSD 格式。选择"文件"|"存储为"命令，将文件以"斑脸-消除.psd"为名保存在"第 6 章完成文件"文件夹中。

（5）保存为 JPG 格式。选择"文件"|"存储为"命令，将文件以"斑脸-消除.jpg"为名保存在"第 6 章完成文件"文件夹中。

2. 修复画笔工具

"修复画笔工具"用于修正图像中的瑕疵，并使它们融入周围的图像中。该工具与"污点修复画笔工具"不同的是，要先定义图像中的样本像素，然后将样本像素的纹理、光照、透明度和阴影与所要修复的像素进行匹配。

操作方法：在工具箱中选择"修复画笔工具"，在瑕疵周围区域按住 Alt 键的同时单击鼠标进行取样（取样点用十字型表示），然后单击斑点部分即可去除斑点。"修复画笔工具"选项栏如图 6-6 所示，其中各选项功能说明如表 6-2 所示。

图 6-6　"修复画笔工具"选项栏

表 6-2　"修复画笔工具"选项栏中各选项功能说明

选　　项	功　能　说　明
模式	在该下拉列表框中，如果选择"正常"，则使用样本像素进行绘画的同时把样本像素的纹理、光照、透明度和阴影与所修复的像素相融合；如果选择"替换"，可以保留画笔描边边缘处的杂色、胶片和纹理；还有"变暗""颜色""明度"等其他模式
源	若选择"取样"，则必须按 Alt 键单击取样并使用当前取样点修复目标；如果选择"图案"，则在"图案"下拉列表框中选择一种图案并用该图案修复目标

续表

选 项	功 能 说 明
对齐	按 Alt 键并单击。如果在被修复处单击且在选项栏中未选中"对齐"复选框，则取样点一直固定不变；如果在被修复处拖动或在选项栏中选中"对齐"复选框，则取样点会随着拖动范围的改变而改变（取样点用十字型表示）
样本	如果在下拉列表框中选择"所有图层"，可从所有可见图层中对数据进行取样。如果不选择"所有图层"，则只从当前图层中取样

【案例 6-2】为人像去除眼纹

案例功能说明：利用 Photoshop 的"修复画笔工具"去除眼纹，处理前后效果如图 6-7 所示。

图 6-7　眼纹去除前后的效果

操作步骤：

（1）启动 Photoshop CC，选择"文件"|"打开"命令，在弹出的"打开"对话框中选择"第 6 章素材"文件夹下的"眼纹.jpg"文件。

（2）在工具箱中选择"修复画笔工具" ✐，在其选项栏中单击"画笔"右边的下拉按钮 ，在弹出的选项面板中设置"直径"为"15px"，其他选项保持默认值，即"模式"为"正常"，"源"为"取样"。

（3）如图 6-8 所示，在左眼的皱纹周围区域（无皱纹处）按住 Alt 键的同时单击鼠标进行取样（取样点用十字型表示），释放 Alt 键，然后在眼纹处单击即可去除该处皱纹。在别的皱纹处连续单击扫过，用同样的方法在皱纹不同位置的下方取样，然后在皱纹处单击，重复操作直到所有皱纹被去除。用同样的方法去除右眼纹，去除眼纹后的效果如图 6-7（右）所示。

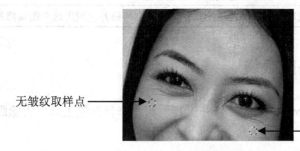

无皱纹取样点 ——

—— 无皱纹取样点

图 6-8　按 Alt 键的同时单击进行取样

（4）保存为 PSD 格式。选择"文件"|"存储为"命令，将文件以"眼纹-消除.psd"为名保存在"第 6 章完成文件"文件夹中。

（5）保存为 JPG 格式。选择"文件"|"存储为"命令，将文件以"眼纹-消除.jpg"为名保存在"第 6 章完成文件"文件夹中。

3．修补工具

"修补工具"可以使用当前打开文档中的像素修复选中的区域，可以将样本像素的纹理、光照和阴影与源像素进行匹配。该工具适合大面积的修整，但是细节部分的修补没有"仿制图章工具"那么精细。一般来说，它是希望拿画面中某一块画面的效果去修补另外一个地方的效果。例如，照片某个角太亮，就完全可以拿另外一个与这个角画面类似的画面来修补这个角。

操作方法：在工具箱中选择"修补工具"，其选项栏如图 6-9 所示，其中各选项功能说明如表 6-3 所示。

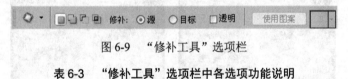

图 6-9 "修补工具"选项栏

表 6-3 "修补工具"选项栏中各选项功能说明

选 项	功 能 说 明
源	指要修补的对象是在当前选中的区域，即拿别处的修补此处的。操作方法是选择"修补工具"，在选项栏中选中"源"单选按钮，在画面上圈住想要修补的区域（按住鼠标左键不放在画面上拖动直到画成一个封闭的多边形选区时释放鼠标），然后单击该区域并按住鼠标左键不放，拖动到早已"看好"的区域时释放鼠标，则原来选中的区域画面就被"看好"的区域内容修补了
目标	与"源"相反，要修补的是选区被移动后到达的区域，即拿此处的修补别处的。操作方法是在选项栏中选中"目标"单选按钮，在画面上圈住一块"看好"的区域（按住鼠标左键不放，在画面上拖动鼠标直到画成一个封闭的多边形选区时释放鼠标），这个区域是用来修补另一个区域画面的，然后单击该区域并按住鼠标左键不放，拖动到要修补的区域时释放鼠标，则修补完成
透明	如果没有选中该复选框，则被修补的区域与周围图像只在边缘上融合，而内部图像纹理保留不变，仅在色彩上与原区域融合；如果选中该复选框，则被修补的区域除边缘融合外，还有内部的纹理融合，即被修补区域做了透明处理
使用图案	选中一个待修补区域后，单击"使用图案"按钮，则待修补区域用这个图案修补

【案例 6-3】为人像去除眼袋

案例功能说明：利用 Photoshop 的"修补工具"和"修复画笔工具"去除眼袋，处理前后效果如图 6-10 所示。

图 6-10　眼袋去除前后的效果

操作步骤:

（1）启动 Photoshop CC，选择"文件"|"打开"命令，在弹出的"打开"对话框中选择"第 6 章素材"文件夹下的"眼袋.jpg"文件。

（2）在工具箱中选择"修补工具"，在其选项栏中选中"源"单选按钮，圈住眼下方要修补的眼袋区域（按住鼠标左键不放，在眼袋周围拖动直到画成一个封闭的多边形选区时释放鼠标），如图 6-11 所示，然后单击该区域，并在眼袋区内按住鼠标左键不放，并向下拖动鼠标，眼袋处即被下方的光滑皮肤覆盖，如图 6-12 所示。选择"选择"|"取消选择"命令，即可将图 6-12 所示的虚线选框取消。

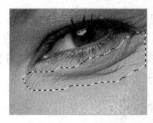

图 6-11　用"修补工具"圈上修补的眼袋区域　　　图 6-12　眼袋处被下方光滑皮肤覆盖

（3）与步骤（2）操作相同，用"修补工具"修补眼角右边的眼袋。选择"修补工具"，在其选项栏中选中"源"单选按钮，圈住眼右角要修补的眼袋区域（按住鼠标左键不放，在眼袋周围拖动鼠标直到画成一个封闭的多边形选区时释放鼠标），如图 6-13 所示，然后单击该区域，并在眼袋区内按住鼠标左键不放，并向下拖动鼠标，眼袋处即被下方光滑皮肤覆盖，如图 6-14 所示。选择"选择"|"取消选择"命令，即可取消如图 6-14 所示的虚线选框。

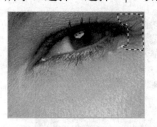

图 6-13　用"修补工具"圈住修补的右角眼袋区域　　　图 6-14　右角眼袋处被下方光滑皮肤覆盖

（4）选择"修复画笔工具"，在其选项栏中设置画笔"直径"为"18px"，在取样处按住 Alt 键并单击选择眼角光滑皮肤进行取样，释放 Alt 键，然后在眼角右边不同处连续单击扫过，修复眼角右边的肤色和纹理，如图 6-15 所示。

（5）与步骤（4）操作相同，选择"修复画笔工具"，在其选项栏中设置画笔"直径"大小为"18px"，在取样处按住 Alt 键并单击选择眼下方光滑皮肤进行取样，如图 6-16 所示，释放 Alt 键，然后在眼下方不同处连续单击扫过，修复眼下方的肤色和纹理，最终完成去除眼袋的操作。

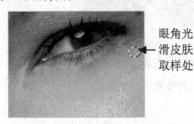

图 6-15　眼角光滑皮肤取样点　　　　图 6-16　眼下方光滑皮肤取样点

（6）保存为 PSD 格式。选择"文件"|"存储为"命令，将文件以"眼袋-消除.psd"为名保存在"第 6 章完成文件"文件夹中。

（7）保存为 JPG 格式。选择"文件"|"存储为"命令，将文件以"眼袋-消除 .jpg"为名保存在"第 6 章完成文件"文件夹中。

4．红眼工具

"红眼工具"用于消除拍摄人或动物照片时出现的红眼现象，其工作原理是去除图像中的红色像素。只要任何图像存在红色像素，使用该工具即可将该图像一定范围的红色去除。

操作方法：在工具箱中选择"红眼工具"，其选项栏如图 6-17 所示。"瞳孔大小"参数影响"红眼工具"覆盖的区域，"变暗量"参数用于设置校正的暗度。

图 6-17　"红眼工具"选项栏

【案例 6-4】消除人像红眼

案例功能说明：利用 Photoshop 的"红眼工具"消除红眼，处理前后的效果如图 6-18 所示。

图 6-18　红眼消除前后的效果

操作步骤：

（1）启动 Photoshop CC，选择"文件"|"打开"命令，在弹出的"打开"对话框中

选择"第 6 章素材"文件夹下的"红眼.jpg"文件。

（2）在工具箱中选择"红眼工具"，在其选项栏中设置"瞳孔大小"为 100%，"变暗量"为 50%。

（3）如图 6-18（左）所示，在图像的左边红眼附近处单击并按住鼠标左键不放，拖动鼠标形成一个包围红眼的方框时释放鼠标，即可消除红眼。以同样的方法将右边的红眼消除。

（4）保存为 PSD 格式。选择"文件"|"存储为"命令，将文件以"红眼-消除.psd"为名保存在"第 6 章完成文件"文件夹中。

（5）保存为 JPG 格式。选择"文件"|"存储为"命令，将文件以"红眼-消除 .jpg"为名保存在"第 6 章完成文件"文件夹中。

任务2　图章工具的使用

知识点：仿制图章工具、图案图章工具等的使用

图章工具是一种图形复制工具。在使用图章工具时先要设置和定义区域，如果直接使用则会出现警告对话框，显示不可用。图章工具包括"仿制图章工具"和"图案图章工具"，如图 6-19 所示。它们都是利用图章工具进行绘画，不同的是"仿制图章工具"利用图像中某一特定区域工作，而"图案图章工具"则是利用图案来工作。

图 6-19　图章工具

1. 仿制图章工具

"仿制图章工具"通过从图像中取样，然后将样本复制和应用到同一图像的不同位置或其他图像中，也可以将一个图层中的图像仿制到另一个图层中。"仿制图章工具"适合复制对象或移除图像中的缺陷。

操作方法：在工具箱中选择"仿制图章工具"，其选项栏如图 6-20 所示。设置选项栏中各选项后，按住 Alt 键不放，在与要修改位置的颜色或形状一样的位置上单击进行取样，也就是在"看好"的地方单击取样，然后松开 Alt 键，在画面要修改的地方单击，即可将所取的样点图像复制到要修改的地方。

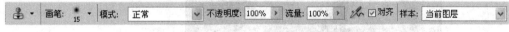

图 6-20　"仿制图章工具"选项栏

➥ 不透明度：在编辑图像时，应根据实际情况设置适当的不透明度百分比值。

➥ 对齐：当选中"对齐"复选框时，无论对绘画停止与继续多少次，都可以重新使用最新的取样点；当取消选中"对齐"复选框时，将在每次绘画时重新使用同一个样本。

【案例 6-5】去掉图像上的文字

案例功能说明： 利用 Photoshop 的 "仿制图章工具" 去掉图像上的文字（TT799.COM），处理前后的效果如图 6-21 所示。

图 6-21　去掉文字（TT799.COM）前后的效果

操作步骤：

（1）启动 Photoshop CC，选择 "文件" | "打开" 命令，在弹出的 "打开" 对话框中选择 "第 6 章素材" 文件夹下的 "林中仙境.jpg" 文件。选择 "缩放工具" ，在图像上单击一次，将图像放大到 100%显示。

（2）在工具箱中选择 "仿制图章工具" ，在其选项栏中设置 "画笔" 为 15，"不透明度" 为 100%，选中 "对齐" 复选框，其他选项保持默认值。

（3）去掉 "M" 字母。如图 6-22 所示，在 "M" 文字周围（如 "M" 的左下方，不在文字上）按住 Alt 键的同时单击进行取样，然后在 "M" 上（"M" 左下方文字上）单击或拖动鼠标复制以覆盖 "M" 左下方的位置，效果如图 6-23 所示。用同样的方法，依次在 "M" 周围不同位置上取样，然后单击或拖动鼠标复制以覆盖文字不同位置。

M 左下方取样点，其他小圆为 M 周围不同位置的取样点

图 6-22　"M" 文字周围的小圆为取样点

M 左下方被样点覆盖位置

图 6-23　"M" 左下方被取样点覆盖的效果图

（4）与步骤（3）的操作相同，依次去掉其他文字（如 O、C、.、9、9、7、T、T）。方法是：依次在每个字的周围某一处取一个样点，然后在该文字位置上单击或拖动鼠标复制以覆盖文字相应位置；依次取该文字周围的其他样点，再在该文字位置上单击或拖动鼠标复制以覆盖文字相应位置。最终将所有文字去掉的效果如图 6-21（右）所示。

（5）保存为 PSD 格式。选择"文件"|"存储为"命令，将文件以"林中仙境-去除文字.psd"为名保存在"第 6 章完成文件"文件夹中。

（6）保存为 JPG 格式。选择"文件"|"存储为"命令，将文件以"林中仙境-去除文字.jpg"为名保存在"第 6 章完成文件"文件夹中。

2. 图案图章工具

"图案图章工具"的作用与"油漆桶工具"类似，该工具在绘制时不需要设取样点，直接使用指定的图案在图像中进行绘画即可。

操作方法：在工具箱中选择"图案图章工具"，其选项栏如图 6-24 所示。单击选项栏中的"图案"拾色器，可以从弹出的下拉面板中选择各种图案。单击下拉面板右边的小三角按钮，在弹出的菜单中可以选择图案的名称进行图案追加。

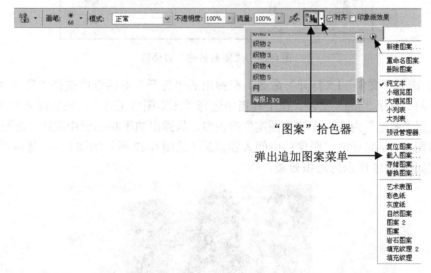

图 6-24 "图案图章工具"选项栏中的"图案"拾色器与图案追加菜单

在菜单栏中选择"编辑"|"定义图案"命令，可以将自定义图案设置到"图案"拾色器中，这样随时都可以使用"图案图章工具"进行编辑。

【案例 6-6】利用图案图章工具制作海报

案例功能说明：利用 Photoshop 的"图案图章工具"制作海报，效果如图 6-25 所示。
操作步骤：

（1）启动 Photoshop CC，选择"文件"|"打开"命令，在弹出的"打开"对话框中选择"第 6 章素材"文件夹下的"海报 1.jpg"文件。

图 6-25　利用"图案图章工具"制作海报效果图

（2）在工具箱中选择"图案图章工具"，然后选择"编辑"|"定义图案"命令，打开如图 6-26 所示的"图案名称"对话框，设置图案名称为"海报 1.jpg"，单击"确定"按钮，然后关闭"海报 1.jpg"文件。

图 6-26　"图案名称"对话框

（3）选择"文件"|"打开"命令，在弹出的"打开"对话框中选择"第 6 章素材"文件夹下的"海报 2.jpg"文件。在工具箱中选择"图案图章工具"，在如图 6-24 所示的选项栏中设置"画笔"为 60，单击"图案"拾色器，从弹出的下拉面板中双击"海报 1.jpg"，即选择该图案，将光标放在图像的中间人物区域（见图 6-27 所示的圆）中并连续单击扫过，直到达到如图 6-25 所示的海报效果。

图 6-27　在中间人物区域连续单击

（4）保存为 PSD 格式。选择"文件"|"存储为"命令，将文件以"海报-图案图章工具.psd"为名保存在"第 6 章完成文件"文件夹中。

（5）保存为 JPG 格式。选择"文件"|"存储为"命令，将文件以"海报-图案图章工具.jpg"为名保存在"第 6 章完成文件"文件夹中。

上 机 操 作

1．去除照片中多余的人物。

要求：利用 Photoshop 的"仿制图章工具"等去除照片中的黑衣女子（即画面中最前面的人像），去除前后的效果分别如图 6-28 和图 6-29 所示。

图 6-28　原始照片　　　　　　　　　　图 6-29　去除黑衣女子后的照片

提示：

（1）在 Photoshop CC 中打开"第 6 章素材"文件夹下的"梅花景.jpg"文件。

（2）选择"仿制图章工具"，先删除近景中的黑衣女子的脚的部分。由于近景较为清晰，则可将"仿制图章工具"选项栏中的画笔硬度设置为 100%。随着景深的加强，可适当降低画笔不透明度，最终效果如图 6-29 所示，具体操作步骤参见案例 6-5。

2．去除沙滩上的垃圾。

要求：利用 Photoshop 的"修补工具"去除沙滩上的垃圾，原图为"沙滩上的垃圾.jpg"，"沙滩上的垃圾（清除）.jpg"为去除后的效果，如图 6-30 所示。

图 6-30　去除沙滩上的垃圾前后的效果

3．利用仿制图章工具复制娃娃。

要求：利用 Photoshop 的"仿制图章工具"复制娃娃，原图为"娃娃.jpg"，"娃娃-仿制.jpg"为仿制后的效果，如图 6-31 所示。

图 6-31 复制娃娃前后的效果

提示：选择"仿制图章工具"，在其选项栏中将"画笔"设置为 60，其他选项可以用默认的设置，在原图中左边的娃娃上按下 Alt 键进行取样，然后在左边空白的地方进行绘制。在绘制过程中，被取样的图像会有一个"+"标记，绘制出来的图像跟"+"所在的地方是一模一样的。

理 论 习 题

一、填空题

1. 使用"修复画笔工具"，按_____键并单击鼠标左键设置取样点，再将光标移到需要修复的图像位置并按住左键拖曳鼠标，即可对图像进行修复。

2. 使用"仿制图章工具"修复图像时，若将在一幅图像中的取样应用到另一幅图像，则这两幅图像的_____必须相同。

二、简答题

1. 图章工具的功能有哪些？

2. 利用"仿制图章工具"可以在哪些对象之间进行复制操作？

图层的使用

在 Photoshop 中，图层的使用很频繁，它也是 Photoshop 中重要的功能之一，是 Photoshop 图像处理的核心概念与技术。本章主要介绍图层的概念、图层（图层组）的创建与编辑、图层蒙版、图层不透明度和其混合模式、图层样式和图层效果、调整图层与填充图层等使用及其操作技巧。通过本章的学习，读者可以在图像处理中灵活创建不同的图层，并利用图层蒙版、图层样式和图层效果制作特殊的图像效果。

资源文件说明：本章案例、实训和上机操作等源文件素材放在本书附带资源包"第 7 章\第 7 章素材"文件夹中，制作完成的文件放在"第 7 章\第 7 章完成文件"文件夹中。在实际操作时，将"第 7 章素材"文件夹复制到本地计算机，如 D 盘中，并在 D 盘中新建"第 7 章完成文件"文件夹。

任务 1 "图层"面板、创建与编辑图层（组）

知识点：图层概念、图层和图层组的创建、图层的编辑

Photoshop 图像处理软件的一个重要贡献就是引进了图层的概念。在制作图像版面时，用户可以先在不同的图层上绘制不同的图像并进行编辑。由于各个部分不在一个图层上，所以对任一部分的改动都不会影响其他图层，最后将这些图层按想要的次序叠放在一起，就构成了一幅完整的图像。

1. "图层"面板

"图层"面板是 Photoshop 中一个相当重要的工作面板，Photoshop 使用"图层"面板来管理与操作图层。在 Photoshop CC 中默认显示"图层"面板，如果开始时没有显示该面板，可以在菜单栏中选择"窗口"|"图层"命令来显示"图层"面板，如图 7-1 所示。"图

层"面板中的各选项功能如表 7-1 所示。

图 7-1 "图层"面板

表 7-1 "图层"面板中的各项功能

图 标	名 称	功 能
👁	眼睛图标	单击可显示或隐藏图层
	创建新图层	单击此按钮，可在当前图层上创建一个新的透明图层
	创建新组	单击此按钮，可创建一个新图层组，即文件夹，将图层按类别拖动到不同的文件夹中，有利于管理图层
	删除图层	单击此按钮，可以删除当前所选图层
⛓	链接图层	单击此按钮，可链接选中的两个或两个以上的图层或图层组
fx.	添加图层样式	单击此按钮，从弹出的下拉菜单中选择一种图层效果以用于当前所选图层
	添加图层蒙版	单击此按钮，可以给当前图层添加蒙版，用于修改图层内容
⊘.	创建新的填充或调整图层	单击此按钮，在弹出的下拉菜单中选择一个填充图层或调整图层
	锁定透明像素	单击此按钮，可以锁定当前图层上的透明区域，此时只能对该图层的不透明区域进行编辑
✎	锁定图像像素	单击此按钮，可以锁定当前图像，此时不能编辑锁定的图像，只能移动该图层
✛	锁定位置	单击此按钮，可以锁定当前图层的位置，但可以对图层内容进行编辑
🔒	锁定全部	出现此图标表示对该图层执行了锁定操作
	混合模式	用于决定当前图层的图像与其下面图层图像之间的混合形式，系统提供了23 种模式选项
	不透明度	通过设定其数值，调节图层混合时图像的不透明度

2. 新建图层

通过新建图层可以建立一个空白的透明图层，建立的方法有很多，但是最常用的一种方法就是通过"图层"面板新建图层。

操作方法：打开"图层"面板，单击面板底部的"创建新图层"按钮 ，即可快速新建一个图层。

3. 新建图层组

使用图层组可以将许多图层放到一个图层组文件夹中，有利于管理图层。执行下面的操作方法之一即可新建图层组。

操作方法 1：选择"图层"|"新建"|"组"命令，弹出如图 7-2 所示的"组属性"对话框，可以设置图层组的名称、颜色等信息，单击"确定"按钮，即可在"图层"面板上新建一个空白图层组。

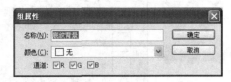

图 7-2　"组属性"对话框

操作方法 2：直接单击"图层"面板底部的"创建新组"按钮，将直接在当前图层的上方创建一个空白图层组。

4. 重命名图层

操作方法：在要修改的图层名称文字上双击，等出现如图 7-3 所示的文字编辑状态时，输入新的名称即可；或右击要修改的图层，从弹出的快捷菜单中选择"图层属性"命令，在打开的对话框中输入名称后，单击"确定"按钮即可。

5. 删除图层

删除图层是将不用的图层删除，这样可以节省系统资源。下面介绍两种常用的删除图层的方法。

操作方法 1：在"图层"面板中选定需要删除的图层，单击"图层"面板底部的"删除图层"按钮，从弹出的对话框中单击"是"按钮，即可删除选定的图层；如果单击"否"按钮，则取消删除操作，如图 7-4 所示。

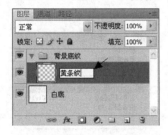

图 7-3　重命名图层　　　　　　　　图 7-4　删除图层

操作方法 2：直接将不需要的图层拖到"图层"面板底部的"删除图层"按钮上，即可删除选定的图层。

6. 复制图层

复制图层就是在原有图层的基础上再建一个相同的图层，这样不但可以快速制作图形效果，而且可以保护原图层不被破坏。

操作方法：直接将需要复制的图层拖动到"图层"面板底部的"创建新图层"按钮上，即可得到一个图层副本。复制后，图像与原图像之间是看不出什么变化的。因为复制的图像与原图像是重合的，若要看到复制的图像效果，则可以在工具箱中选择"移动工具"，将其中一个图层中的图像（兔子）移动一点，即可看到两只兔子，如图 7-5 所示。

图 7-5　图层复制后的效果

7. 链接图层

链接图层就是将多个图层链接到一起。链接后的图层，可以很方便地进行多个图层的移动、旋转、合并和变换等操作。

操作方法：在"图层"面板中同时选择两个或两个以上的图层，单击"图层"面板底部的"链接图层"按钮 ，当选中的图层名称后面出现链接标志时，即表示选中的图层链接在一起了，如图 7-6 所示。

8. 合并图层

在一个图像中，建立的图层越多，则该文件所占用的磁盘空间也就越多。因此，对一些不必要分开的图层，可以将它们合并以减少文件所占用的磁盘空间，同时也可以提高操作速度。

操作方法：首先在"图层"面板中选中要合并的图层，然后选择"图层"|"合并图层"或"合并可见图层"或"拼合图像"命令，如图 7-7 所示。

图 7-6　链接图层

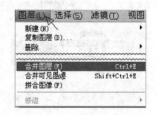

图 7-7　选择命令

- 合并图层：选择此命令，可以将选中的图层合并，快捷键是 Ctrl+E。
- 合并可见图层：选择此命令，可将图像中所有显示的图层合并（与是否选中图层无关），而隐藏的图层则保持不变。快捷键是 Shift+Ctrl+E。
- 拼合图像：选择此命令，可将图像中所有显示的图层拼合到背景图层中，如果图像中没有背景图层，将自动把拼合后的图层作为背景图层。如果图像中含有隐藏的图层，将在拼合过程中丢弃隐藏的图层。在丢弃隐藏图层时，Photoshop 会弹出提示对话框，提示用户是否确实要丢弃隐藏的图层。

【案例 7-1】制作广告的背景竖条底纹

案例功能说明：利用新建图层及新建组、链接图层等操作，以及矩形选框工具、椭圆选框工具、填充等命令，制作广告的背景竖条底纹，效果如图 7-8 所示。

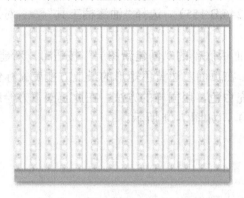

图 7-8　广告的背景竖条底纹效果图

操作步骤：

（1）启动 Photoshop CC，选择"文件"|"新建"命令，在弹出的"新建文档"对话框中设置"宽度"为"1024 像素"，"高度"为"775 像素"，"分辨率"为"72 像素/英寸"，"颜色模式"为"RGB 颜色"，"背景内容"为"白色"，如图 7-9 所示。

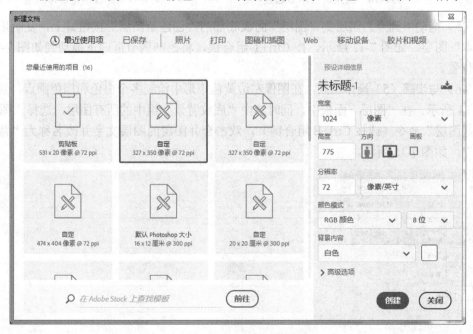

图 7-9　"新建文档"对话框

（2）在"图层"面板中，双击"背景"图层，在弹出的对话框中设置"名称"为"白底"，其他选项保持默认值，单击"确定"按钮；然后单击"图层"面板底部的"创建新组"按钮▢，在面板中双击"组 1"，将名称改为"底纹背景"，单击"确定"按钮。

（3）在"图层"面板中选中"底纹背景"，单击"图层"面板底部的"创建新图层"按钮▢，双击新建图层的"图层 1"文字，将其名称改为"黄条纹"，如图 7-3 所示。选择"矩形选框工具"，在页面的左边按住鼠标左键不放并拖曳鼠标绘制一个矩形，设置前景色为黄色（R:255,G:246,B:155），选择"油漆桶工具"▢，对矩形进行填充，如图 7-10所示。

（4）单击"图层"面板底部的"创建新图层"按钮▢，新建图层并命名为"圆点"；选择"椭圆选框工具"，在页面左边黄色矩形的最上方拖曳鼠标创建一个圆形选区，选择"油漆桶工具"▢并填充白色，用同样的方法，在此正圆下方绘制一个小点的正圆并填充棕色（R:246,G:199,B:91），如图 7-11 所示。

图 7-10　创建黄色矩形选区　　　　　　图 7-11　创建两个圆形选区

（5）拖动"圆点"图层到"图层"面板底部的"创建新图层"按钮▢上，复制出"圆点副本"图层，如图 7-12 所示。按 Ctrl+T 组合键，将控制调节框向下拖动到如图 7-13 所示的位置。

（6）与步骤（5）操作相同，在图像左边黄色矩形中绘制多个白色和棕色圆点，效果如图 7-14 所示。在"图层"面板中，同时选中"底纹背景"组中的所有图层，选择"图层"|"合并图层"命令（或按 Ctrl+E 组合键），双击合并图层的图层文字并改名称为"背景竖条纹"，如图 7-15 所示。

图 7-12　复制出"圆点副本"图层　　图 7-13　向下移动"圆点副本"图形　　图 7-14　重复复制图层

（7）在"图层"面板中选择"底纹背景"组，然后单击面板底部的"创建新图层"按

钮□，在"底纹背景"组内新建图层并命名为"棕色条纹"。选择"矩形选框工具"，在图像黄色矩形的右边位置拖曳鼠标，绘制一个矩形，设置前景色为（R:226,G:197,B:137），选择"油漆桶工具"□，对该矩形进行填充，如图 7-16 所示。在"图层"面板中，同时选中"背景竖条纹"和"棕色条纹"两个图层，然后选择"图层"|"合并图层"命令（或按Ctrl+E 组合键），并将合并的图层命名为"背景竖条纹"。

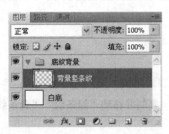

图 7-15　将合并图层命名为"背景竖条纹"

图 7-16　再创建矩形"背景竖条纹"

（8）拖动"背景竖条纹"图层到"图层"面板底部的"创建新图层"按钮□上，得到复制图层"背景竖条纹副本 1"，按 Ctrl+T 组合键，将控制调节框向右拖动一点，使用同样的操作，复制"背景竖条纹"图层多次，并依次将竖条纹向右拖动一点，最终效果如图 7-17所示。

（9）在"图层"面板中，新建一个图层并命名为"橙条纹"，选择"矩形选框工具"，在页面最底部绘制矩形选区，设置前景色为黄色（R:252,G:203,B:15），然后选择"油漆桶工具"□，对该矩形选区填充黄色；使用同样的操作，新建一个图层并命名为"绿条纹"，在黄色矩形上方绘制矩形选区，并填充绿色（R:153,G:189,B:41），如图 7-18 所示。

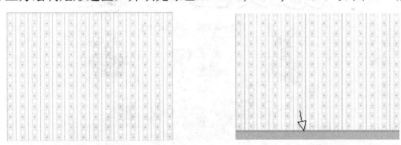

图 7-17　制作背景竖条底纹效果图

图 7-18　绘制并填充矩形

（10）同时选择"绿条纹"和"黄条纹"两个图层，单击"图层"面板底部的"链接图层"按钮⇔，将两个图层进行链接，如图 7-19 所示。拖动两个链接图层到面板底部的"创建新图层"按钮□上，复制出"黄条纹副本"和"绿条纹副本"图层。按 Ctrl+T 组合键，右击控制调节框，从弹出的菜单中选择"旋转 180"命令，即将"绿条纹副本"图层放在"黄条纹副本"图层下方，然后将控制调节框向上拖动到页面的最顶部，如图 7-20所示。

（11）保存为 PSD 格式。选择"文件"|"存储为"命令，将文件以"广告的背景竖条底纹.psd"为名保存在"第 7 章完成文件"文件夹中。

（12）保存为 JPG 格式。选择"文件"|"存储为"命令，将文件以"广告的背景竖条

底纹.jpg"为名保存在"第 7 章完成文件"文件夹中。

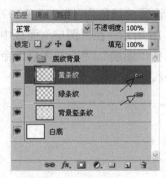

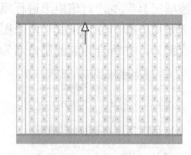

图 7-19　链接图层　　　　图 7-20　复制并移动"绿条纹""黄条纹"图层

【案例 7-2】制作儿童玩具广告

案例功能说明：使用素材 s1.jpg、s2.jpg、s3.jpg、s4.jpg 和"广告的背景竖条底纹.psd"文件，利用新建图层及新建组、横排文字工具、选区的填充以及图层样式等命令，制作儿童玩具广告，效果如图 7-21 所示。

图 7-21　儿童玩具广告效果图

操作步骤：

（1）选择"文件"|"打开"命令，在打开的"打开"对话框中同时选择"第 7 章素材"文件夹下的 s1.jpg、s2.jpg、s3.jpg、s4.jpg 和"广告的背景竖条底纹.psd"文件，单击"打开"按钮。使用"移动工具"依次将 s1.jpg、s2.jpg、s3.jpg 和 s4.jpg 4 个文件中的图像内容复制到"广告的背景竖条底纹.psd"文件窗口中，并依次按 Ctrl+T 组合键等比例调整图像大小，效果如图 7-22 所示。在"图层"面板中，依次双击各图层名，更改图层名称分别为"兔仔""熊仔""火车""玩具总动员"，如图 7-23 所示。

（2）拖动"玩具总动员"图层到面板底部的"创建新图层"按钮上，复制出"玩具总动员副本"，并将该图层移到"玩具总动员"图层下方。

图 7-22　将 4 个文件置入后的图像

图 7-23　修改图层名称

（3）按住 Ctrl 键不放，单击"玩具总动员副本"缩略图，将该图层内容转为选区，设置前景色为（R:135,G:20,B:129），选择"油漆桶工具"，对该选区进行填充，使用"移动工具"将该图层内容向左下角移动一点，单击"图层"面板底部的"添加图层样式"按钮，在弹出的下拉菜单中选择"描边"命令，打开"图层样式"对话框，如图 7-24 所示，设置"大小"为"13 像素"，位置为"外部"，"混合模式"为"正常"，"不透明度"为 100%，"填充类型"为"颜色"，"颜色"为黄色，单击"确定"按钮，效果如图 7-25 所示。

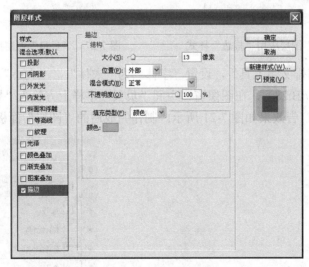

图 7-24　"玩具总动员副本"图层应用"描边"样式

图 7-25　描边效果

（4）选择"横排文字工具"，设置"字体"为"隶书"，"大小"为"105 点"，"颜色"为（R:231,G:108,B:2），在图像窗口中间位置输入"贝贝"。选择"贝贝"图层，单击"图层"面板底部的"添加图层样式"按钮 _fx._，在弹出的下拉菜单中选择"描边"命令，打开如图 7-26 所示对话框，设置"大小"为"5 像素"，"位置"为"外部"，"混合模式"为"正常"，"不透明度"为 100%，"填充类型"为"颜色"，"颜色"为白色；再选择"投影"选项，按照图 7-27 所示进行设置，"混合模式"为"正片叠底"，单击"混合模式"右边的颜色框，在弹出的对话框中设置颜色为（R:106,G:45,B:11），单击"确定"按钮，回到"图层样式"对话框，设置"不透明度"为 75%，"角度"为"119 度"，选中"使用全局光"复选框，"距离"为"11 像素"，"扩展"为 0，"大小"为"4 像素"，取消选中"消除锯齿"复选框，"杂色"为 0，单击"确定"按钮，效果如图 7-28 所示。

图 7-26　"贝贝"图层应用"描边"样式　　　　图 7-27　"贝贝"图层应用"投影"样式

（5）选择"横排文字工具"，设置"字体"为"宋体"，"大小"为"30 点"，"颜色"为（R:218,G:37,B:28），在图像窗口中间"贝贝"字样上方输入"婴幼玩具专家 给宝宝最好的"，最终广告效果如图 7-21 所示。制作完成后的"图层"面板如图 7-29 所示。

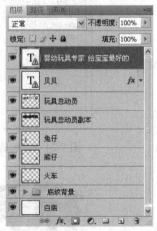

图 7-28　文字效果　　　　图 7-29　制作完成后的"图层"面板

（6）保存为 PSD 格式。选择"文件"|"存储为"命令，将文件以"儿童玩具广告.psd"

为名保存在"第 7 章完成文件"文件夹中。

(7) 保存为 JPG 格式。选择"文件" | "存储为"命令,将文件以"儿童玩具广告.jpg"为名保存在"第 7 章完成文件"文件夹中。

【实训 7-1】制作书籍装帧封面封底背景

实训功能说明:利用钢笔工具以及新建图层、新建组、链接图层、图层样式、创建新的填充或调整图层等命令,制作书籍装帧封面封底背景,效果如图 7-30 所示。

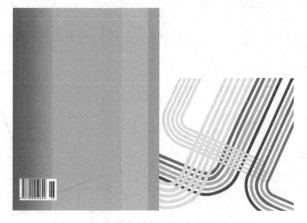

图 7-30 书籍装帧封面封底背景效果图

操作要点:

(1) 启动 Photoshop CC,选择"文件" | "新建"命令,在打开的"新建文档"对话框中设置"宽度"为"29.8 厘米","高度"为"20.9 厘米","分辨率"为"150 像素/英寸","颜色模式"为"RGB 颜色","背景内容"为"白色"。

(2) 按 Ctrl+R 组合键显示标尺,在图像窗口的正中间添加垂直参考线以划分封面中的各个区域,效果如图 7-31 所示。按 Ctrl+R 组合键隐藏标尺。

(3) 单击"图层"面板底部的"创建新图层"按钮,新建图层"书脊"。选择"矩形选框工具",在图像编辑窗口中按照书脊的轮廓绘制选区。设置前景色为绿色(R:140,G:198,B:62),选择"油漆桶工具",对矩形选区进行填充,如图 7-32 所示。

图 7-31 设置垂直参考线

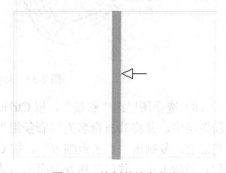

图 7-32 绘制并填充书脊

（4）单击"图层"面板底部的"创建新组"按钮□，双击"组1"，在弹出的对话框中修改其名称为"彩条"。

（5）选择"钢笔工具"，在其选项栏中单击"路径"按钮，在图像编辑窗口中绘制如图7-33所示的路径。

（6）在"图层"面板底部单击"创建新的填充或调整图层"按钮，在弹出的下拉菜单中选择"纯色"命令，然后在弹出的"拾色器（纯色）"对话框中设置其颜色为（R:118,G:76,B:36），单击"确定"按钮，隐藏路径后的效果如图7-34所示，同时得到图层"颜色填充1"。

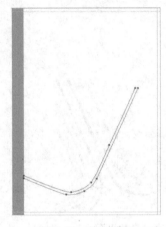

图 7-33　绘制路径

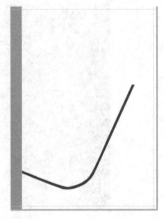

图 7-34　填充路径

（7）与步骤（6）操作相同，结合路径及"颜色填充 1"图层，制作其他彩条，此时彩条效果及"图层"面板如图7-35所示。

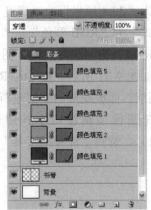

图 7-35　彩条效果及"图层"面板

（8）选择图层组"彩条"，按 Ctrl+Alt+E 组合键覆盖图层，将选中图层中的图像合并至新图层中，并将其重命名为"彩条组"。拖动"彩条组"到面板底部的"创建新图层"按钮上，复制出"彩条组副本"。按 Ctrl+T 组合键，出现变形控制框，将图像旋转、缩放到合适的大小，并将其移到封面的右边，效果如图7-36所示。

（9）选择"魔棒工具"，选择黄色彩条填充红色，选择蓝色彩条填充黄色，选择红色彩条填充蓝色，效果如图 7-37 所示。

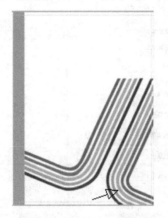
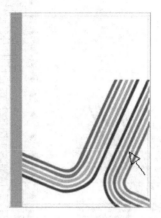

图 7-36　复制并变换图层　　　　图 7-37　改变彩条颜色

（10）再次复制"彩条组"，得到图层"彩条组副本 2"。按 Ctrl+T 组合键，出现变形控制框，将图像缩放到合适的大小，并将其移到封面的左下角，效果如图 7-38 所示。

（11）按住 Ctrl 键，单击"彩条组副本 2"缩略图，将其载入选区，设置前景色为（R:239,G:228,B:206），选择"油漆桶工具"🖅对选区进行填充。在"图层"面板底部单击"添加图层蒙版"按钮🔲，为"彩条组副本"添加图层蒙版，设置前景色为黑色，选择"画笔工具"，设置适当的画笔大小，在图层蒙版中进行涂抹，将左侧的图像隐藏起来，效果如图 7-39 所示。

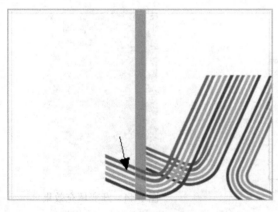

图 7-38　复制并变换图层　　　　图 7-39　使用图层蒙版

（12）与步骤（9）操作相同，制作另一彩条效果，如图 7-40 所示，并将该图层移到最上方。按住 Shift 键的同时选择"彩条组"和其所有副本及图层组"彩条"，按 Ctrl+G 组合键进行图层编组，并命名为"封面"，此时的"图层"面板如图 7-41 所示。

（13）单击"图层"面板底部的"创建新组"按钮🔲，新建图层组"封底"，在"封底"内新建"渐变背景"，选择"矩形选框工具"，在图像编辑窗口中按照封底的轮廓绘制一个矩形，效果如图 7-42 所示。

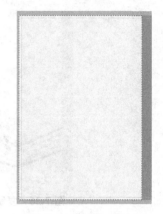

图 7-40 彩条完成效果 　　　　　图 7-41 图层效果 　　　　　图 7-42 绘制矩形选框

（14）在"图层"面板底部单击"创建新的填充或调整图层"按钮 ，在弹出的下拉菜单中选择"渐变"命令，打开"渐变填充"对话框，如图 7-43 所示。设置"渐变"位置 0 颜色为（R:88,G:126,B:27），位置 28 颜色为（R:139,G:200,B:47），位置 29 和位置 79 颜色为（R:166,G:213,B:19），位置 80 颜色为（R:190,G:226,B:1），"样式"为"线性"，"角度"为"0 度"，"缩放"为 100%，选中"与图层对齐"复选框，单击"确定"按钮，绿色渐变填充效果如图 7-44 所示。

图 7-43 "渐变填充"对话框 　　　　　　图 7-44 渐变填充效果

（15）选择"文件"|"打开"命令，在弹出的"打开"对话框中选择"第 7 章素材"文件夹下的 s5.jpg 文件，单击"打开"按钮。将图像内容复制到当前文件窗口中，按 Ctrl+T 组合键等比例调整图像大小，最终效果如图 7-30 所示。

（16）保存为 PSD 格式。选择"文件"|"存储为"命令，将文件以"书籍装帧封面封底背景.psd"为名保存在"第 7 章完成文件"文件夹中。

（17）保存为 JPG 格式。选择"文件"|"存储为"命令，将文件以"书籍装帧封面封底背景.jpg"为名保存在"第 7 章完成文件"文件夹中。

【实训 7-2】心理书籍装帧设计

实训功能说明： 利用钢笔工具以及新建图层、新建组、链接图层、图层样式、创建新的填充或调整图层、横排文字工具、栅格化文字、渐变工具等命令，制作心理书籍装帧设计，效果如图 7-45 所示。

图 7-45　心理书籍装帧效果图

操作要点：

（1）单击"图层"面板底部的"创建新组"按钮☐，新建图层组"文字"，选择"横排文字工具"，设置"字体"为"黑体"，"大小"为"60 点"，"颜色"为"黑色"，在图像窗口中间位置输入"性格色彩解译"，效果如图 7-46 所示。

（2）在"图层"面板中的"性格色彩解译"文字图层上单击鼠标右键，在弹出的快捷菜单中选择"栅格化文字"命令，将文字图层转换为普通图层，此时的"图层"面板如图 7-47 所示。

图 7-46　输入书名

图 7-47　栅格化文字

（3）单击"图层"面板中的"锁定透明像素"按钮☐，选择"渐变工具"，在其选项栏中单击渐变颜色框，在弹出的"渐变编辑器"对话框的"预设"选项中选择"色谱"，单击"确定"按钮，如图 7-48 所示。在图像编辑窗口中文字的右下方按住鼠标左键并向左上方拖动鼠标，为文字添加渐变效果。

（4）选择"横排文字工具"，设置"字体"为"黑体"，"大小"为"30 点"，"颜色"为"黑色"，在"性格色彩解译"上部位置输入"世界顶级心理大师"，效果如图 7-49 所示。

图 7-48　"渐变编辑器"对话框

图 7-49　渐变填充文字

（5）用同样的方法输入绿色背面的文字。设置字体、字号、颜色及位置，效果如图 7-50 所示。按 Ctrl+H 组合键隐藏辅助线，完成"性格色彩解译"的书籍封面制作。此时的"图层"面板如图 7-51 所示（注：封底左下角条形码上方的两行小文字为"定价：55.50 元"和"各大书店均有销售"，书脊下方文字为"风之谷浪著"和"北京大学出版社"）。

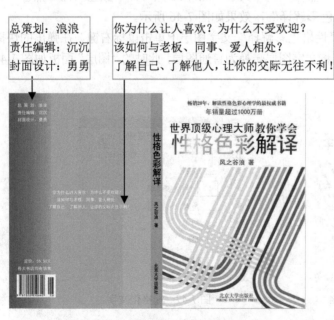

图 7-50　性格色彩解译——平面展开图

图 7-51　完成后的"图层"面板

（6）保存为 PSD 格式。选择"文件"|"存储为"命令，将文件以"性格色彩解译书籍装帧.psd"为名保存在"第 7 章完成文件"文件夹中。

（7）保存为 JPG 格式。选择"文件"|"存储为"命令，将文件以"性格色彩解译书籍装帧.jpg"为名保存在"第 7 章完成文件"文件夹中。

任务 2　应用图层样式

"图层"面板上显示了图像中的所有图层、图层组和图层效果，也可以使用"图层"面板上的各种功能来完成一些图像编辑任务，例如创建、隐藏、复制和删除图层等，还可以使用图层样式改变图层上图像的效果，例如添加阴影、外发光、浮雕等。另外，修改图层的光线、色相和透明度等参数可制作出不同的效果。

知识点：图层和填充的不透明度、图层样式、图层混合模式

1. 图层的不透明度

图层的不透明度决定它覆盖或显示下面图层的程度。不透明度为 0% 的图层是完全透明的，可完全显示下面图层的内容；而不透明度为 100% 的图层则完全不透明，将完全覆盖下面图层的内容；不透明度为 50% 的图层为半透明，将半透明显示下面图层的内容。

操作方法：在"图层"面板的"不透明度"选项中输入数值，或拖动"不透明度"滑块来改变其数值。

2. 填充不透明度

"填充"不透明度只在应用图层样式时，才影响它的颜色、渐变和叠加部分；而对混合模式、图层样式和图层内容同时起作用的是常规混合中的"不透明度"。总的来说，"不透明度"调节的是整个图层的不透明度，"填充"只是改变填充部分的不透明度。调整"不透明度"会影响整个图层中多个对象（原图层中的对象和添加的各种图层样式效果），而修改"填充"只会影响原图像，不会影响添加效果（添加的图层样式）。

例如，当对文字层添加简单的投影效果后，仅降低图层"不透明度"，保持"填充"不透明度为 100%，会发现文字和投影的不透明度都下降了，如图 7-52（左）所示；而保持图层的总体不透明度不变，将"填充"不透明度降低为 0% 时，文字变得不可见，而投影效果却没有受到影响，如图 7-52（右）所示。用这种方法，可以在隐藏文字的同时依然显示图层效果，这样就可以制作出隐形的投影或透明浮雕效果。

图 7-52　调节"不透明度"后的效果和调节"填充"不透明度后的效果

3. 图层样式

所谓图层样式，就是一种或更多的图层效果的组合。图层样式可以被复制，也可以被保存起来，在以后绘制时直接套用，如果不满意图层样式的效果，还可以随时修改各项参数。

操作方法：选择"图层"|"图层样式"|"投影"命令或从弹出的子菜单中选择其他样式命令，将打开"图层样式"对话框，如图 7-53 所示。在"图层样式"对话框中，左边是各种效果列表，包括投影、发光、斜面和浮雕、叠加和描边等几个大类，中间是各种效果的参数设置，右边小窗口中是所设定效果的预览。"图层样式"对话框中各选项功能如表 7-2 所示。

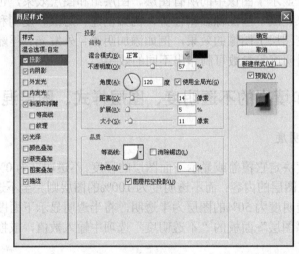

图 7-53　"图层样式"对话框

表 7-2　"图层样式"对话框中各选项功能说明

选　项	功　能　说　明
投影	将在图层上的对象、文本或形状下面添加阴影效果，产生立体感
内阴影	将在对象、文本或形状的内边缘添加阴影，使图层产生一种凹陷外观。内阴影效果对文本对象的效果更佳
外发光	将从图层对象、文本或形状的边缘向外添加发光效果，制作出物体光晕效果。设置参数后可以让对象、文本或形状更精美
内发光	将从图层对象、文本或形状的边缘向内添加发光效果
斜面和浮雕	通过对图层添加高亮显示和阴影的各种组合来模仿立体效果
光泽	将在图层对象内部应用阴影，与对象的形状互相作用，通常创建规则波浪形状，产生光滑的磨光及金属效果
颜色叠加	可以在当前图层的上方覆盖一种颜色，然后通过对颜色设置不同的混合模式和不透明度，使当前图层中的图像产生类似于纯色填充图层所产生的特殊效果
渐变叠加	将在图层对象上叠加一种渐变颜色，即将一层渐变颜色填充到应用样式的对象上。通过"渐变编辑器"可以设置其他的渐变颜色
图案叠加	在当前图层的上方覆盖不同的图案，然后对图案的"混合模式"和"不透明度"进行调整、设置，使之产生类似于图案填充层的效果
描边	为当前图层中的图像添加描边效果，描绘的边缘可以是一种颜色、一种渐变色，也可以是一种图案

【案例 7-3】制作金属字体效果

案例功能说明：使用"图层"面板、文字工具、选择工具、移动工具和"图层"等命令，通过在"图层样式"对话框中设置各种图层效果并设置不透明度，制作金属文字效果，如图 7-54 所示。

图 7-54 金属文字效果

操作步骤：

（1）启动 Photoshop CC，选择"文件"|"新建"命令，在弹出的"新建文档"对话框中设置"宽度"为"600 像素"，"高度"为"300 像素"，"分辨率"为"72 像素/英寸"，"颜色模式"为"RGB 颜色"，"背景内容"为"白色"。

（2）选择"文件"|"打开"命令，在弹出的"打开"对话框中选择"第 7 章素材"文件夹下的 s6.jpg 文件，单击"打开"按钮。在 Photoshop 窗口标题栏中单击"排列文档"按钮⊞▼，从弹出的下拉列表中选择"双联"选项▤，即可将两个文件在窗口中双联显示。选择"移动工具"▸₊将 s6.jpg 图像拖动到新建的文件窗口中并调整位置，作为文档的背景，然后在"图层"面板中按住 Shift 键不放的同时选择"图层 1"和"背景"两个图层，选择"图层"|"合并图层"命令，将合并图层命名为"背景"，文档背景效果如图 7-55 所示。

（3）在工具箱中选择"横排文字工具"，设置"字体"为"黑体"，"大小"为"130点"，"颜色"为"黑色"，在文档中输入文字"PS CS4"，效果如图 7-56 所示。

图 7-55 文档背景效果

图 7-56 输入文字"PS CS4"

（4）在"图层"面板中的"PS CS4"图层上右击，在弹出的快捷菜单中选择"栅格化文字"命令，将文字图层转换为普通图层，按住 Ctrl 键单击图层"PS CS4"的缩略图，将该图层中的文字转为选区，然后分别单击"PS CS4"和"背景"图层的"眼睛"图标，关闭其可见性。按 Ctrl+J 组合键复制选区，得到"图层 1"，效果如图 7-57 所示。

（5）双击"图层 1"，打开"图层样式"对话框。

图 7-57　复制选区，新建"图层 1"

（6）在"图层样式"对话框中选择"投影"选项，如图 7-58 所示。设置"混合模式"为"正常"，单击"混合模式"右边的颜色框，在弹出的对话框中设置颜色为黑色，单击"确定"按钮后回到"图层样式"对话框，设置"不透明度"为 57%，"角度"为"120度"，选中"使用全局光"复选框，"距离"为"14 像素"，"扩展"为 5%，"大小"为"11 像素"，取消选中"消除锯齿"复选框，"杂色"为 0。

（7）在"图层样式"对话框中选择"内阴影"选项，如图 7-59 所示。设置"混合模式"为"正片叠底"，单击"混合模式"右边的颜色框，在弹出的对话框中设置颜色为黑色，单击"确定"按钮后回到"图层样式"对话框，设置"不透明度"为 75%，"角度"为"120 度"，选中"使用全局光"复选框，"距离"为"15 像素"，"阻塞"为 8%，"大小"为"18 像素"，选中"消除锯齿"复选框，"杂色"为 0。

图 7-58　设置"投影"参数　　　　图 7-59　设置"内阴影"参数

（8）在"图层样式"对话框中选择"斜面和浮雕"选项，如图 7-60 所示。设置"样式"为"内斜面"，"方法"为"雕刻清晰"，"深度"为 572%，"方向"为"上"，"大小"为"8 像素"，"软化"为"1 像素"，"角度"为"120 度"，选中"使用全局光"复选框，"高度"为"30 度"，选中"消除锯齿"复选框，"高光模式"为"滤色"，其"不透明度"为 61%，"阴影模式"为"正常"，其"不透明度"为 75%。

（9）在"图层样式"对话框中选择"光泽"选项，如图 7-61 所示。设置"混合模式"为"颜色减淡"，单击"混合模式"右边的颜色框，在弹出的对话框中设置颜色为青色（R:133,G:236,B:215），单击"确定"按钮后回到"图层样式"对话框，设置"不透明度"为 52%，"角度"为"132 度"，"距离"为"8 像素"，"大小"为"14 像素"，选中"消除锯齿"复选框。

图 7-60 设置"斜面和浮雕"参数

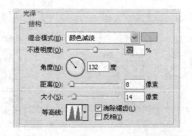

图 7-61 设置"光泽"参数

（10）在"图层样式"对话框中选择"渐变叠加"选项，如图 7-62 所示。设置"混合模式"为"正常"，"不透明度"为100%，单击"渐变"右边的颜色框，在弹出的对话框中设置位置 0 颜色为（R:77,G:77,B:77），位置 14 颜色为（R:253,G: 253,B:253），位置 27 颜色为（R:62,G:67,B:71），位置 38 颜色为（R:41,G:71,B:76），位置 100 颜色为白色，单击"确定"按钮后回到"图层样式"对话框，设置"样式"为"线性"，选中"与图层对齐"复选框，"角度"为"90 度"，"缩放"为100%。

（11）在"图层样式"对话框中选择"描边"选项，如图 7-63 所示。设置"大小"为"3 像素"，"位置"为"内部"，"混合模式"为"柔光"，"不透明度"为50%，"填充类型"为"渐变"，"渐变"为"黑色到白色"，"样式"为"对称的"，选中"与图层对齐"复选框，"角度"为"90 度"，"缩放"为96%。单击"确定"按钮，即完成"图层样式"对话框中各选项的设置，再次单击"背景"图层的眼睛图标，让其可见，此时得到的字体效果及"图层"面板如图 7-64 所示。

图 7-62 设置"渐变叠加"参数

图 7-63 设置"描边"参数

（12）拖动"图层 1"到面板底部的"创建新图层"按钮 上，得到"图层 1 副本"，双击"图层 1 副本"，弹出"图层样式"对话框。

（13）在"图层样式"对话框中选择"投影"选项，如图 7-65 所示。设置"混合模式"为"正片叠底"，单击"混合模式"右边的颜色框，在弹出的对话框中设置颜色为

（R:50,G:74,B:83），单击"确定"按钮后回到"图层样式"对话框，设置"不透明度"为
36%，"角度"为"120 度"，选中"使用全局光"复选框，"距离"为"6 像素"，"扩
展"为8%，"大小"为"16 像素"，取消选中"消除锯齿"复选框，"杂色"为0。

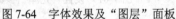

图 7-64　字体效果及"图层"面板　　　　　图 7-65　设置"投影"参数

　　（14）在"图层样式"对话框中选择"斜面和浮雕"选项，如图 7-66 所示。设置"样
式"为"内斜面"，"方法"为"平滑"，"深度"为134%，"方向"为"上"，"大小"
为"8 像素"，"软化"为"0 像素"，"角度"为"116 度"，取消选中"使用全局光"
复选框，"高度"为"37 度"，选中"消除锯齿"复选框，"高光模式"为"线性减淡（添
加）"，其"不透明度"为20%，"阴影模式"为"正常"，其"不透明度"为20%；然
后选择"等高线"选项，如图 7-67 所示，设置"范围"为55%，取消选中"消除锯齿"复
选框。

　　（15）在"图层样式"对话框中选择"光泽"选项，如图 7-68 所示。设置"混合模式"
为"叠加"，单击"混合模式"右边的颜色框，在弹出的对话框中设置颜色为蓝色
（R:92,G:139,B:156），单击"确定"按钮后回到"图层样式"对话框，设置"不透明度"
为49%，"角度"为"19 度"，"距离"为"11 像素"，"大小"为"14 像素"，选中
"消除锯齿"和"反相"复选框。

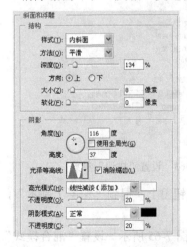

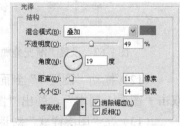

图 7-66　设置"斜面和浮雕"参数　　图 7-67　设置"等高线"参数　　图 7-68　设置"光泽"参数

（16）在"图层样式"对话框中选择"渐变叠加"选项，如图 7-69 所示。设置"混合模式"为"滤色"，"不透明度"为 100%，单击"渐变"右边的颜色框，在弹出的对话框中设置位置 0 颜色为（R:20,G:42,B:57），位置 14 颜色为（R:253,G:253,B:253），位置 32 颜色为（R:62,G:67,B:71），位置 47 颜色为（R:169,G:176,B:181），位置 71 颜色为（R:48,G:72,B:87），位置 100 颜色为"白色"，单击"确定"按钮后回到"图层样式"对话框，设置"样式"为"径向"，选中"与图层对齐"复选框，"角度"为"90 度"，"缩放"为 125%。最终效果如图 7-54 所示，制作完成后的"图层"面板如图 7-70 所示。

图 7-69　设置"渐变叠加"参数　　　　　　图 7-70　制作完成后的"图层"面板

（17）保存为 PSD 格式。选择"文件"|"存储为"命令，将文件以"金属字体.psd"为名保存在"第 7 章完成文件"文件夹中。

（18）保存为 JPG 格式。选择"文件"|"存储为"命令，将文件以"金属字体.jpg"为名保存在"第 7 章完成文件"文件夹中。

4. 图层混合模式

图层混合模式决定当前图层中的像素与其下面图层中的像素以何种模式进行混合，简称图层模式。图层混合模式是 Photoshop CC 中最核心的功能之一，也是在图像处理中最常用的一种技术手段。使用图层混合模式可以创建各种图层特效，制作出充满创意的平面设计作品。在"图层"面板中单击左上角的"混合模式"下拉列表，弹出多种模式选项，其功能说明如表 7-3 所示。

表 7-3　图层"混合模式"下拉列表中各模式功能说明

模　　式	功　能　说　明
正常	此模式是默认的模式，不和其他图层发生任何混合
变暗	变暗模式在混合时，将绘制的颜色与基色之间的亮度进行比较，亮于基色的颜色都被替换，暗于基色的颜色保持不变
正片叠底	查看每个通道里的颜色信息，并对底层颜色进行正片叠加处理
颜色加深	让底层的颜色变暗，有点类似于正片叠底，但不同的是它会根据叠加的像素颜色相应增加底层的对比度，和白色混合没有效果
线性加深	类似于正片叠底，通过降低亮度，让底色变暗以反映混合色彩

续表

模　式	功　能　说　明
深色	依据当前图像混合色的饱和度直接覆盖基色中暗调区域的颜色
变亮	与变暗模式相反，比较相互混合的像素亮度，选择混合颜色中较亮的像素并将其保留起来，而其他较暗的像素则被替代
滤色	通过该模式转换后的效果颜色通常很浅，像是被漂白一样，结果色总是较亮的颜色
颜色减淡	查看每个通道中的颜色信息，并通过减小对比度使基色变亮以反映混合色，与黑色混合则不发生变化
线性减淡	类似于颜色减淡模式，但是它是通过增加亮度来使得底层颜色变亮，以此获得混合色彩，与黑色混合没有任何效果
浅色	依据当前图像混合色的饱和度直接覆盖基色中高光区域的颜色，基色中包含的暗调区域不变，从而得到结果色
叠加	复合或过滤颜色，具体取决于基色。图案或颜色在现有像素上叠加，同时保留基色的明暗对比。不替换基色，但基色与混合色相混合以反映原色的亮度或暗度
柔光	变暗还是提亮画面颜色，取决于上层颜色信息。其产生的效果类似于为图像打上一盏散射的聚光灯。如果上层颜色（光源）亮度高于 50%灰，底层会被照亮（变淡）；如果上层颜色（光源）亮度低于 50%灰，底层会变暗，就好像被烧焦了似的
强光	复合或过滤颜色，具体取决于混合色。如果混合色（光源）比 50% 灰色亮，则图像变亮；如果混合色（光源）比 50% 灰色暗，则图像变暗
亮光	通过增加或减小对比度来加深或减淡颜色，具体取决于混合色。如果混合色（光源）比 50% 灰色亮，则通过减小对比度使图像变亮；如果混合色比 50% 灰色暗，则通过增加对比度使图像变暗
线性光	如果上层颜色（光源）亮度高于中性灰（50%灰），则用增加亮度的方法来使画面变亮，反之用降低亮度的方法来使画面变暗
点光	替换颜色，具体取决于混合色。如果混合色（光源）比 50% 灰色亮，则替换比混合色暗的像素，而不改变比混合色亮的像素；如果混合色比 50% 灰色暗，则替换比混合色亮的像素，而不改变比混合色暗的像素，这对向图像添加特殊效果非常有用
实色混合	当混合色比 50%灰色亮时，基色变亮；如果混合色比 50%灰色暗，则会使底层图像变暗
差值	查看每个通道中的颜色信息，并从基色中减去混合色，或从混合色中减去基色，具体取决于哪一个颜色的亮度值更大。与白色混合将反转基色值，与黑色混合则不产生变化
排除	创建一种与"差值"模式相似但对比度更低的效果。与白色混合将反转基色值，与黑色混合则不发生变化
色相	用基色的亮度和饱和度以及混合色的色相创建结果色
饱和度	饱和度混合模式是在保持基色色相和亮度值的前提下，只用混合色的饱和度值进行着色
颜色	用基色的亮度以及混合色的色相和饱和度创建结果色，这样可以保留图像中的灰阶，并且对给单色图像上色和给彩色图像着色都非常有用
明度	使用混合色的亮度值进行表现，而采用的是基色中的饱和度和色相

【案例 7-4】制作发光字体效果

　　案例功能说明：使用"图层"面板、文字工具、选择工具、移动工具和"图层"菜单命令，通过在"图层样式"对话框中设置各种图层效果，以及调节图层混合模式制作发光文字效果，如图 7-71 所示。

操作步骤：

（1）启动 Photoshop CC，选择"文件"|"新建"命令，在弹出的"新建文档"对话框中设置"宽度"为"600 像素"，"高度"为"400 像素"，"分辨率"为"72 像素/英寸"，"颜色模式"为"RGB 颜色"，"背景内容"为"背景色"，单击"确定"按钮。在工具箱中设置背景色为黑色，然后选择"编辑"|"填充"命令，在弹出的对话框中设置"使用"为背景色，单击"确定"按钮。

（2）在工具箱中选择"横排文字工具"，设置"字体"为"黑体"，"大小"为"120点"，"颜色"为"白色"，在页面的中央位置输入文字"星光"；然后设置"字体"为"Arial black"，"大小"为"61 点"，"颜色"为"白色"，在"星光"文字下方输入文字"Starlight"，效果如图 7-72 所示。

　　图 7-71　发光文字效果　　　　　　　　　图 7-72　输入文字

（3）在"图层"面板中，按住 Shift 键的同时选择"星光"和"Starlight"两个图层，然后选择"图层"|"合并图层"命令，将文字图层合并，并将其命名为"合并"。双击图层"合并"，打开"图层样式"对话框，选择"内阴影"选项，如图 7-73 所示，设置"混合模式"为"正片叠底"，单击"混合模式"右边的颜色框，设置阴影颜色为蓝色（R:0,G:99,B:162），单击"确定"按钮后回到"图层样式"对话框，设置"不透明度"为100%，"角度"为"120 度"，选中"使用全局光"复选框，"距离"为"0 像素"，"阻塞"为 0，"大小"为"8 像素"，取消选中"消除锯齿"复选框，"杂色"为 0。

（4）在"图层样式"对话框中选择"外发光"选项，如图 7-74 所示。设置"混合模式"为"滤色"，"不透明度"为 75%，"杂色"为 0，单击"杂色"下方的颜色框，在弹出的对话框中设置为蓝色（R:0,G:99,B:162），单击"确定"按钮后回到"图层样式"对话框，设置"方法"为"柔和"，"扩展"为 2%，"大小"为"32 像素"，取消选中"消除锯齿"复选框，"范围"为 50%，"抖动"为 0。单击"确定"按钮，即完成"图层样式"对话框中的各选项设置。

（5）在"图层"面板中单击底部的"创建新图层"按钮，新建"图层 1"。按住 Ctrl键不放单击"合并"图层的缩略图，即将"合并"图层中的文字变转为选区。选择"编辑"|"填充"命令，在弹出的对话框中设置"使用"为白色，单击"确定"按钮。按 Ctrl+D 组合键取消选区。选择"滤镜"|"模糊"|"高斯模糊"命令，在弹出的对话框中设置"半径"为"6.8 像素"，单击"确定"按钮。在"图层"面板中，设置其"混合模式"为"柔光"，

如图 7-75 所示。

图 7-73　"图层样式"对话框中设置"内阴影"　　　图 7-74　设置"外发光"参数

（6）选择"背景"图层，单击"图层"面板底部的"创建新图层"按钮 ，并将新建图层命名为"背景色"，如图 7-76 所示。选择"渐变工具"，在其选项栏（见图 7-77）中单击渐变颜色框，在弹出的对话框中设置位置 0 颜色为（R:0,G:98,B:161），位置 100 颜色为（R:0,G:0,B:9），单击"确定"按钮后，在选项栏中单击"径向渐变"按钮 ，然后在窗口的中央按住鼠标左键不放并向外拖动到窗口周围，即绘制渐变色，如图 7-78 所示。

图 7-75　设置图层"混合模式"为"柔光"　　　图 7-76　新建图层"背景色"

图 7-77　设置"渐变工具"选项栏

（7）选择"背景色"图层，单击"图层"面板底部的"创建新图层"按钮 ，并将新建图层命名为"云彩"，按 D 键把前景色、背景色恢复到默认的黑色和白色。选择"滤镜"|"渲染"|"云彩"命令，在"图层"面板中设置"混合模式"为"叠加"，最终完成发光字体制作，效果如图 7-71 所示。此时的"图层"面板如图 7-79 所示。

（8）保存为 PSD 格式。选择"文件"|"存储为"命令，将文件以"发光字体.psd"为名保存在"第 7 章完成文件"文件夹中。

（9）保存为 JPG 格式。选择"文件"|"存储为"命令，将文件以"发光字体.jpg"为名保存在"第 7 章完成文件"文件夹中。

图 7-78　绘制渐变色

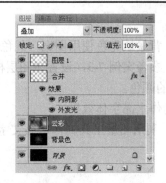

图 7-79　制作完成时的"图层"面板

上 机 操 作

1．制作邮票。

要求： 利用素材 "60 分邮票.psd" "80 分邮票.psd" "邮票背景.jpg" 文件，使用 "图层" 面板、选择工具、"图层" 菜单命令，以及设置图层的不透明度制作邮票，效果如图 7-80 所示。

图 7-80　邮票效果图和"图层"面板

提示：

打开素材 "60 分邮票.psd" "80 分邮票.psd" "邮票背景.jpg" 3 个文件，分别将 "60 分邮票" 和 "80 分邮票" 所在的图层内容复制到 "邮票背景.jpg" 文件中，用自由变换功能对它们调整大小并旋转到合适位置。设置 "60 分邮票" 图层的 "不透明度" 为 49%。

2．制作彩色金属字体。

要求： 利用图层工具制作彩色金属字体，效果如图 7-81 所示。

图 7-81　彩色金属字体效果

提示：

（1）背景填充色使用图案（红色纹理纸）。

（2）参考案例 7-3，设置"图层样式"对话框中的各选项，注意改变渐变颜色，应用色彩丰富的颜色。

3．制作水晶字体效果。

要求： 利用图层工具制作水晶文字，效果如图 7-82 所示。

图 7-82　水晶字体效果

提示：

（1）选择"渐变填充"工具填充背景。

（2）在"图层样式"对话框中分别设置"投影""内阴影""外发光""斜面和浮雕""颜色叠加""光泽"等参数。具体操作步骤参见案例 7-3。

理 论 习 题

一、填空题

1．在复制图层时，按住＿＿＿＿＿＿键拖动图层到 ⊡ 按钮上将弹出"复制图层"对话框。

2．"新建文件"菜单命令的快捷键为＿＿＿＿＿＿，"通过拷贝的图层"菜单命令的快捷键为＿＿＿＿＿＿，"取消选取"菜单命令的快捷键为＿＿＿＿＿＿。

二、简答题

1．"图层"和"图层组"命令的区别是什么？

2．简述图层不透明度与填充不透明度的区别。

第**8**章

路径的使用

本章主要讲解路径的绘制和编辑，以及"路径"面板的使用。通过对本章内容的学习，读者可以掌握各种路径工具的选项设置及使用方法，灵活运用路径工具绘制和调整各种矢量图形，实现编辑位图图像的最终目的。

资源文件说明：本章案例、实训和上机操作等源文件素材放在本书资源包"第8章\第8章素材"文件夹中，制作完成的文件放在"第8章\第8章完成文件"文件夹中。在实际操作时，将"第8章素材"文件夹复制到本地计算机，如D盘中，并在D盘中新建"第8章完成文件"文件夹。

任务 1　绘制与编辑路径和形状

知识点：路径概念、钢笔工具组、形状工具组和选择工具组的使用

在 Photoshop 中，路径用于建立选区并定义图像的区域，形状的轮廓是路径。路径由一条或多条直线段或曲线段组成，每一段都由多个锚点标记。通过编辑路径的锚点，可以很方便地改变路径的形状。创建和编辑路径以及形状路径的工具包括钢笔工具组、形状工具组和选择工具组。

1. 路径的概念

路径是由一条或多条直线段或曲线段组成的。锚点用于标记路径段的端点，在曲线段上，每个选中的锚点显示一条或两条方向线，方向线以方向点结束，方向线和方向点的位置决定曲线段的大小和形状，移动这些图素将改变路径中曲线的形状。路径可以是闭合的，没有起点或终点（如圆）；也可以是开放的，有明显的终点（如波浪线）。如图8-1所示，

A 所示为曲线段，B 所示点为方向点，C 所示直线为方向线，D 点表示选中的锚点，E 点表示未选中锚点。

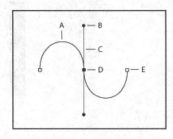

图 8-1　路径图素

平滑曲线由名为平滑点的锚点连接，锐化曲线路径由角点连接。当在平滑点上移动方向线时，将同时调整平滑点两侧的曲线段。相比之下，当在角点上移动方向线时，只调整与方向线同侧的曲线段，如图 8-2 所示。

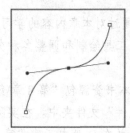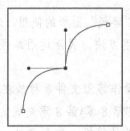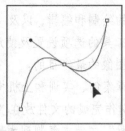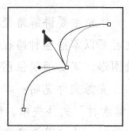

图 8-2　平滑曲线与锐化曲线

2. 钢笔工具组

在工具箱中右击"钢笔工具" ，弹出钢笔工具组，如图 8-3 所示。钢笔工具组包括钢笔工具、自由钢笔工具、添加锚点工具、删除锚点工具和转换点工具。

图 8-3　钢笔工具组

（1）钢笔工具

"钢笔工具"用于创建或编辑直线、曲线或自由线条及形状，还可以创建封闭式路径。

在工具箱中选择"钢笔工具" ，其选项栏如图 8-4 所示，其部分选项功能说明如表 8-1 所示。

图 8-4　"钢笔工具"选项栏

表 8-1 "钢笔工具"主要选项功能说明

图标或名称	功 能 说 明
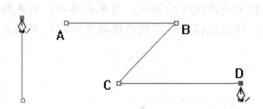	创建形状图层
	创建路径
	创建一个图形的填充
	使用"钢笔工具"绘图
	使用"自由钢笔工具"绘图
自动添加/删除	单击线段时添加锚点,单击锚点时删除锚点
	将新的路径添加到已有路径
	在原有路径区域中减去新路径
	原有路径与现在路径相交的部分被保留
	原有路径与现在路径重叠的部分被去除,其余部分保留

使用"钢笔工具"可以创建以下几种路径。

➘ 创建直线路径:在工具箱中选择"钢笔工具",在其选项栏中单击"路径"按钮📷,在文档中单击作为起始点,然后在文档的任何位置单击作为终点,按 Esc 键,即可绘制一条直线路径,如图 8-5(左)所示。

➘ 创建多线段路径:选择"钢笔工具",在文档中单击 A 点作为起始点,然后按住 Shift 键,分别单击 B 点、C 点和 D 点,按 Esc 键,即可创建多线段路径,如图 8-5(右)所示(按住 Shift 键单击可将该段的角度设置为 45 度角的倍数,最后一个锚点总是实心方形,表示处于选中状态。当继续添加锚点时,以前定义的锚点会变成空心方形)。

➘ 创建曲线路径:曲线路径是通过单击并且拖动来创建的。首先选择"钢笔工具",在文档中 A 点(起点)单击,按住鼠标左键不放并同时向右拖动鼠标,拖动到如图 8-6(左)所示时释放鼠标,然后在文档的 B 点单击,按住鼠标左键不放并同时向左拖动鼠标,拖动到如图 8-6(右)所示位置,按下 Esc 键,即可绘制曲线段路径。

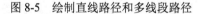

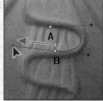

图 8-5 绘制直线路径和多线段路径　　　　图 8-6 绘制曲线点和绘制曲线段

➘ 创建封闭曲线路径:选择"钢笔工具",在文档中 A 点(起点)单击,按住鼠标左键不放并同时向上拖动鼠标,拖到如图 8-7(a)所示时释放鼠标;然后在文档 B 点单击,按住鼠标左键不放并同时向下拖动鼠标,拖动到如图 8-7(b)所示时释放鼠标;最后如图 8-7(c)所示,在 A 点(起点)单击鼠标即可绘制封闭曲线路径。绘制的椭圆如图 8-7(d)所示。

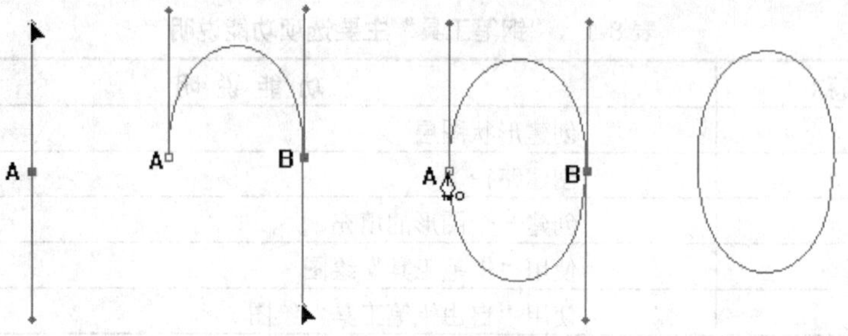

（a）　（b）　（c）　（d）

图 8-7　绘制封闭曲线路径

（2）自由钢笔工具

“自由钢笔工具”可以像用铅笔在纸上绘图一样来绘制路径，它并不是通过设置锚点来建立路径，而是通过自由手绘曲线建立路径。在绘制诸如水纹等曲线时，运用“自由钢笔工具”非常方便，完成路径绘制后可进一步对其进行调整。

操作方法：在工具箱中选择“自由钢笔工具”，在其选项栏中单击右边的三角形按钮▾，在弹出的选项面板中可以设置“曲线拟合”值，其值为 0.5～10.0px。此值越大，线条路径越平滑。在文档中拖曳鼠标，会有一条路径跟随指针，释放鼠标，曲线路径即创建完毕，如图 8-8 所示。

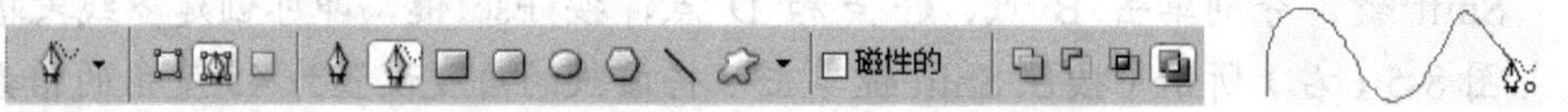

图 8-8　使用“自由钢笔工具”绘图

选中“自由钢笔工具”选项栏中的“磁性的”复选框，可以激活“磁性钢笔工具”，通过它可以绘制与图像中定义区域的边缘对齐的路径。可以定义对齐方式的范围和灵敏度，以及所绘路径的复杂程度。“磁性钢笔工具”和“磁性套索工具”有很多相同的属性。

（3）添加、删除和转换锚点工具

- 添加锚点工具：选择“添加锚点工具”，并将光标放在要添加锚点的路径上（光标旁会出现加号）。如果要添加锚点但不更改线段的形状，则单击路径；如果要添加锚点并更改线段的形状，则单击，按住鼠标左键不放并拖动鼠标以定义锚点的方向线，如图 8-9 所示。

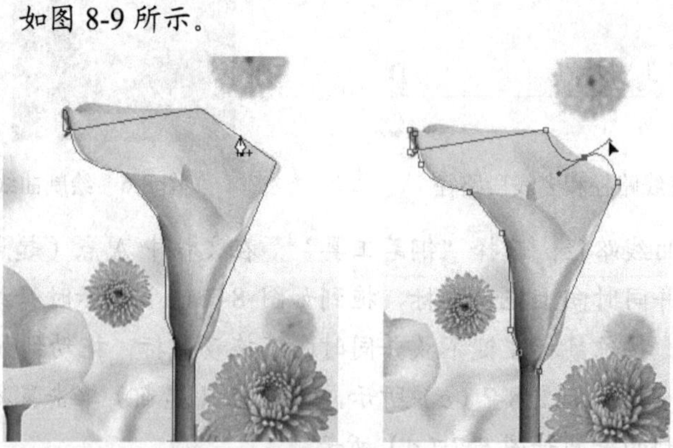

图 8-9　“添加锚点工具”的两种不同操作方法

➤ 删除锚点工具：选择"删除锚点工具" ，并将光标放在要删除的锚点上（光标旁会出现减号）。单击锚点将其删除，路径的形状重新调整以适合其余的锚点；拖曳锚点将其删除，线段的形状随之改变。

➤ 转换点工具：选择"转换点工具" ，并将光标放在要更改的锚点上（如果是在选中了"直接选择工具" 的情况下启动"转换点工具"，应将光标放在锚点上，然后按 Ctrl+Alt 组合键；如果是在选中了"钢笔工具" 的情况下启动"转换点工具"，则按 Ctrl 键）。如果要将平滑点转换成没有方向线的角点，则单击平滑锚点；如果要将平滑点转换为带有方向线的角点，一定要能看到方向线，然后拖曳方向点，使其与方向线断开；如果要将角点转换成平滑点，则向角点外拖曳，使方向线出现，如图 8-10 所示。

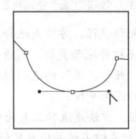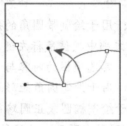

图 8-10 "转换点工具"的使用方法

3. 选择工具组

在工具箱中右击"直接选择工具" ，弹出选择工具组，其包括"路径选择工具"和"直接选择工具"，如图 8-11 所示。

图 8-11 选择工具组

选择路径组件或路径段将显示选中部分的所有锚点，包括全部的方向线和方向点（前提是选中的是曲线段）。方向点显示为实心圆，选中的锚点显示为实心方形，而未选中的锚点则显示为空心方形。

选择路径的方法：如果要选择路径组件（包括形状图层中的形状），则在工具箱中选择"路径选择工具" ，并单击路径组件中的任何位置。如果路径由几个路径组件组成，则只有指针所指的路径组件被选中。如果要选择路径段，则选择"直接选择工具" ，并单击路径段上的某个锚点，或在路径段的一部分上拖曳选框。

4. 形状工具组

常见的几何图形在 Photoshop 工具箱中都可以找到现有的工具，通过设置其中的参数，还可以变换出不同的效果。在工具箱中右击"形状工具" ，弹出形状工具组，如图 8-12 所示，其中包括"矩形工具""圆角矩形工具""椭圆工具""多边形工具""直线工具""自定形状工具"6 种，应用这些工具可以绘制多种多样的图形。

➡ 矩形工具：用于绘制矩形或正方形路径。方法是选择工具箱中的"矩形工具" ▣，按住 Shift 键的同时在文档中按住鼠标左键不放并拖动鼠标，即可绘制正方形路径。在其选项栏中单击 ▱ ▾ 右边的三角形按钮，弹出其选项面板，通过设置参数可以不同方式绘制矩形路径，如图 8-13 所示。

图 8-12　形状工具组　　　　　　图 8-13　"矩形工具"选项栏及其选项面板

➡ 圆角矩形工具：用于绘制带圆角的矩形路径。方法是选择工具箱中的"圆角矩形工具" ▢，在文档中按住鼠标左键不放并拖动鼠标，随着光标移动将会出现一个圆角矩形路径。其选项栏的内容与"矩形工具"的选项栏内容相似，只是增加了"半径"选项，用于设定圆角矩形的圆角半径。

➡ 椭圆工具：用于绘制椭圆或正圆路径。方法是选择工具箱中的"椭圆工具" ◯，按住 Shift 键的同时在页面中按住鼠标左键不放并拖曳鼠标，随着光标移动将会出现一个正圆路径。

➡ 多边形工具：用于绘制等边多边形路径，如等边五角星和星形等。方法是选择"多边形工具"，在文档中按住鼠标左键不放并拖动鼠标，随着光标移动将会出现一个五边形路径。在其选项栏中，可以设置多边形的边数（范围是 3~100），边数越多，图形越接近圆形。

➡ 直线工具：可以绘制直线、箭头的形状和路径。操作方法与"矩形工具"基本相同。

➡ 自定形状工具：用于绘制自定义图形路径。方法是选择工具箱中的"自定形状工具" ⬚，在其选项栏中单击"形状"右侧的按钮，弹出如图 8-14 所示的形状面板，单击面板右侧小三角形按钮可追加星星、脚印和花朵等各种符号化的形状，例如，选择了一种鸟的形状后，在文档中按住鼠标左键不放并拖动鼠标即可绘制鸟形状的路径。

图 8-14　形状面板

如果不满意 Photoshop 中自带的形状，还可以将自己绘制的路径保存为自定义形状，

以方便重复使用。方法是使用"钢笔工具",在文档中绘制并填充路径绘制所需的形状,然后选择"编辑"|"自定义形状"命令,弹出"形状名称"对话框,如图 8-15 所示。在"名称"文本框中输入名称,单击"确定"按钮,在"形状"选项的面板中将会显示刚定义好的形状。

图 8-15 "形状名称"对话框

5. 形状的创建

形状是在形状图层上绘制的。在 Photoshop 中,可以在一个形状图层上绘制多个形状,并指定重叠形状交互的方法。形状会自动填充单色、渐变或图案。形状的轮廓存储在链接到图层的矢量蒙版中。

创建新形状的步骤如下。

(1)选择一个"形状工具"或"钢笔工具",确保在选项栏中单击了"形状图层"按钮 ⌘。

(2)选取形状的颜色,需要先在选项栏中单击色板,然后从拾色器中选取一种颜色。

(3)如果要对形状图层应用样式,可以从"样式"弹出式菜单中选择预设样式。

(4)设置其他特定于工具的选项。

(5)在图像中按住鼠标左键不放并拖曳鼠标可绘制形状,如图 8-16 所示,创建了"形状 1"。

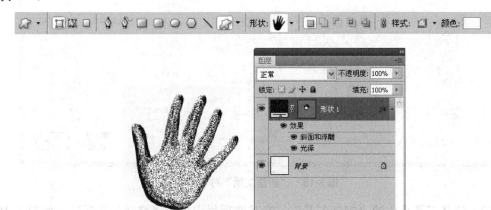

图 8-16 绘制形状

【案例 8-1】绘制苹果公司标志

案例功能说明:利用钢笔工具组、形状工具组、路径选择工具绘制苹果公司标志,完成的效果如图 8-17 所示。

图 8-17 苹果公司标志

操作步骤：

（1）启动 Photoshop CC，选择"文件"|"新建"命令，打开"新建文档"对话框，设置"宽度"为"2500 像素"，"高度"为"2500 像素"，"分辨率"为"300 像素/英寸"，"颜色模式"为"RGB 颜色"，"背景内容"为"白色"，如图 8-18 所示。

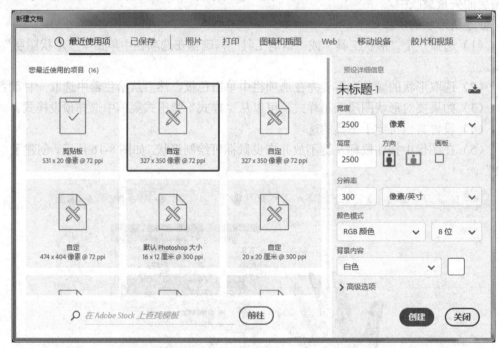

图 8-18 "新建文档"对话框

（2）选择工具箱中的"钢笔工具"，在其选项栏中单击"路径"按钮，如图 8-19 所示。在页面中 A 点（起点）单击，按住鼠标左键不放并向左拖动鼠标，拖到如图 8-20（a）所示位置时释放鼠标；然后在 B 点单击，按住鼠标左键不放并向右下方拖动鼠标，拖动到如图 8-20（b）所示位置时释放鼠标；最后，如图 8-20（c）所示，在 A 点（起点）单击鼠标即可。在"钢笔工具"为当前选择的情况下，按住 Ctrl 键不放，此时"钢笔工具"转为"直接选择工具"，调整 A、B 锚点的位置，如图 8-21（a）所示。释放 Ctrl 键，按住 Alt

键不放，此时"钢笔工具"转为"转换点工具"，调整 A、B 点方向线的位置，调整完成后如图 8-21（b）所示。

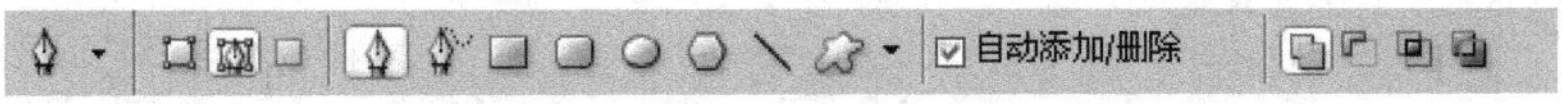

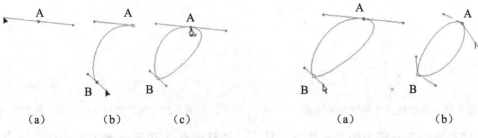

图 8-19　"钢笔工具"选项栏

(a)　　　(b)　　　(c)　　　　　　　(a)　　　(b)

图 8-20　用"钢笔工具"绘制路径　　　　图 8-21　调整路径效果

（3）选择工具箱中的"自定形状工具"，在其选项栏中分别单击 和 按钮，在"形状"选项面板中选择形状"红心卡形"♥，如图 8-22 所示。在步骤（2）完成的图形下方单击，按住鼠标左键不放并拖动鼠标，绘制"红心卡形"路径，如图 8-23 所示。用"直接选择工具"选中"红心卡形"路径，可发现路径上有 6 个锚点，如图 8-24 所示。

图 8-22　"自定形状工具"选项栏

（4）选择工具箱中的"直接选择工具"和"转换点工具"，分别对 6 个锚点的位置及方向线进行调整，如图 8-25 所示。

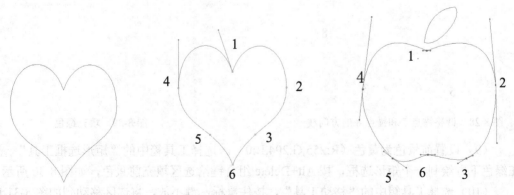

图 8-23　"红心卡形"路径　　图 8-24　路径上有 6 个锚点　　图 8-25　调整各锚点效果

（5）选择工具箱中的"添加锚点工具"，分别在锚点 1 和锚点 2 中间位置、锚点 2 和锚点 3 中间位置单击添加锚点 7 和锚点 8，如图 8-26 所示。

（6）选择工具箱中的"直接选择工具"，调整锚点 2 的位置和方向线，完成后如图 8-27 所示。

图 8-26　添加锚点 7 和锚点 8 效果

图 8-27　用"直接选择工具"调整锚点 2

（7）选择工具箱中的"转换点工具"，调整锚点 7 和锚点 8 的方向线，完成后如图 8-28 所示。

（8）单击"图层"面板底部的"创建新图层"按钮 ，新建"图层 1"。单击"图层 1"，使"图层 1"成为当前图层，设置前景色为绿色（R:102,G:204,B:51）。选择工具箱中的"矩形选框工具" ，在标志图的上半部分绘制一个矩形选框，按 Alt+Delete 组合键给选区填充前景色绿色，如图 8-29 所示。按 Ctrl+D 组合键取消选择。

图 8-28　调整锚点 7 和锚点 8 的方向线

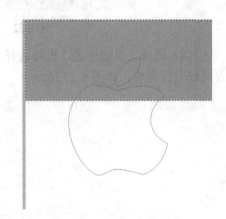

图 8-29　填充绿色

（9）设置前景色为黄色（R:255,G:204,B:0）。选择工具箱中的"矩形选框工具" ，在绿色下方绘制一个矩形选框，按 Alt+Delete 组合键给选区填充前景色，如图 8-30 所示。

（10）选择工具箱中的"移动工具"，按住鼠标左键不放，将选区移动到如图 8-31 所示的位置。设置前景色为（R:204,G:102,B:51），按 Alt+Delete 组合键给选区填充前景色，如图 8-32 所示。

（11）重复步骤（10），继续移动选区并依次填充红色（R:204,G:51,B51）、紫色（R:153,G:51,B:102）和青色（R:51,G:153,B:204），效果如图 8-33 所示。

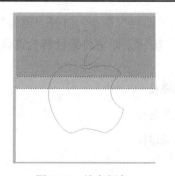
图 8-30 填充颜色

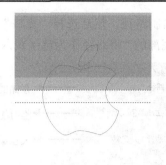
图 8-31 移动选区

图 8-32 填充颜色

（12）选择"图层"|"矢量蒙版"|"当前路径"命令，利用当前路径创建当前图层蒙版，效果如图 8-34 所示。

（13）在工具箱中选择"自定形状工具" 🔲，在其选项栏中单击"形状图层"按钮 🔲，在"形状"选项面板中选择形状"已注册" ®。在页面的标志图右下角处，按住鼠标左键不放并拖动，绘制形状®，最终效果如图 8-35 所示。

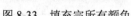
图 8-33 填充完所有颜色

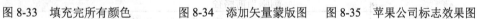
图 8-34 添加矢量蒙版图

图 8-35 苹果公司标志效果图

（14）保存为 PSD 格式。选择"文件"|"存储为"命令，将文件以"案例 8-1.psd"为名保存在"第 8 章完成文件"文件夹中。

（15）保存为 JPG 格式。选择"文件"|"存储为"命令，将文件以"案例 8-1.jpg"为名保存在"第 8 章完成文件"文件夹中。

任务 2　路径的操作

路径的操作包括将路径转为选区、将选区转为路径、描边路径、填充路径、新建路径、删除路径、存储路径和剪贴路径等，这些操作都可以在"路径"面板中实现。

知识点：路径转为选区、描边路径等路径操作

1. 路径转为选区

路径转为选区是路径的一个重要功能，运用这项功能可以将路径转为选区，然后对其进行各项编辑。

操作方法 1：先在文档中绘制路径，然后选择"窗口"|"路径"命令，打开"路径"面板，如图 8-36 所示。单击其底部的"将路径作为选区载入"按钮 ⊙ 即可将路径转为选区。

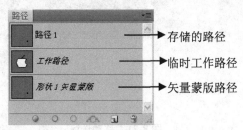

图 8-36   "路径"面板

操作方法 2：先在文档中绘制路径，然后在"路径"面板中单击█按钮，在弹出的下拉菜单中选择"建立选区"命令，在弹出的对话框中设置羽化半径的参数后，单击"确定"按钮，即可将路径转为选区。

"路径"面板中各选项功能如表 8-2 所示。

表 8-2   "路径"面板各选项功能说明

图标或名称	功 能 说 明
●	使用前景色填充路径
○	使用画笔描边路径
○	将路径作为选区载入
◌	从选区生成工作路径
⬜	创建新路径
🗑	删除当前路径
存储路径	将工作路径存储为路径，以备再次使用
剪贴路径	使用剪贴路径创建排版程序可以识别的透明度

下面介绍工作路径和矢量蒙版路径。

➥ 工作路径：当使用"钢笔工具"或形状工具创建工作路径时，新的路径以"工作路径"的形式出现在"路径"面板中。"工作路径"是临时的，需要保存以免丢失其内容。如果没有存储便取消选择了"工作路径"，当再次开始绘图时，新的路径将取代现有路径。

➥ 矢量蒙版路径：当使用"钢笔工具"或形状工具创建新的形状图层时，新的路径会以矢量蒙版的形式出现在"路径"面板中。矢量蒙版与其父图层链接；必须在"图层"面板中选择父图层，"路径"面板中才会列出剪贴路径。可以从图层中删除剪贴路径或将剪贴路径转换成栅格化蒙版。

2. 选区转为路径

对于一些颜色很简单的复杂图像，利用"钢笔工具"绘制比较麻烦，需要将选区转为路径。

操作方法：使用"魔棒工具"创建选区，然后在"路径"面板中单击█按钮，在弹出的下拉菜单中选择"建立工作路径"命令，在弹出的对话框中设置"容差"参数即可。

3．填充路径

要对路径进行填充，可使用下面两种操作方法。

➡ 方法 1：在文档中选择路径后，首先打开"路径"面板，将前景色设置为要填充的颜色，然后单击该面板底部的"用前景色填充"按钮 即可对路径进行填充。

➡ 方法 2：在文档中选择路径后，在"路径"面板中按住 Alt 键的同时单击"用前景色填充"按钮 ，弹出"填充路径"对话框，在"使用"下拉列表框中可以选择"前景色""背景色""图案"等选项，设置完成后单击"确定"按钮，即可对路径进行填充，得到不同的填充效果。

4．描边路径

描边路径和工具箱中所选的工具，以及画笔的大小和形状有关。要对路径进行描边，可使用下面两种操作方法。

➡ 方法 1：在文档中选择路径后，单击"路径"面板底部的"用画笔描边路径"按钮 ，即可使用画笔的当前设置为路径描边。

➡ 方法 2：在文档中选择路径后，在"路径"面板中按住 Alt 键的同时单击"用画笔描边路径"按钮 ，弹出"描边路径"对话框，选中"模拟压力"复选框，设置画笔为"普通笔触"，单击"确定"按钮后，即可对路径进行描边，得到另一种效果。

【案例 8-2】利用路径抠图

案例功能说明：利用 Photoshop 的选择工具只能创建简单的选区，要创建复杂的选择区域可以利用路径来实现。本案例便是利用路径转为选区命令创建复杂选区并进行抠图，素材和效果图如图 8-37 所示。

8.2-素材.jpg

案例 8-2.jpg（完成效果）

图 8-37　抠图素材及效果

操作步骤：

（1）启动 Photoshop CC，选择"文件"|"打开"命令，在弹出的"打开"对话框中

选择"第 8 章素材"文件夹下的"8.2-素材.jpg"文件。

（2）选择工具箱中的"钢笔工具" ，在其选项栏中单击"路径"按钮 ，其他选项保持默认值。

（3）绘制如图 8-38 所示的路径。方法是在图像的 A 点（起点）单击，然后沿着大花朵图形边缘各点单击，最后在终点 B 点单击，即可勾勒出大花朵图形的大致路径。

（4）按 Ctrl++组合键放大视图，在工具箱中选择"添加锚点工具" ，在如图 8-39 所示的路径中单击 C 点，添加锚点；在工具箱中选择"直接选择工具" ，单击选中添加的锚点 C 并向外移动锚点位置；在工具箱中选择"转换点工具"，调整锚点 C 的两个方向手柄，调整完成后锚点 C 的效果如图 8-40 所示。

 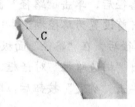 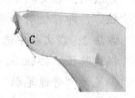

图 8-38　用"钢笔工具"绘制路径　　图 8-39　添加锚点 C　　　　图 8-40　调整锚点

（5）与步骤（4）操作相同，在 D 点添加锚点并调整该锚点位置及两个方向手柄，调整完成后最终效果如图 8-41 所示。

（6）单击"路径"面板底部的"将路径作为选区载入"按钮 ，将大花朵图形路径转换为选区，如图 8-42 所示。选择"选择"|"反选"命令，此时只有大花朵图形没有被选中。按 Delete 键删除选区内容，最终效果如图 8-43 所示。最后，选择"选择"|"取消选择"命令。

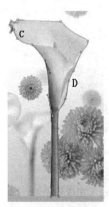  

图 8-41　大花朵图形路径调整完成　图 8-42　将大花朵图形路径转为选区　图 8-43　"反选"后删除选区

（7）保存为 PSD 格式。选择"文件"|"存储为"命令，将文件以"案例 8-2.psd"为名保存在"第 8 章完成文件"文件夹中。

（8）保存为 JPG 格式。选择"文件"|"存储为"命令，将文件以"案例 8-2.jpg"为名保存在"第 8 章完成文件"文件夹中。

【案例 8-3】制作艺术照片

案例功能说明：利用 Photoshop 的描边路径和填充路径命令制作艺术照片效果，素材和最终效果如图 8-44 所示。

8.3-素材 1.tif　　　　　8.3-素材 2.tif　　　　案例 8-3.jpg（完成效果）

图 8-44　艺术照片素材及完成效果

操作步骤：

（1）启动 Photoshop CC，选择"文件"|"新建"命令，新建一个文件，设置"宽度"为"1600 像素"，"高度"为"1200 像素"，"分辨率"为"300 像素/英寸"，"颜色模式"为"RGB 颜色"，"背景内容"为"背景色"，如图 8-45 所示。

图 8-45　"新建文档"对话框

（2）设置前景色为粉红色（R:248,G:197,B:238）。选择"编辑"|"填充"命令，在对话框中设置"使用"为前景色，其他选项保持默认值，单击"确定"按钮，即可为"背景"图层填充粉红色的前景色（或按 Alt+Del 组合键为"背景"图层填充前景色）。

（3）选择工具箱中的"椭圆工具"，在其选项栏中单击"路径"按钮，按 Shift 键并拖动，在页面中绘制一个正圆，如图 8-46 所示。

（4）选择"窗口"|"图层"命令，调出"图层"面板，单击底部的"创建新图层"按钮，新建"图层 1"。选中"图层 1"为当前图层，设置前景色为（R:244,G:170,B:233）。选择"窗口"|"路径"命令，打开"路径"面板，单击底部的"用前景色填充路径"按钮，填充效果如图 8-47 所示。

图 8-46　绘制正圆路径　　　　　　　　　　　图 8-47　填充路径效果

（5）选择"编辑"|"自由变换路径"命令，按住 Shift 键不放拖动控制框边角，缩小路径，按 Enter 键确认，如图 8-48 所示。

（6）单击"图层"面板底部的"创建新图层"按钮，新建"图层 2"。选中"图层 2"为当前图层，设置前景色为（R:248,G:197,B:238）。单击"路径"面板底部的"用前景色填充路径"按钮，填充效果如图 8-49 所示。

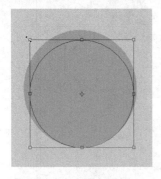

图 8-48　缩小路径　　　　　　　　　　　　图 8-49　填充路径效果

（7）选择"编辑"|"自由变换路径"命令，将路径缩小，按 Enter 键确认，如图 8-50 所示。

（8）打开"图层"面板，单击其底部的"创建新图层"按钮，新建"图层 3"。选中"图层 3"为当前图层，设置前景色为白色。选择"路径"面板，单击其底部的"用前景色填充路径"按钮 ，填充效果如图 8-51 所示。

图 8-50　自由变换效果　　　　　　　　　　图 8-51　填充路径效果

（9）按住 Shift 键不放单击"图层"面板中的"图层 1"和"图层 3"，即选中"图层 1"
"图层 2""图层 3" 3 个图层，选择"图层"|"合并图层"命令，合并图层为"图层 3"，
如图 8-52 所示。

图 8-52　合并图层为"图层 3"的效果

（10）选择"文件"|"打开"命令，打开"8.3 素材 1.tif"文件。选择工具箱中的"移
动工具" ，拖动"8.3-素材 1.tif"图片到当前文件中，生成"图层 4"。选择"图层 4"，
按 Ctrl+T 组合键，出现变形控制框，将小宝宝图像缩小并移到合适位置，按 Enter 键确认，
如图 8-53 所示（注意：如果按 Ctrl+T 组合键不能缩放图片，则表明路径处于选中状态。取
消路径选择的方法是在"路径"面板空白处单击）。

图 8-53　将小宝宝缩小放进图像中的效果

（11）按住 Shift 键不放单击"图层 3"和"图层 4"，同时选中这两个图层，按 Ctrl+T
组合键，出现变形控制框，将图像旋转到合适的位置，按 Enter 键确认，如图 8-54 所示。

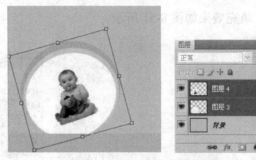

图 8-54　旋转宝宝图像效果

（12）在"图层"面板中，将"图层 3"拖曳到底部的"创建新图层"按钮 ⬇ 上，建立"图层 3 副本"图层。选择"编辑"|"自由变换"命令，将"图层 3 副本"变大。在"图层"面板中，将"图层 3 副本"拖动至"图层 3"下方，如图 8-55 所示。

图 8-55　复制"图层 3"

（13）选择"文件"|"打开"命令，打开"8.3 素材 2.tif"文件。选择工具箱中的"移动工具" ▶₊，拖动"8.3-素材 2.tif"图片到当前文件中，生成"图层 5"。选择"编辑"|"自由变换"命令，将小宝宝图像变小，按 Enter 键确认，效果如图 8-56 所示。

图 8-56　第 2 次加入宝宝图像并变换图像

（14）选择工具箱中的"钢笔工具"，在页面的小宝宝周围绘制路径并调整，完成后的效果如图 8-57 所示。

（15）设置前景色为白色，选择工具箱中的"画笔工具"，选择"窗口"|"画笔"命令，打开"画笔"面板，选择"画笔笔尖形状"选项，设置画笔"直径"为"35px"，选中"间距"复选框并设置为150%，如图 8-58 所示。

图 8-57 在宝宝周围绘制路径

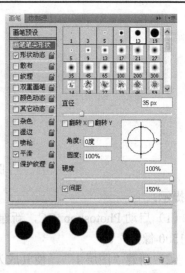

图 8-58 设置画笔参数

（16）单击"图层"面板底部的"创建新图层"按钮 🔲，新建"图层 6"。选中"图层 6"为当前图层。单击"路径"面板底部的"用画笔描边路径"按钮 ◯，在"图层 6"中生成描边图案，完成后的效果如图 8-59 所示。最终完成制作后的"图层"面板如图 8-60 所示。

图 8-59 用画笔描边路径效果

图 8-60 最终完成后的"图层"面板

（17）保存为 PSD 格式。选择"文件"|"存储为"命令，将文件以"案例 8-3.psd"为名保存在"第 8 章完成文件"文件夹中。

（18）保存为 JPG 格式。选择"文件"|"存储为"命令，将文件以"案例 8-3.jpg"为名保存在"第 8 章完成文件"文件夹中。

上 机 操 作

绘制太阳帽。

要求：使用 Photoshop 的"钢笔工具"等绘制太阳帽，效果如图 8-61 所示。

图 8-61　太阳帽效果图

提示：

（1）启动 Photoshop CC，新建一个文件，设置"宽度"为"2000 像素"，"高度"为"1500 像素"。

（2）新建"图层 1"，使其成为当前图层。选择"钢笔工具"，绘制帽顶路径，并存储工作路径为"路径 1"。按 Ctrl+Enter 组合键将路径 1 作为选区，为其填充渐变色效果，如图 8-62 所示。

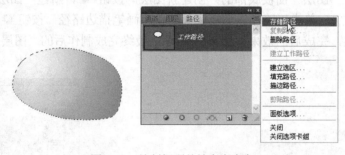

图 8-62　绘制帽顶并填充渐变色

（3）新建"图层 2"，使其成为当前图层。选择"钢笔工具"，绘制帽檐路径，并存储工作路径为"路径 2"，转换路径为选区，为选区填充渐变色效果，如图 8-63 所示。

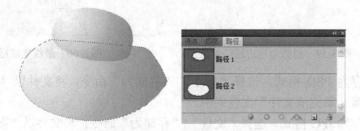

图 8-63　绘制帽檐并填充渐变色

（4）新建"图层 3"，选择"钢笔工具"，绘制花边路径并保存，转换路径为选区，为选区填充渐变效果，如图 8-64 所示。

（5）同步骤（4），继续绘制路径，然后转为选区并填充（注意：此案例需要绘制多条路径，所有绘制的路径均需要保存，并且绘制的每一个图形对象均需要放置在单独的图层上，以便修改）。

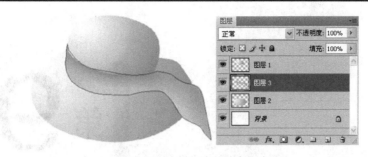

图 8-64 绘制花边并填充渐变

理 论 习 题

一、填空题

1. 使用"钢笔工具",按＿＿＿＿＿＿键可转为"直接选择工具",按＿＿＿＿＿键可转为"转换点工具"。

2. 按＿＿＿＿＿＿组合键,可将路径转换为选区。

3. 按下＿＿＿＿＿键进行拖动,可以把已经存在的路径先复制,然后把路径的副本放置到预定的位置。

二、简答题

1. 创建路径的工具有哪些?

2. "路径选择工具"与"直接选择工具"在功能上有什么区别?

3. 用画笔描边路径的步骤是怎样的?

第9章

文本的使用

文字是大多数图像传递信息不可缺少的重要元素，在任何一个版面设计的结构中，文字都是一个重要部分。文字最初是为了说明图片而存在的，如今文字的功能不只是说明图片，图像化的文字已经演变成为一种独立的图像艺术。本章主要介绍 Photoshop 中文本的操作和应用。

资源文件说明：本章案例、实训和上机操作等源文件素材放在本书资源包的"第9章\第9章素材"文件夹中，制作完成的文件放在"第9章\第9章完成文件"文件夹中。在实际操作时，将"第9章素材"文件夹复制到本地计算机，如 D 盘中，并在 D 盘中新建"第9章完成文件"文件夹。

任务　输入与编辑文字

知识点：文字的输入、字符和段落设置、路径文字等

使用文本工具可以创建点文本、段落文本以及文字选区。创建文字的操作是：首先选择文本工具，在图像中某一区域单击，然后输入文本即可。

1. 创建文字

在工具箱中右击"横排文字工具" T，弹出文字工具组，如图 9-1 所示。文字工具组中的各工具选项栏基本相同，其中"横排文字工具"选项栏如图 9-2 所示。

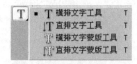

图 9-1　文字工具组

图 9-2 "横排文字工具"选项栏

文字工具有两种类型，即"横排文字工具"**T**和"直排文字工具"**T**。运用文字工具在图像中输入文字后，Photoshop 将自动创建一个新图层。此时的新图层缩略图图标为大写的字母 T，双击大写字母 T，即可重新编辑此图层中的文字。对于多通道、位图或索引颜色模式的图像，将不会创建文字图层，因为这些模式不支持图层。在这些模式中，文字将以栅格化文本的形式出现在背景上。

（1）创建点文字

点文字分为横排点文字和直排点文字，创建方法分别如下。

➤ 创建横排点文字：选择工具箱中的"横排文字工具"**T**，在页面中单击，为文字设置插入点。当文档中出现闪烁的光标 I 时，就可以输入文字，按 Enter 键可以开始输入新的一行。要结束文字输入，可按 Ctrl+Enter 组合键或单击选项栏中的"提交所有当前编辑"按钮✔。横排点文字效果如图 9-3 所示。

➤ 创建直排点文字：选择工具箱中的"直排文字工具"**T**，在页面中单击，为文字设置插入点。当文档中出现闪烁的光标 I 时，就可以输入文字，按 Enter 键可以开始输入新的一列。要结束文字输入，可按 Ctrl+Enter 组合键或单击选项栏中的"提交所有当前编辑"按钮✔。直排点文字效果如图 9-4 所示。

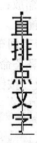

横排点文字

图 9-3 横排点文字效果　　　　　　　　　　图 9-4 直排点文字效果

（2）创建段落文本

选择工具箱中的"横排文字工具"**T**或"直排文字工具"**T**，在页面中按住鼠标左键不放并沿对角线方向拖动（如果同时按住 Alt 键则会弹出"段落文字大小"对话框，可以输入段落文本框的高度和宽度），当出现流动蚂蚁线时释放鼠标，即可为文字定义一个外框，在此选框中输入文字，即可创建段落文本。输入字符后，按 Enter 键则开始一个新的段落。要结束文字输入，可按 Ctrl+Enter 组合键或单击选项栏中的"提交所有当前编辑"按钮✔即可。

段落文本只能显示在定界框内，如果文字超出外框范围，定界框右下方的控制柄会显示为"田"字形，如图 9-5（a）所示。此时，将光标放置在定界框下方中间的控制柄上，按住鼠标左键不放并向下拖动鼠标，等文字完全显示后，定界框右方的控制柄呈"口"字形显示，如图 9-5（b）所示。如果将光标移动到选框的外侧，当光标变为 ▸+ 形状时，单击并移动鼠标，则可以移动段落文本，而当光标变为 ↗ 形状时，单击并移动鼠标，则可以旋转段落文本。此外，还可以使用外框控制柄来缩放和斜切文字。

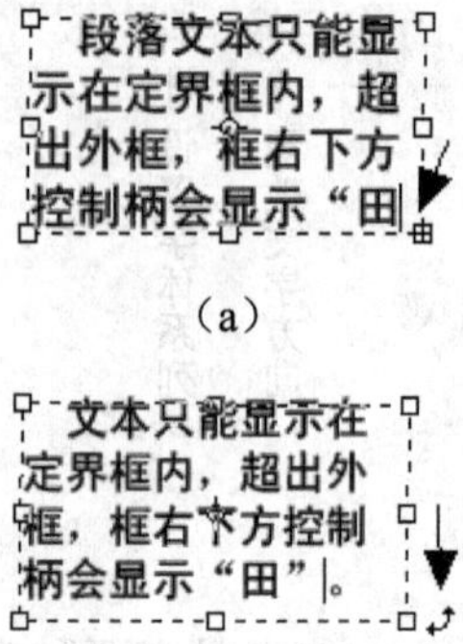

（3）文字与段落之间的转换

可以将点文字转换为段落文字，以便在外框内调整字符排列，也可将段落文字转换为点文字，以便使各文本行彼此独立地排列。将段落文字转换为点文字时，在每个文字行的末尾（最后一行除外）都会添加一个回车符，并且所有溢出外框的字符都被删除。为了避免丢失文本，在转换之前，要先调整外框，使全部文字在转换前都可见。

文字转换操作方法：首先选中文本，然后在"图层"面板中选择文字图层，然后选择"图层"|"文字"|"转换为点文本"或"图层"|"文字"|"转换为段落文本"命令即可。

（上方右侧配图）

（a）

（b）

图 9-5　段落文字效果

2．文字和段落设置

（1）文字设置

使用"字符"面板可以对文字进行设置。选择"窗口"|"字符"命令，或者在文字工具处于选定状态的情况下，单击其选项栏中的"切换字符和段落面板"按钮，即可打开"字符"面板，如图 9-6 所示。

提示：在图 9-6 中，A 代表字体系列；B 代表字体大小；C 代表垂直缩放；D 代表设置"比例间距"选项；E 代表字距调整；F 代表基线偏移；G 代表语言；H 代表字型；I 代表行距；J 代表水平缩放；K 代表字距微调。

（2）段落设置

段落是末尾带有回车符的任何范围的文字，使用"段落"面板可更改段落的格式设置。选择"窗口"|"段落"命令，或者在文字工具处于选定状态的情况下，单击选项栏中的"切换字符和段落面板"按钮，即可打开"段落"面板，如图 9-7 所示。

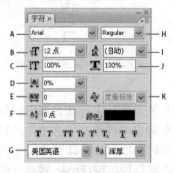

图 9-6　"字符"面板

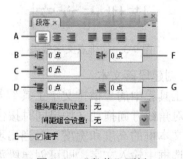

图 9-7　"段落"面板

提示：A 代表对齐和调整；B 代表左缩进；C 代表首行左缩进；D 代表段前空格；E 代表连字符连接；F 代表右缩进；G 代表段后空格。

3. 文字绕路径

文字绕路径功能可以将文字与路径相结合，运用该功能可以让文字与图形的结合更加贴切，同时也起到了美化画面的作用。

（1）文字沿路径生成

沿路径输入文字的方法：首先用路径工具绘制一条路径，然后选择"横排文字工具" **T** 或"直排文字工具" **IT**，将光标放在路径上，当光标显示为 ⅉ 时，单击鼠标，当路径上出现一个插入点时即可输入文字。要结束输入文字，可按 Ctrl+Enter 组合键或单击选项栏中的"提交所有当前编辑"按钮✔。图 9-8 所示为在开放路径上输入文字；图 9-9 所示为用形状工具创建的闭合路径上的横排和直排文字。

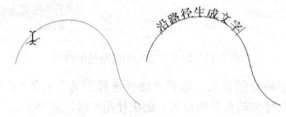

图 9-8　沿开放路径输入文字

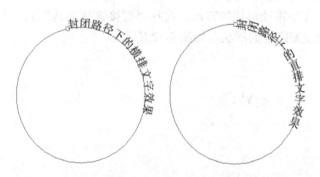

图 9-9　用形状工具创建的闭合路径上的横排和直排文字

下面介绍在路径上移动或翻转文字的方法。选择"直接选择工具"⟍ 或"路径选择工具"⟍，并将其定位到文字上。当光标变为 ⅉ 形状时，按住鼠标左键不放并沿路径拖动文字即可移动文字，如图 9-10 所示。拖动时要小心，以避免跨越到路径的另一侧。如果要将文本翻转到路径的另一边，当光标变为 ⅉ 形状时，按住鼠标左键不放并横跨路径拖动文字即可，如图 9-11 所示。

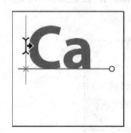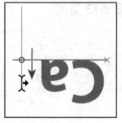

图 9-10　翻转文字

要在不改变文字方向的情况下将文字移动到路径的另一侧，可以使用"字符"面板中的"基线偏移"选项来实现。如图 9-11（左）所示，首先创建沿圆路径的顶部外侧从左到右排列的文字，然后在"字符"面板中设置其"基线偏移"为负值（如-20 点），以便降低文字位置，使其沿圆顶部的内侧排列，效果如图 9-11（中）所示。

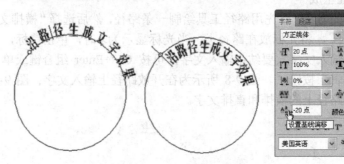

图 9-11　将文字移动到圆路径的内侧

下面介绍移动文字路径的方法。选择"路径选择工具"或"移动工具"，然后按住鼠标左键不放并将路径拖动到新的位置。如果使用"路径选择工具"，确保光标未变为形状，否则将会沿着路径移动文字。

下面介绍改变文字路径形状的方法。选择"直接选择工具"，单击路径上的锚点，然后利用控制手柄改变路径的形状，如图 9-12 所示。

图 9-12　改变文字路径的形状

（2）文字在路径内部生成

除了可以生成沿路径边沿流动的文字外，也可以在路径内部生成文字块。创建文字块的方法是：首先用路径工具绘制路径，然后选择"横排文字工具"T 或"直排文字工具"T。将光标放在路径上，当光标变为形状时，单击鼠标，路径上会出现一个插入点，在此即可输入文字。要结束文字的输入，按 Ctrl+Enter 组合键或单击选项栏中的"提交所有当前编辑"按钮即可，如图 9-13 所示。

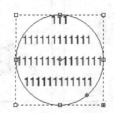

图 9-13　在路径内部生成文字块

4．文字效果

（1）变形文字

使用变形文字可以创建特殊的文字效果。例如，可以使文字的形状变为扇形或波浪形。

操作方法：选择文字工具，在其选项栏中单击"变形"按钮⬧或选择"图层"|"文字"|"文字变形"命令，打开"变形文字"对话框，如图 9-14 所示，在"样式"下拉列表框中选取一种变形样式及选择变形效果的方向（水平或垂直）。如果需要，可指定其他变形选项的值。"弯曲"选项指定对图层应用变形的程度，"水平扭曲"或"垂直扭曲"选项是对变形应用透视。

图 9-14　变形文字

（2）将文字转为形状

在将文字转换为形状时，文字图层被替换为具有矢量蒙版的图层。可以编辑矢量蒙版并对图层应用样式，但是在图层中无法将字符作为文本进行编辑。

操作方法：在"图层"面板中，选择文字图层，然后选择"图层"|"文字"|"转换为形状"命令即可。

（3）将文字转为工作路径

通过将文字字符转换为工作路径，可以将这些文字字符用作矢量形状。工作路径是出现在"路径"面板中的临时路径，用于定义形状的轮廓。从文字图层创建工作路径之后，可以像处理任何其他路径一样对该路径进行存储操作。当文字转为工作路径后，无法以文本形式编辑路径中的字符，不过原始文字图层将保持不变并可进行编辑。

操作方法：在"图层"面板中，选择文字图层，选择"图层"|"文字"|"创建工作路径"命令即可。

（4）创建文字选区

使用"横排文字蒙版工具" 或"直排文字蒙版工具" 可以创建一个文字形状的选区。文字选区出现在现有图层中，可以像任何其他选区一样对其进行移动、复制、填充或描边操作。

创建文字选区的方法：选择要创建文字选区的图层，在工具箱中选择"横排文字蒙版工具"或"直排文字蒙版工具"，在文档中单击，此时文档背景会被一层粉色覆盖，当出现一个闪烁的光标后即可输入文字，单击"提交所有当前编辑"按钮✔，即可将当前图层上的图像变为文字选区，如图 9-15 所示。

（5）栅格化文字

某些命令和工具（如滤镜效果和绘画工具）不可用于文字图层，必须在应用命令或使用工具之前将文字栅格化。栅格化是将文字图层转换为正常图层，并使其内容不能再作为文本来编辑。进行栅格化文字图层时，会弹出一条警告信息，单击"确定"按钮即可栅格化文字图层。

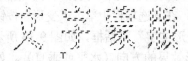

图 9-15　创建文字选区

操作方法：在"图层"面板中选择需要栅格化的文字图层，然后选择"图层"|"栅格化"|"文字"命令即可栅格化文字。

【案例 9-1】制作香水广告

案例功能说明：利用 Photoshop 的文字功能，制作香水广告。所用素材和完成效果如图 9-16 所示。

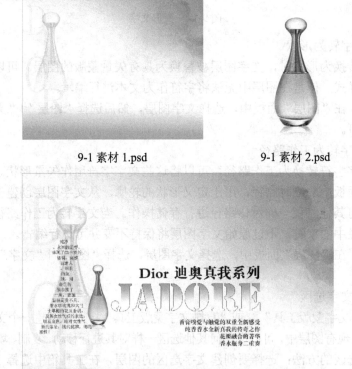

9-1 素材 1.psd　　　　　　　　9-1 素材 2.psd

案例 9-1.jpg（完成效果）

图 9-16　香水广告素材及效果

操作步骤：

（1）启动 Photoshop CC，选择"文件"|"打开"命令，在弹出的"打开"对话框中选择"9-1 素材 1.psd"和"9-1 素材 2.psd"文件。

（2）选择工具箱中的"移动工具" ，将"9-1 素材 2.psd"文件中的图像拖动到"9-1 素材 1.psd"文件中。按 Ctrl+T 组合键，在图像上将出现控制变换框，拖动变换框边角调整图片大小，如图 9-17 所示。按 Enter 键确定。

（3）选择工具箱中的"钢笔工具" ，单击其选项栏中的"路径"按钮 ，在图像中绘制路径，如图 9-18 所示。

（4）选择工具箱中的"横排文字工具" ，在其选项栏中设置"字体"为"宋体"，"大小"为"18 点"，"字体颜色"为（R:76,G:76,B:76）。将光标放到路径内部，当光标变为 形状时，单击并输入文字（文字内容为"9-1 素材 3.txt"文件中的产品简介）。完成后单击选项栏中的"提交所有当前编辑"按钮 确定输入，如图 9-19 所示。

 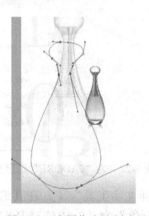 

图 9-17　调整图像大小　　　图 9-18　在图像中绘制路径　　　图 9-19　输入香水简介文字

（5）单击"图层"面板中的"创建新图层"按钮 ，新建"图层 4"，并将其置为当前图层。选择工具箱中的"横排文字蒙版工具" ，在其选项栏中设置"字体"为 Stencil Std，"大小"为"150 点"。在图像中单击并输入文字"JADORE"，完成后单击选项栏中的"提交所有当前编辑"按钮 确定输入，即可创建文字选区，如图 9-20 所示。

图 9-20　在"图层 4"中创建"JADORE"文字选区

（6）设置前景色为（R:204,G:164,B:94），背景色为白色。选择工具箱中的"渐变工具"■，在"JADORE"文字选区中"J"左上方按住鼠标左键不放并向下、向右拖动到"E"右下方时释放鼠标，得到如图 9-21 所示的效果，即选区被填充渐变颜色。

图 9-21 为"JADORE"选区填充渐变色

（7）选择"编辑"|"描边"命令，在弹出的"描边"对话框中设置"宽度"为"1px"，"颜色"为（R:76,G:76,B:76），单击"确定"按钮即可给选区描边，按 Ctrl+D 组合键取消选区，得到如图 9-22 所示的效果。

图 9-22 为"JADORE"选区描边

（8）选择工具箱中的"横排文字工具" T，在其选项栏中设置"字体"为"黑体"，"大小"为"24 点"，"字体颜色"为（R:56,G:35,B:8），"对齐方式"为"右对齐"。在文字"JADORE"下方按住鼠标左键不放并拖动鼠标，拖出段落文本框，在文本框中输入文字（文字内容可参看"9-1 素材 3.txt"文件）。完成后单击选项栏中的"提交所有当前编辑"按钮 ✓ 确定输入，如图 9-23 所示。

图 9-23 在"JADORE"下方输入段落文本

（9）选择工具箱中的"横排文字工具" T，在其选项栏中设置"字体"为"宋体"，"大小"为"60 点"，"字体颜色"为（R:56,G:35,B:8）。在"JADORE"字样上方单击并输入文字"Dior 迪奥真我系列"，然后单击选项栏中的"提交所有当前编辑"按钮 ✓ 确定输入，最终效果如图 9-24 所示。

（10）保存为 PSD 格式。选择"文件"|"存储为"命令，将文件以"案例 9-1.psd"为名保存在"第 9 章完成文件"文件夹中。

图 9-24　制作完成的香水广告图

（11）保存为 JPG 格式。选择"文件"|"存储为"命令，将文件以"案例 9-1.jpg"为名保存在"第 9 章完成文件"文件夹中。

【案例 9-2】制作学校徽标

案例功能说明： 利用椭圆工具、横排文字工具、画笔工具、用画笔描边路径、路径文字制作学校徽标，所用素材和完成效果如图 9-25 所示。

图 9-25　制作学校徽标的素材及效果图

操作步骤：

（1）启动 Photoshop CC，选择"文件"|"打开"命令，在弹出的"打开"对话框中选择"9-2 素材.psd"文件。

（2）选择工具箱中的"椭圆工具" ，在其选项栏中选择工作模式为"路径"，如图 9-26 所示，然后按住 Shift+Alt 组合键不放，在图像中心位置单击，然后按住鼠标左键不放并拖动鼠标，在页面中绘制一个以单击点为圆心的正圆，如图 9-27 所示。

图 9-26　在选项栏中选择"路径"工作模式

（3）打开"路径"面板，单击右上角的倒三角按钮 ，在弹出的菜单中选择"存储路径"命令，在弹出的对话框中输入路径的名字"路径 1"，单击"确定"按钮，即可把工作路径保存为路径，如图 9-28 所示。

图 9-27　在校徽标志图外围绘制正圆路径　　　　图 9-28　把工作路径保存为路径

（4）选择工具箱中的"横排文字工具" T，在其选项栏中设置"字体"为"宋体"，"大小"为"10 点"。将光标放到圆路径上，当光标变为 Ϟ 形状时，单击即可输入文字"东莞南博职业技术学院"，如图 9-29 所示。

（5）选中文字"东莞南博职业技术学院"，在文字工具选项栏中单击"切换字符和段落面板"按钮 📖，打开"字符"面板，设置文字"字符间距"为 400，"基线偏移"为"5点"，如图 9-30 所示。设置完成后，在选项栏中单击 ✔ 按钮确定输入，效果如图 9-31 所示。

图 9-29　沿圆路径输入文字　　　图 9-30　"字符"面板　　　图 9-31　设置文字属性后的效果

（6）单击"路径"面板底部的"创建新路径"按钮 🔲，新建"路径 2"，如图 9-32 所示。选中"路径 2"，然后使用步骤（2）的操作方法，使用"椭圆工具" ◯ 在校徽标志"东莞南博职业技术学院"文字外围绘制一个正圆路径，如图 9-33 所示。

图 9-32　新建"路径 2"　　　　图 9-33　文字外围绘制正圆路径

（7）选择工具箱中的"横排文字工具" T，在其选项栏中设置"字体"为"宋体"，"大小"为"8 点"。将光标放到"路径 2"上，当光标变为 Ϟ 形状时，单击即可输入文字"DONGGUAN NANBO POLYTECNIC"，如图 9-34 所示。

（8）选择工具箱中的"直接选择工具" ▸，将光标移动到"路径2"内部，当光标变为◖形状时，如图9-35所示，单击即可把英文文字放置到如图9-36所示的位置。

图9-34　沿"路径2"输入英文　　　图9-35　移动光标　　　图9-36　将英文文字移到"路径2"内部

（9）选择"横排文字工具" T，在文字"DONGGUAN NANBO POLYTECNIC"中单击，然后按Ctrl+A组合键选中所有英文文字，在选项栏中单击▤按钮，打开"字符"面板，设置文字"字符间距"为150，"基线偏移"为"5点"，如图9-37所示。

图9-37　设置英文文字属性后的效果

（10）在"图层"面板中选择"背景"图层，单击底部的"创建新图层"按钮 ▣，在"背景"图层上方新建"图层1"。选中"图层1"作为当前图层，选择工具箱中的"画笔工具" ✎，设置画笔的"主直径"为"5px"，"硬度"为100%，设置前景色为（R:155,G:101,B:98），在"路径"面板中选中"路径1"，然后单击"路径"面板底部的"用画笔描边路径"按钮 ○，如图9-38所示。

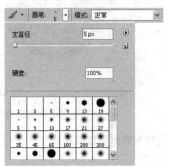

图9-38　用画笔描边"路径1"

（11）在"路径"面板中选择"路径 2"，单击底部的"用画笔描边路径"按钮 ◯ ，完成制作后的效果图及"图层"面板如图 9-39 所示。

图 9-39　用画笔描边"路径 2"及完成制作后的"图层"面板

（12）保存为 PSD 格式。选择"文件"|"存储为"命令，将文件以"案例 9-2.psd"为名保存在"第 9 章完成文件"文件夹中。

（13）保存为 JPG 格式。选择"文件"|"存储为"命令，将文件以"案例 9-2.jpg"为名保存在"第 9 章完成文件"文件夹中。

上 机 操 作

1．制作广州航海学院校徽。

要求：利用椭圆工具、横排文字工具、画笔工具、用画笔描边路径、路径文字制作学校徽标，所用素材和完成效果如图 9-40 所示。

广州航海学院图标　　　　　　　　　广州航海学院校徽

图 9-40　广州航海学院校徽海报制作效果图

2．制作海报。

要求：利用 Photoshop 的文字等工具制作海报，效果如图 9-41 所示。

上机操作素材 3.jpg

上机操作素材 1.psd

上机操作素材 2.psd

上机操作 9-1 效果.jpg

图 9-41　海报制作素材及效果图

提示：

（1）启动 Photoshop CC，新建文件，设置"宽度"为"800 像素"，"高度"为"1133 像素"。

（2）打开素材"上机操作素材 1.psd""上机操作素材 2.psd""上机操作素材 3.jpg"文件，利用"移动工具"移动文件，并用"自由变换"命令调整文件大小并放置在合适位置。

（3）利用"横排文字工具"在页面中输入文字，并设置格式。

（4）页面中的"6"和"惊喜大减价"文字效果利用"横排文字蒙版工具"创建文字选区，然后通过填充、描边以及添加图层样式来实现。

理 论 习 题

一、填空题

1．文字工具包括_____、_____、_____和_____ 4 种。

2．使用_____工具可以在路径上移动或翻转文字。

3．使用_____命令可以栅格化文字。

4．使用_____命令可以把文字转换为路径。

二、简答题

1．Photoshop 中的文字包括哪几种类型？

2．如何创建路径文字？

第10章

通道的使用

在 Photoshop 中进行高级图像处理时，通道是必不可少的技术。本章主要介绍 Photoshop 中通道的概念、颜色通道、Alpha 通道、"通道"面板和通道计算等相关内容。通过本章的学习，读者可以利用通道技术实现高级图像处理，如精确抠图、精确调色及特效制作等。

资源文件说明：本章案例、实训和上机操作等源文件素材放在本书资源包的"第10章\第10章素材"文件夹中，制作完成的文件放在"第10章\第10章完成文件"文件夹中。在实际操作时，将"第10章素材"文件夹复制到本地计算机，如D盘中，并在D盘中新建"第10章完成文件"文件夹。

任务1 通 道 操 作

通道是在色彩模式基础上衍生出的操作工具，它是真正记录图像信息的地方，无论色彩的改变、选区的增减还是渐变的产生，Photoshop 都将它们保存在通道中，用户调整图像的过程实质上是一个改变通道的过程。通道的应用非常广泛，可以用通道来建立选区，进行各种选区操作，也可以把通道看作是由原色组成的图像，因此可以进行单种原色通道的变形，执行滤镜、色彩调整和复制粘贴等操作。

知识点："通道"面板、通道基本操作、颜色通道、Alpha 通道和专色通道

1. "通道"面板

（1）"通道"面板

"通道"面板用于创建和管理通道，而通道主要用于保存图像的颜色数据和选区，每

个通道都存放着图像中的颜色元素信息，图像中默认的颜色通道数取决于其颜色模式。一个图片被建立或打开以后，会自动创建颜色通道。例如，打开一个色彩模式为 RGB 的图片，会发现在"通道"面板上有 4 个通道。选择"窗口"|"通道"命令，打开"通道"面板，如图 10-1 所示，单击面板右上角的小三角按钮可弹出关联菜单，通道操作均可以在该面板中完成。"通道"面板中的各选项及其功能说明如表 10-1 所示。

图 10-1 "通道"面板及其关联菜单

表 10-1 "通道"面板中的选项及功能说明

图 标	名 称	功 能 说 明
	"眼睛"图标	某一通道的"眼睛"图标处于显示状态时，则图像显示该通道中的颜色像素；单击该"眼睛"图标后，则图像隐藏该通道中的颜色像素
	将通道作为选区载入	单击此按钮可以将当前通道中的内容转换为选区
	将选区存储为通道	单击此按钮可以将图像中的选区作为蒙版保存到一个新建的 Alpha 通道中
	创建新通道	单击此按钮可以创建 Alpha 通道，或拖动某通道至该按钮可以复制该通道
	删除当前通道	单击此按钮可以删除所选通道

（2）通道功能及其应用

通道的主要功能是保存图像的颜色数据和选区。通道作为图像的组成部分，是与图像的格式密不可分的，图像的颜色、格式决定了通道的数量和模式，在"通道"面板中可以直观地看到。例如，RGB 模式的图像，其每一个像素的颜色数据是由红色、绿色和蓝色这3 个通道来记录的，而这 3 个单色通道组合定义后合成一个 RGB 复合通道，如图 10-1 所示。在 CMYK 模式图像中，颜色数据分别由青、洋红、黄和黑 4 个单色的通道来记录，4 个单色通道组合定义后合成一个 CMYK 复合通道。

通道的应用主要表现在以下几个方面。

➥ 在选区中的应用：使用通道可以创建选区，可以在通道中对已有的选区进行编辑，从而得到符合要求或者是更为精确的选区。还可以将选区保存在通道中，以备后用。

➥ 在色彩调整中的应用：在使用"色阶""曲线"等调整命令对色彩进行调整时，可以通过调整某一通道来对图像中的特定颜色进行调整。

➥　　在滤镜中的应用：在通道中应用滤镜可以改善图像的质量或创建特殊的效果。

➥　　在印刷中的应用：可以添加专色通道，为印刷添加专色色版。

2．通道基本操作

（1）显示/隐藏通道

可以使用"通道"面板来查看文档窗口中的任何通道组合。例如，可以同时查看 Alpha 通道和复合通道，观察 Alpha 通道中的更改与整幅图像之间的关系。

在"通道"面板中，单击通道前边的"眼睛"图标 ☻，即可显示或隐藏该通道（单击复合通道可以查看所有的默认颜色通道，只要所有的颜色通道可见，就会显示复合通道）。

（2）选择通道

在"通道"面板中，选择一个或多个通道，将突出显示所有选中或现有通道的名称。要选择一个通道，则单击通道名称。按 Shift 键并单击可选择（或取消选择）多个通道。

（3）复制通道

在"通道"面板中，将需要复制的通道拖动到"创建新通道"按钮 ◻ 上即可复制该通道。

（4）重命名通道

要重命名 Alpha 通道或专色通道，可在"通道"面板中双击该通道的名称，然后输入新名称即可。

（5）删除通道

在"通道"面板中，选择要删除的通道，然后按 Alt 键的同时单击"删除当前通道"按钮 🗑 即可将其删除，也可直接将需要删除的通道拖至"删除当前通道"按钮 🗑 上将其删除。

（6）将通道分离为单独的图像

当需要在不能保留通道的文件格式中保留单个通道信息时，可通过分离通道来实现。分离通道只能分离拼合图像的通道。

操作方法：在"通道"面板中，单击右上方的小三角按钮 ▤，在弹出的菜单中选择"分离通道"命令，Photoshop 就会自动将 RGB 图像分离为 R、G、B 3 个灰色图像，如图 10-2 所示。分离通道后，源文件被关闭，单个通道会出现在单独的灰度图像窗口中，新窗口中的标题栏显示源文件名以及通道，可以分别存储和编辑新图像。

图 10-2　分离通道后的 R、G、B 3 个单独的灰色图像

（7）合并通道

可以将多个灰度图像合并为一个彩色的图像，要合并的图像必须是处于灰度模式，并

且已被拼合（没有图层）且具有相同的像素尺寸，还要处于打开状态。已打开的灰度图像的数量决定了合并通道时可用的颜色模式。例如，如果打开了 3 个灰度图像，可以将它们合并为一个 RGB 图像、Lab 和多通道图像；如果打开了 4 个灰度图像，则可以将它们合并为一个 CMYK 图像。因此，分离出来的各个通道图像在进行编辑修改完成后，还可以把它们合并成一幅图像。

操作方法：打开包含要合并的通道的灰度图像，并使其中一个图像成为当前图像。在"通道"面板中，单击右上方的小三角按钮 ▤，在弹出的菜单中选择"合并通道"命令，在打开的对话框的"模式"下拉列表框中选择"RGB 颜色"选项，单击"确定"按钮进入"合并 RGB 通道"对话框，如图 10-3 所示。单击"确定"按钮即可合并图像。

图 10-3 合并通道

3. 颜色通道

（1）灰色显示颜色通道

颜色通道记录了图像的打印颜色和显示颜色，它是在打开新图像时自动创建的。图像的颜色模式决定了所创建的颜色通道的数目。默认情况下，RGB 图像包含红、绿和蓝 3个灰色通道以及一个用于编辑图像的 RGB 复合通道；CMYK 图像包含青、洋红、黄和黑 4个灰色通道及一个 CMYK 复合通道，如图 10-4 所示；位图、灰度、双色调和索引颜色图像只有一个通道。除位图模式图像之外，可以在所有其他类型的图像中进行新建、分离、复制和合并通道等操作。

图 10-4 CMYK 图像颜色"通道"面板

各颜色通道的灰度越白，表示当前通道所保存的颜色越多；反之，如果各通道中灰度越黑，则表示该通道中当前颜色通道所保存的颜色越少。可以在各颜色通道的基础上进行编辑，从而改变图像整体的色调，达到调整图像颜色的目的。例如，将"蓝"通道灰度调整为纯白色来改变图像整体的色调，其操作步骤如下。

① 在 Photoshop 中打开"荷花.jpg"文件，在"通道"面板中单击"蓝"通道，如图 10-5所示。

图 10-5　选中"蓝"通道

② 设置背景色为白色，按 Ctrl+Delete 组合键，则背景色白色填充了"蓝"通道，可得到如图 10-6 所示的图像效果及"通道"面板。对比调整前后的图像效果，可以看出整体图像的蓝色调被增强，整幅图像偏蓝。由此可见，当某一颜色通道表现为白色时，该通道保存的颜色更多。

图 10-6　蓝色增强后的效果图及白色填充"蓝"通道

（2）彩色显示颜色通道

默认情况下，各个通道以灰度显示。可以更改默认设置，以便用彩色显示各个颜色通道。操作方法：选择"编辑"|"首选项"|"界面"命令，在弹出的对话框中选中"用彩色显示通道"复选框，如图 10-7 所示，单击"确定"按钮，此时"通道"面板中各颜色显示为彩色，如图 10-8 所示。

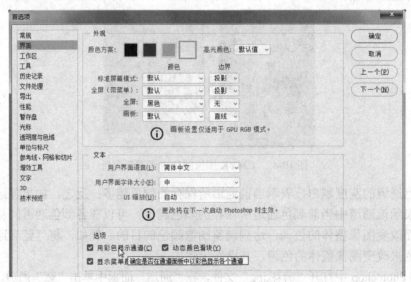

图 10-7　在"首选项"对话框中选中"用彩色显示通道"复选框

颜色通道主要用于管理图像中的颜色信息。每一个颜色通道将对应图像中的一种颜色。例如，RGB 图像中的"红"通道保存图像中的红色信息，在"通道"面板中，只让"红"通道可见，将仅显示"红"通道的颜色，如图 10-9 所示。

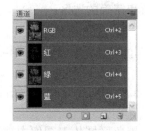 

图 10-8　彩色显示颜色通道　　　　图 10-9　只显示"红"通道的效果

（3）复制通道颜色

复制通道颜色是一个利用图像自身信息获得选择信息的好方法，在许多场合，利用这种方法得到的选择比用户费时费力使用工具箱中的选择工具建立的选择要好得多，利用复制通道颜色创造出的图像颜色的变化更加细腻、逼真。例如，将"红"通道颜色复制并粘贴到"蓝"通道中，具体步骤如下。

① 在 Photoshop 中打开"睡莲.jpg"文件，在"通道"面板中选中"红"通道，选择"选择"|"全选"命令，然后选择"编辑"|"拷贝"命令。

② 在"通道"面板中，选中"蓝"通道，然后选择"编辑"|"粘贴"命令。如图 10-10 所示，单击 RGB 复合通道或单击"图层"面板，就会看到粉红色花变成了紫色花，如图 10-11 所示（粘贴到不同的通道中得到的图像颜色也不同）。

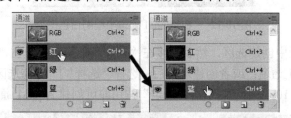

图 10-10　将"红"通道颜色复制到"蓝"通道中

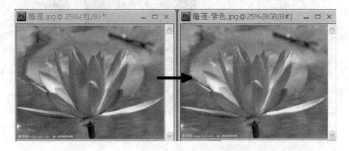

图 10-11　粘贴通道颜色后粉红色花变成了紫色花

4．Alpha 通道

Alpha 通道是计算机图形学中的术语，指的是特别的通道，意思是"非彩色"通道。

Alpha 通道的功能是用来存放和编辑选区的，在 Photoshop 中，当选取范围被保存后，就会自动成为一个蒙版，并保存在一个新增的通道中，Alpha 通道的名称可由用户自定义，名称省略时，Photoshop 就会使用 Alpha1 自动命名。在 Alpha 通道上可以应用各种绘图工具和滤镜对选区做进一步的编辑和调整，从而创建更为复杂和精确的选区。

（1）创建 Alpha 通道

在"通道"面板中，与 RGB 和颜色信息通道相同，Alpha 通道也可以创建和删除。创建 Alpha 通道有两种方法。

方法 1：单击"通道"面板底部的"创建新通道"按钮 ，即可创建一个空白的 Alpha1 通道，面板中的复合通道与颜色通道会自动隐藏。

Alpha 通道中的白色区域代表图像中被选择的区域，黑色区域代表图像中被遮盖的区域（非选择区域），因为 Alpha 通道是 8 位通道，它除了支持黑色和白色之外，还支持 254 种不同等级的灰色。也就是说，通道可以支持不同等级的透明度。当创建 Alpha 通道后，工具箱中的前景色与背景色默认为白色与黑色，所以在 Alpha 通道中绘制的图形均为白色，如图 10-12 所示。

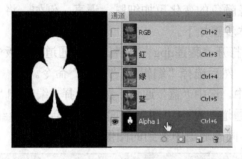

图 10-12　在 Alpha1 通道中绘制白色图形

方法 2：在图像中创建选区，然后直接在"通道"面板底部单击"将选区存储为通道"按钮 ，得到 Alpha1 通道；或者创建选区后，选择"选择"|"存储选区"命令，打开"存储选区"对话框，如图 10-13 所示，单击"确定"按钮即可创建 Alpha1 通道，如图 10-14 所示。

图 10-13　"存储选区"对话框

图 10-14　将选区存储为 Alpha1 通道

（2）选区与 Alpha 通道转换

将选区转换为 Alpha 通道的方法：在图像中创建选区，然后单击"通道"面板底部的"将选区存储为通道"按钮 或选择"选择"|"存储选区"命令，在打开的"存储选区"对话框中选中"新建通道"单选按钮，输入通道名称，单击"确定"按钮。

　　将 Alpha 通道转换为选区的方法：在"通道"面板选中 Alpha 通道，然后单击"通道"面板底部的"将通道作为选区载入"按钮  或选择"选择"|"载入选区"命令，在打开的"载入选区"对话框中选择需要载入选区的源和通道，单击"确定"按钮，如图 10-15 所示。

　　（3）编辑 Alpha 通道

　　当创建 Alpha 通道后，选中 Alpha1 通道，"通道"面板关联菜单中的"通道选项"命令呈可用状态，选择该命令后，打开如图 10-16 所示的对话框，在其中可以更改通道名称、显示状态等。其中各选项功能如表 10-2 所示。

图 10-15　"载入选区"对话框　　　　　图 10-16　"通道选项"对话框

表 10-2　"通道选项"对话框中各选项及功能说明

选　　项		功　能　说　明
名称		要重命名通道，可以在该文本框中输入新名称
色彩指示（蒙版设置选项）	被蒙版区域	将被蒙版区域设置为黑色（不透明），并将所选区域设置为白色（透明）。用黑色绘画可扩大被蒙版区域，用白色绘画可扩大选中区域
	所选区域	将被蒙版区域设置为白色（透明），并将所选区域设置为黑色（不透明）。用白色绘画可扩大被蒙版区域，用黑色绘画可扩大选中区域
	专色	将 Alpha 通道转换为专色通道
颜色（蒙版外观选项）	颜色框	要选取新的蒙版颜色，可以单击该颜色框并选取新颜色
	不透明度	输入 0～100 的值，可以更改不透明度

　　在"通道选项"对话框中选中"被蒙版区域"单选按钮，设置颜色为"粉红色"，"不透明度"为 40%，单击"确定"按钮，得到如图 10-17 所示的效果。如果选中"所选区域"单选按钮，其他设置相同，则会得到与"被蒙版区域"选项相反的显示效果，如图 10-18 所示。

图 10-17　非选择区域为粉红色

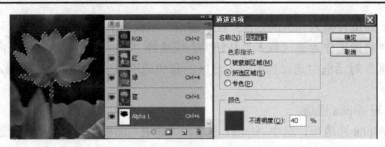

图 10-18　所选区域为粉红色

5. 专色通道

专色通道指定用于专色油墨印刷的附加印版。专色是特殊的预混油墨，它用于替代或者补充 CMYK 油墨，在印刷时，每一种专色都要求专用的印版，如果要印刷带有专色的图像，则需要创建存储这些颜色的专色通道，同时，为了输出专色，文件应以 DCS2.0 格式或者 PDF 格式保存。

（1）创建专色通道

单击"通道"面板右上方的小三角按钮，在弹出的菜单中选择"新建专色通道"命令，打开"新建专色通道"对话框，如图 10-19 所示。在对话框中输入专色通道的名称，设置油墨的颜色及密度后，单击"确定"按钮，即建立一个名为"专色 1"的专色通道。

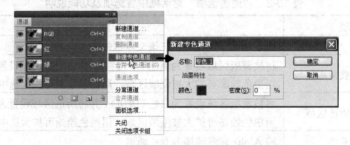

图 10-19　新建专色通道

（2）编辑专色通道

选中创建的专色通道后，选择关联菜单中的"通道选项"命令，打开"专色通道选项"对话框，在其中可以更改专色通道的名称、油墨颜色以及油墨密度，如图 10-20 所示。

图 10-20　"专色通道选项"对话框

【案例 10-1】婚纱照片处理

案例功能说明：利用 Photoshop 的 Alpha 通道精确抠图，处理婚纱照片，效果如图 10-21 所示。

案例 10-1 素材 1.jpg

案例 10-1 素材 2.jpg

案例 10-1.jpg（完成效果）

图 10-21　婚纱照片素材与效果图

操作步骤：

（1）启动 Photoshop CC，选择"文件"|"打开"命令，在弹出的"打开"对话框中选择"案例 10-1 素材 1.jpg"文件。

（2）选择"窗口"|"通道"命令，打开"通道"面板。选中"绿"通道，并将"绿"通道拖放到"通道"面板底部的"创建新通道"按钮 ▣ 上，即产生"绿副本"通道，如图 10-22 所示。

（3）选中"绿副本"通道，选择工具箱中的"磁性套索工具" ，在其选项栏中设置"羽化"为"1px"，在人物图像中单击并移动，勾勒出整个人物中非透明的区域，如图 10-23 所示。

图 10-22　复制生成的"绿副本"通道

图 10-23　勾勒出整个人物中非透明区域

（4）设置前景色为白色，选择工具箱中的"画笔工具" ，在其选项栏中设置"主直径"为"40px"，"硬度"为 50%，把人物选区全部涂抹成白色，如图 10-24 所示。完成后按 Ctrl+D 组合键取消选区。

（5）单击"通道"面板底部的"将通道作为选区载入"按钮 ，将"绿副本"通道转换为选区，如图 10-25 所示。然后在"通道"面板中单击"绿副本"通道前面的"眼睛"

图标使其不可见，再单击 RGB 复合通道前面的方框，让"眼睛"图标显示并选中 RGB 复合通道，如图 10-26 所示。

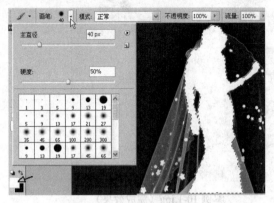

图 10-24　"画笔工具"选项栏及将人物选区涂抹成白色　　图 10-25　将"绿副本"通道转换为选区

（6）在"图层"面板中选择"背景"图层，选择"图层"|"新建"|"通过拷贝的图层"命令或按 Ctrl+J 组合键，即将选区的内容复制到新建的"图层 1"中，在"图层"面板中，单击"背景"图层前面的"眼睛"图标使其不可见，效果如图 10-27 所示。

图 10-26　RGB 通道可见而"绿副本"通道不可见　　图 10-27　"图层 1"图像效果及"图层"面板

（7）选择"选择"|"全选"命令，然后选择"编辑"|"拷贝"命令，即可复制"图层 1"的内容。

（8）选择"文件"|"打开"命令，打开"案例 10-1 素材 2.jpg"文件。选择"编辑"|"粘贴"命令，即可将"图层 1"人物图像内容粘贴到当前文件中，得到的效果如图 10-28 所示。

图 10-28　婚纱照片效果图及"图层"面板

（9）保存为 PSD 格式。选择"文件"|"存储为"命令，将文件以"案例 10-1.psd"为名保存在"第 10 章完成文件"文件夹中。

（10）保存为 JPG 格式。选择"文件"|"存储为"命令，将文件以"案例 10-1.jpg"为名保存在"第 10 章完成文件"文件夹中。

【实训 10-1】组合调整图像

实训功能说明： 利用 Photoshop 的颜色通道、Alpha 通道及专色通道实现调色功能，效果如图 10-29 所示。

实训 10-1 素材 1.jpg

实训 10-1 素材 2.jpg

实训 10-1.jpg（完成效果）

图 10-29　素材及效果图

操作要点：

（1）启动 Photoshop CC，选择"文件"|"打开"命令，在弹出的"打开"对话框中选择"实训 10-1 素材 1.jpg"文件。

（2）选择工具箱中的"多边形套索工具" ，抠出书的选区，如图 10-30（左）所示。

（3）单击"通道"面板底部的"将选区存储为通道"按钮 ，将选区存储为 Alpha1 通道，关闭 RGB 通道"眼睛"图标使其不可见，效果如图 10-30（右）所示。

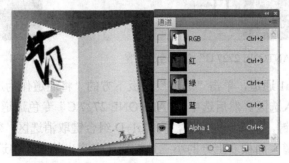

图 10-30　Alpha1 通道内容及"通道"面板

（4）设置前景色为白色，选中"蓝"通道，按 Alt+Delete 组合键，给"蓝"通道填充白色，使 RGB 通道"眼睛"图标显示，使其可见。关闭 Alpha1 通道"眼睛"图标，效果如图 10-31 所示。

（5）按 Ctrl+D 组合键取消选择，单击"通道"面板右上方的小三角按钮，在弹出的菜单中选择"新建专色通道"命令。弹出"专色通道选项"对话框，单击颜色框，在弹出的对话框中单击"颜色库"按钮，设置油墨颜色为蓝色（PANTONE 2727 C），单击"确定"按钮，返回"专色通道选项"对话框，设置"密度"为 30%，单击"确定"按钮，如图 10-32 所示。

图 10-31　"蓝"通道填充蓝色后效果图　　　　图 10-32　"专色通道选项"对话框

（6）选择"文件"|"打开"命令，打开"实训 10-1 素材 2.jpg"文件，按 Ctrl+A 组合键全选，按 Ctrl+C 组合键复制选区内容，选中"实训 10-1 素材 1.jpg"文件，在"通道"面板中选中"PANTONE 2727 C"专色通道，然后按 Ctrl+V 组合键粘贴选区内容，如图 10-33 所示。

（7）按 Ctrl+T 组合键自由变换选区，拖动控制柄调整图像大小及位置，如图 10-34 所示，按 Enter 键确定。

图 10-33　"PANTONE 2727 C"专色通道内容　　　　图 10-34　调整图像大小及位置

（8）选中 Alpha1 通道，单击"通道"面板下方的"将通道作为选区载入"按钮 ，即将 Alpha1 通道载入选区。然后选中"PANTONE 2727 C"专色通道，选择"选择"|"反选"命令，按 Delete 键，删除选区内容，按 Ctrl+D 组合键取消选区，效果如图 10-35 所示。

（9）单击"通道"面板右上方的小三角按钮，在弹出的菜单中选择"合并专色通道"命令，完成制作。最终效果及"通道"面板如图 10-36 所示。

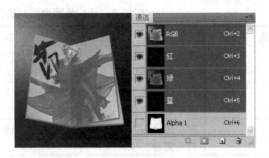

图 10-35 Alpha1 通道图像内容　　　　　图 10-36 最终效果及"通道"面板

（10）保存为 PSD 格式。选择"文件"|"存储为"命令，将文件以"实训 10-1.psd"为名保存在"第 10 章完成文件"文件夹中。

（11）保存为 JPG 格式。选择"文件"|"存储为"命令，将文件以"实训 10-1.jpg"为名保存在"第 10 章完成文件"文件夹中。

任务 2　通 道 计 算

知识点："应用图像"和"计算"命令

在图像的每个通道中，图像的像素都有不同的颜色值，将这些值进行算术运算可以使图像发生奇妙的变化，使用"图像"菜单下的"应用图像"和"计算"命令可以把一些通道叠加到其他通道上，从而产生特殊的效果，它的作用效果类似于图层的混合模式。

1．"应用图像"命令

使用"应用图像"命令可以将图像的图层和通道（源）与当前所用图像（目标）的图层和通道混合，从而制作出单个调整命令无法获得的特殊效果。在菜单栏中选择"图像"|"应用图像"命令，打开"应用图像"对话框，如图 10-37 所示。该对话框中各选项功能说明如表 10-3 所示。

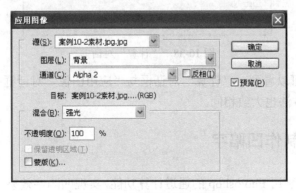

图 10-37 "应用图像"对话框

表 10-3　"应用图像"对话框中各选项功能说明

选　　项	功　能　说　明
源	执行"应用图像"命令后，系统将会在当前操作的图像中创建混合，"源"下拉列表将提供另外打开的文件选项，即可以选择另外一个打开的文件使之与当前文件进行混合
图层	用于选择源图像中参与混合的图层，如果要使用源图像中的所有图层，可在下拉列表框中选择"合并图层"选项
通道	用于选择图像中参与混合的通道，如果选中"反相"复选框，可将通道反向处理后再参与混合
目标	即"应用图像"命令作用的当前图层，可在"目标"中查看当前图像的名称、当前选择的图层及文件模式
混合	用于选择混合模式来合成图层或通道。除 Photoshop 中基本的混合模式外，该选项下拉列表中还包括"相加"和"减去"模式
不透明度	用于设置源图像在参与混合过程中的不透明度，该值越低，源图像对混合结果的影响越小
保留透明区域	如果目标图层包含透明区域，选中该复选框后，混合将在图层的不透明区域进行，透明区域不受影响
蒙版	选中该复选框可在对话框中显示有关蒙版的选项

2．"计算"命令

使用"计算"命令可以混合两个来自一个或多个源图像的单个通道，然后可以将结果应用到新图像或新通道，也可以应用到当前图像的选区。在菜单栏中选择"图像"|"计算"命令，打开"计算"对话框，如图 10-38 所示。

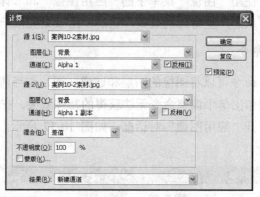

图 10-38　"计算"对话框

从图 10-38 中可以看到，"计算"对话框与"应用图像"对话框中的许多选项都是一样的，它们的设置方法也大致相同。

【案例 10-2】制作凹陷字

案例功能说明：利用 Photoshop 的通道计算功能，实现凹陷字效果制作，效果如图 10-39 所示。

凹陷字

图 10-39　凹陷字效果

操作步骤：

（1）启动 Photoshop CC，选择"文件"|"打开"命令，打开"案例 10-2 素材.jpg"文件。

（2）单击"通道"面板下方的"创建新通道"按钮，新建 Alpha1 通道。

（3）设置前景色为白色，选择工具箱中的"横排文字工具"T，在其选项栏中设置"字体"为"黑体"，"大小"为"200 点"，选中 Alpha1 通道，在页面中单击输入文字"凹陷字"，完成后单击选项栏中的"提交当前所有编辑"按钮，输入的文字变为选区（可用"移动工具"将文字移动到合适位置），如图 10-40 所示。

（4）将 Alpha1 通道拖放至"通道"面板下方的"创建新通道"按钮上，复制生成"Alpha1 副本"通道。按 Ctrl+D 组合键取消选区，文字效果及"通道"面板如图 10-41所示。

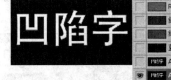

图 10-40　在 Alpha1 通道中输入文字内容　　　　图 10-41　文字效果及"通道"面板

（5）选中"Alpha1 副本"通道，选择"滤镜"|"模糊"|"高斯模糊"命令，在弹出的对话框中设置"模糊半径"为"2 像素"，单击"确定"按钮。选择"滤镜"|"风格化"|"浮雕效果"命令，在弹出的"浮雕效果"对话框中设置"角度"为"132 度"，"高度"为"4 像素"，"数量"为80%，单击"确定"按钮，如图 10-42 所示。

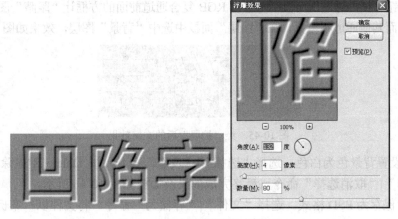

图 10-42　"浮雕效果"对话框

（6）选择"图像"|"计算"命令，打开"计算"对话框，设置源 1 的通道为 Alpha1，选中"反相"复选框，源 2 的通道为"Alpha1 副本"，"混合"为"差值"，"不透明度"为 100%，"结果"为"新建通道"，单击"确定"按钮，得到文字效果及新建的 Alpha2 通道，如图 10-43 所示。

图 10-43 经"计算"后的文字效果

（7）在"通道"面板中，单击 RGB 复合通道前面的方框让"眼睛"图标显示，并选中 RGB 复合通道，而其他"通道"不可看，然后在"图层"面板中选中"背景"图层，选择"图像"|"应用图像"命令，打开"应用图像"对话框。设置"图层"为"背景"，"通道"为 Alpha2，"混合"为"强光"，"不透明度"为 100%，单击"确定"按钮，得到文字效果及面板如图 10-44 所示。

图 10-44 文字效果及"图层"面板、"通道"面板

（8）选择 Alpha1 通道，单击面板底部的"将通道载入选区"按钮，即将 Alpha1 通道载入选区。选择"选择"|"修改"|"扩展"命令，设置"扩展量"为"5 像素"，单击"确定"按钮。在"通道"面板中，单击 RGB 复合通道前面的方框让"眼睛"图标显示，即使其可见，而其他通道不可见。在"图层"面板中选中"背景"图层，效果如图 10-45 所示。

图 10-45 经"扩展"后的文字效果

（9）设置背景色为白色，选择"选择"|"反选"命令，按 Delete 键删除选区内容。选择"选择"|"取消选择"命令，最终完成效果及面板如图 10-46 所示。

（10）保存为 PSD 格式。选择"文件"|"存储为"命令，将文件以"案例 10-2.psd"为名保存在"第 10 章完成文件"文件夹中。

图 10-46 最终凹陷字效果及"图层"面板、"通道"面板

（11）保存为 JPG 格式。选择"文件"|"存储为"命令，将文件以"案例 10-2.jpg"为名保存在"第 10 章完成文件"文件夹中。

【实训 10-2】制作水晶效果

实训功能说明：利用 Photoshop 的通道计算功能，实现水晶效果，如图 10-47 所示。

图 10-47 素材及水晶效果图

操作要点：

（1）启动 Photoshop CC，选择"文件"|"打开"命令，打开"实训 10-2 素材.png"文件。

（2）在"图层"面板中选中"图层 0"，按 Ctrl+A 组合键全选，按 Ctrl+C 组合键复制图层内容；单击"通道"面板下方的"创建新通道"按钮 ，新建 Alpha1 通道。在 Alpha1 通道中，按 Ctrl+V 组合键粘贴图层内容到 Alpha1 通道中，如图 10-48 所示。

图 10-48 Alpha1 通道及其内容

（3）选择"滤镜"|"模糊"|"高斯模糊"命令，在弹出的对话框中设置"半径"为"5 像素"，单击"确定"按钮。按 Ctrl+D 组合键取消选区。

（4）选择工具箱中的"移动工具" ，将 Alpha1 通道拖动到"通道"面板下方的"创建新通道" 按钮上，复制生成"Alpha1 副本"通道。选择"滤镜"|"其他"|"位移"命令，在弹出的"位移"对话框中设置"水平"位移为"−20 像素"，"垂直"位移为"+15

像素"，单击"确定"按钮，如图 10-49 所示。

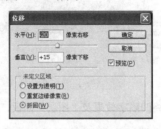

图 10-49　"位移"对话框

（5）选择"图像"|"计算"命令，弹出"计算"对话框，设置源 1 的通道为 Alpha1，源 2 的通道为"Alpha1 副本"，"混合"为"差值"，单击"确定"按钮，如图 10-50 所示。

图 10-50　"计算"对话框

（6）选择"图像"|"调整"|"曲线"命令，打开"曲线"对话框，如图 10-51 所示。设置"通道"为 Alpha2，"输出"为 150，"输入"为 104，单击"确定"按钮，即向上拖动调整曲线，使图像整体变亮。

（7）按 Ctrl+A 组合键全选，按 Ctrl+C 组合键复制 Alpha2 通道内容。在"图层"面板下方单击"创建新图层"按钮，新建"图层 1"。在"图层 1"中按 Ctrl+V 组合键，粘贴 Alpha2 通道内容到"图层 1"中，如图 10-52 所示。

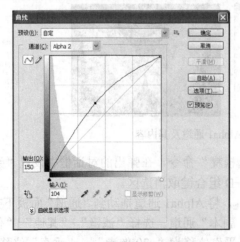

图 10-51　"曲线"对话框　　　　　图 10-52　"图层"面板

（8）设置前景色为白色，选中"图层 1"，在"通道"面板中选中"蓝"通道，按 Alt+Delete 组合键，即给"蓝"通道填充前景色白色，使得"蓝"通道中用其本身的通道颜色蓝色显示，如图 10-53（左）所示。填充完成后，选中 RGB 复合通道，图像内容显示效果如图 10-53（右）所示。

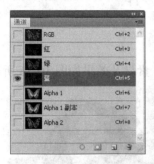

图 10-53 "通道"面板及 RGB 通道图像效果

（9）在"图层"面板中选中"图层 1"，选择"图像"|"调整"|"色相/饱和度"命令，打开"色相/饱和度"对话框，如图 10-54 所示。设置"色相"为-19，"饱和度"为30，"明度"为47，单击"确定"按钮，最终完成效果及面板如图 10-55 所示。

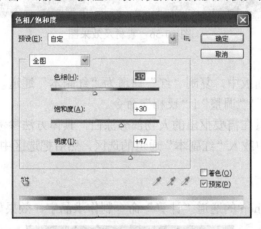

图 10-54 "色相/饱和度"对话框

图 10-55 最终完成效果图及"图层"面板、"通道"面板

（10）保存为 PSD 格式。选择"文件"|"存储为"命令，将文件以"实训 10-2psd"为名保存在"第 10 章完成文件"文件夹中。

（11）保存为 JPG 格式。选择"文件"|"存储为"命令，将文件以"实训 10-2.jpg"为名保存在"第 10 章完成文件"文件夹中。

上 机 操 作

1．给人物换背景。

要求：利用 Photoshop 的通道进行精确抠图，素材及效果如图 10-56 所示。

图 10-56　素材及效果图

提示：

（1）在"通道"面板中，复制"红"通道为"红副本"通道。

（2）选择"图像"|"调整"|"反相"命令。

（3）利用画笔工具在需要抠出的人物部分涂白，具体方法参考案例 10-1。

（4）在背景图层中载入"红副本"通道的选区，然后把选区中的内容移动到新的背景图层上完成制作。

2．制作水晶字。

要求：利用 Photoshop 的通道"计算"命令制作水晶字，效果如图 10-57 所示。

图 10-57　水晶字效果

提示：

（1）新建文件，然后在"通道"面板中新建一个 Alpha1 通道。选择文字工具，输入文字"水晶"，设置字体颜色为白色。

（2）取消选择，然后复制 Alpha1 通道，重命名为 Alpha2。选择"滤镜"|"模糊"|"高斯模糊"命令，在弹出的对话框中设置"半径"为"3 像素"。

（3）复制 Alpha2 通道，重命名为 Alpha3。选择"滤镜"|"其他"|"位移"命令，在弹出的对话框中将"水平"位移和"垂直"位移均设置为"1 像素"。

（4）选择"图像"|"计算"命令，在弹出的对话框中设置源 1 为 Alpha3，源 2 为 Alpha2，"混合"为"差值"。

（5）选择"图像"|"调整"|"自动色阶"命令。

（6）选择"图像"|"调整"|"曲线"命令，在弹出的对话框中按如图 10-58 所示进行参数设置。

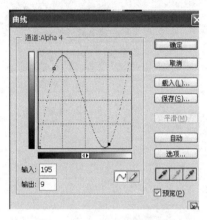

图 10-58 "曲线"对话框

（7）选择"图像"|"计算"命令，在弹出的对话框中设置源 1 的通道为 Alpha4，源 2 的通道为 Alpha3，"混合"为"变亮"。

（8）选择 Alpha5 通道，按 Ctrl+A 组合键全选，按 Ctrl+C 组合键复制。返回到"图层"面板，新建一个图层，按 Ctrl+V 组合键粘贴。

（9）选择"图像"|"调整"|"色相饱和度"命令，在弹出的对话框中设置"色相"为 227，"饱和度"为 52，"明度"为 0。

（10）选择"画笔工具"，设置前景色为白色，设置不同大小的笔触，为"水晶"加上修饰的"小星星"。

理 论 习 题

一、填空题

1．通道是保存不同类型信息的_____图像，主要用来保存图像的_____和_____。

2．根据通道存储的内容不同，可以分为_____通道、_____通道和_____通道。其中，_____通道主要用于保存图像中的选区，_____通道主要用于专色油墨印刷的附加印版。

3．在"通道"面板中删除颜色通道时，系统将自动把图像转换为_____颜色模式。

4．使用"应用图像"命令可将两个具有相同尺寸的图像的_____或_____混合，从而创建特殊的图像合成效果。

5．"计算"命令用于混合两个来自一个或多个源图像的_____，然后可以将结果应用到_____、_____或_____。

二、简答题

1．Alpha 通道与选区是怎么相互转换的？

2．在 Photoshop 中使用哪些文件格式存储图像文件后可保留 Alpha 通道？

第11章

蒙版的使用

　　蒙版用来控制图像的编辑与受保护的区域，是进行图像合成的重要途径。当选择某个图像的部分区域时，未选中区域将"被蒙版"或受保护以免被编辑。因此，创建了蒙版后，当需要改变图像某个区域的颜色，或者要对该区域应用滤镜或其他效果时，可以隔离并保护图像的其余部分，也可以在进行复杂的图像编辑时使用蒙版。本章主要介绍快速蒙版、图层蒙版以及剪贴蒙版的特点及使用方法，另外 Photoshop CC 中还新增了矢量蒙版的功能。

　　资源文件说明：本章案例、实训和上机操作等源文件素材放在本书附带资源包的"第11章\第11章素材"文件夹中，制作完成的文件放在"第11章\第11章完成文件"文件夹中。在实际操作时，将"第11章素材"文件夹复制到本地计算机，如 D 盘中，并在 D 盘中新建"第11章完成文件"文件夹。

任务 1　快 速 蒙 版

知识点：蒙版和 Alpha 通道、快速蒙版

1. 关于蒙版和 Alpha 通道

　　蒙版存储在 Alpha 通道中。蒙版和通道都是灰度图像，因此可以使用绘画工具、编辑工具和滤镜，像编辑任何其他图像一样对它们进行编辑。在蒙版上用黑色绘制的区域将会受到保护，而蒙版上用白色绘制的区域是可编辑区域，不受保护。如图 11-1（左）所示是用于保护背景而要编辑"蝴蝶"的不透明蒙版；如图 11-1（右）所示是用于保护"蝴蝶"而要为其背景着色的不透明蒙版；如图 11-1（中）所示是用于为背景和部分"蝴蝶"着色的半透明蒙版。

图 11-1　蒙版示例

2．快速蒙版

使用快速蒙版模式可将选区转换为临时蒙版以便更轻松地编辑。快速蒙版将作为带有可调整的不透明度的颜色叠加出现，可以使用任何绘画工具编辑快速蒙版或使用滤镜修改它，退出快速蒙版模式之后，蒙版将转换为图像上的一个选区。

要更加长久地存储一个选区，可以将该选区存储为 Alpha 通道，Alpha 通道将选区存储为"通道"面板中的可编辑灰度蒙版。一旦将某个选区存储为 Alpha 通道，就可以随时重新载入该选区或将该选区载入其他图像中。

创建快速蒙版：要进入快速蒙版，首先要建立选区，然后单击工具箱中的"以快速蒙版模式编辑"按钮◙创建快速蒙版。此时，"通道"面板中出现一个临时"快速蒙版"通道，受保护区域和未受保护区域以不同颜色进行区分。然后单击工具箱中的"以标准模式编辑"按钮◙离开快速蒙版模式，即返回正常模式。此时，未受保护区域成为选区。

3．更改快速蒙版

在工具箱中双击"以快速蒙版模式编辑"按钮◙，可以打开"快速蒙版选项"对话框，如图 11-2 所示。该对话框中各选项功能如表 11-1 所示。

图 11-2　"快速蒙版选项"对话框

表 11-1　"快速蒙版选项"对话框中各选项功能说明

选　项	功　能　说　明
被蒙版区域	将被蒙版区域设置为黑色（不透明），并将所选区域设置为白色（透明）。用黑色绘画可扩大被蒙版区域；用白色绘画可扩大选中区域。选中此单选按钮后，工具箱中的"快速蒙版"按钮将变为一个带有灰色背景的白圆圈
所选区域	将被蒙版区域设置为白色（透明），并将所选区域设置为黑色（不透明）。用白色绘画可扩大被蒙版区域；用黑色绘画可扩大选中区域。选中此单选按钮后，工具箱中的"快速蒙版"按钮将变为一个带有白色背景的灰圆圈
颜色框	要选取新的蒙版颜色，单击颜色框并选取新颜色
不透明度	用于更改不透明度，输入 0～100 的值

要在快速蒙版的"被蒙版区域"和"所选区域"选项之间切换,按住 Alt 键不放并单击"以快速蒙版模式编辑"按钮即可。

颜色和不透明度设置都只是影响蒙版的外观,对如何保护蒙版中的区域没有影响。更改这些设置能使蒙版与图像中的颜色对比更加鲜明,从而具有更好的可见性。

【案例 11-1】快速蒙版的使用

案例功能说明:利用 Photoshop 创建快速蒙版及编辑快速蒙版等功能处理图像,处理前后效果如图 11-3 所示。

图 11-3 利用快速蒙版处理前后效果

操作步骤:

(1)启动 Photoshop CC,在工具箱中选择"魔棒工具",在其选项栏中设置"容差"为 150,在图像的红色花上单击,并按住 Shift 键不放单击绿色叶子,将花和叶等图像全部选择为选区,建立的选区如图 11-4(左)所示。

(2)单击工具箱中最下方的"以快速蒙版模式编辑"按钮,如图 11-4(中)所示。白色背景被粉红色着色,受该蒙版的保护,选中的区域不受该蒙版的保护。默认情况下,"快速蒙版"模式会用红色、50%不透明的叠加为受保护区域着色,如图 11-4(右)所示。

图 11-4 建立选区及创建"快速蒙版"

(3)从工具箱中选择绘画工具,如"画笔工具",此时工具箱中的色板自动变成黑白色,在其选项栏中设置画笔"主直径"为"50px"。

(4)用黑色"画笔工具"对蒙版中最上方红花朵图案进行涂抹,目的是将最上面的一朵玫瑰花抹去。如图 11-5(左)所示,可以看到最上面的一朵玫瑰花颜色发生变化。涂抹时若不小心涂坏了,可以用白色画笔再修复回来(用白色画笔绘制可在图像中添加更多的选择区域,而用黑色画笔绘制可在图像中削减选择区域。用灰色或其他颜色绘画可创建半透明区域，这对羽化或消除锯齿效果有帮助）。

（5）单击工具箱中的"以标准模式编辑"按钮  ，离开快速蒙版模式，即返回正常模式，如图 11-5（中）所示，最上面的一朵玫瑰花不在选区内了。如图 11-5（右）所示，"通道"面板中也没有"快速蒙版"通道了（如果羽化的蒙版被转换为选区，则边界线正好位于蒙版渐变的黑白像素之间，选区边界指明选定程度小于 50% 和大于 50%的像素之间的过渡效果）。

图 11-5　用黑色画笔涂抹最上面的一朵玫瑰花并离开快速蒙版模式

（6）设置背景色为淡紫色（R:240,G:204,B:249），然后选择"选择"|"反选"命令，即将最上方一朵玫瑰花及背景作为选区，按 Delete 键，将选区删除并填充为淡紫色。选择"选择"|"取消选择"命令，最终完成效果及"通道"面板如图 11-6 所示（注：本步也可选择"选择"|"存储选区"命令，将此临时蒙版转换为永久性 Alpha 通道）。

图 11-6　最终效果及"通道"面板

（7）保存为 PSD 格式。选择"文件"|"存储为"命令，将文件以"快速蒙版.psd"为名保存在"第 11 章完成文件"文件夹中。

（8）保存为 JPG 格式。选择"文件"|"存储为"命令，将文件以"快速蒙版.jpg"为名保存在"第 11 章完成文件"文件夹中。

任务 2　图层蒙版、矢量蒙版

知识点：图层蒙版、矢量蒙版

在"图层"面板中，图层蒙版和矢量蒙版都显示为图层缩览图右边的附加缩览图。对

于图层蒙版，此缩览图代表添加图层蒙版时创建的灰度通道。矢量蒙版缩览图代表从图层内容中剪下来的路径。要在背景图层中创建图层蒙版或矢量蒙版，首先要将背景图层转换为常规图层（选择"图层"|"新建"|"图层背景"命令）。如图 11-7 所示，其中 A 处表示图层蒙版缩览图，B 处表示矢量蒙版缩览图，C 处表示"矢量蒙版链接"图标，D 处表示"添加图层蒙版"按钮。

图 11-7　图层蒙版和矢量蒙版缩览图

1. 图层蒙版

图层蒙版是与分辨率相关的位图图像，可使用绘画工具或选择工具对其进行编辑。图层蒙版用来显示或者隐藏图层的部分内容，也可以保护图像不需要编辑的区域以免被误编辑，其常用于图像的合成中，让两个或多个图像无缝地组合成单个图像。

图层蒙版是一张 256 级色阶的灰色图像，蒙版中的纯黑色区域可以遮罩当前图层中的图像，从而显示出下方图层中的内容，因此黑色区域将被隐藏；蒙版中的纯白色区域可以显示当前图层中的图像，因此白色区域可见；而蒙版中的灰色区域会根据其灰度值呈现不同层次的半透明效果。

（1）创建图层蒙版

"图层"面板存在两个图层，选中上方图层，然后直接单击"图层"面板底部的"添加图层蒙版"按钮 ，可以创建一个白色的图层蒙版，相当于选择"图层"|"图层蒙版"|"显示全部"命令；结合 Alt 键单击该按钮可以创建一个黑色的图层蒙版，此操作相当于选择"图层"|"图层蒙版"|"隐藏全部"命令。

（2）编辑图层蒙版

创建图层蒙版后，既可以在图像中操作，也可以在蒙版中操作。以白色蒙版为例，创建白色图层蒙版后，蒙版缩览图显示一个矩形框，说明该蒙版处于编辑状态，这时在画布中绘制黑色图像后，绘制的区域将当前图层的图像隐藏，单击图像缩览图进入图像的编辑状态，在画布中绘制黑色图像，呈现黑色图像。

创建图层蒙版后，还可以对图层蒙版进行以下操作。

➥ 在画布中显示蒙版内容：按住 Alt 键的同时单击蒙版缩览图即可实现。

➥ 复制图层蒙版：按住 Alt 键不放并将蒙版缩览图拖曳到需要复制到的图层，释放鼠标即可。

➡ 移动图层蒙版：按住鼠标左键不放直接单击并拖曳蒙版缩览图，可以将该蒙版转
移到其他图层。

2. 蒙版、Alpha 通道与选区的转换

图像处理中有时需要将选区转换为蒙版，有时需要将蒙版转换为通道，以便进行不同
的操作。在 Photoshop 中，用户可以在通道、蒙版和选区之间进行相互转换。

（1）将选区转换为图层蒙版

当画布中存在选区时，单击"图层"面板底部的"添加图层蒙版"按钮 🔘，直接在选
区中填充白色显示，在选区外填充黑色被遮罩，使选区外的图像隐藏即可。

（2）将选区转换为 Alpha 通道

图片编辑过程中的复杂选区，如果在以后的操作中会经常被重复用到，就可以将其保
存为一个 Alpha 通道，即永久蒙版。将选区转换为 Alpha 通道的步骤如下。

① 在图像中建立选区，如图 11-8 所示。将花朵及绿叶等图像作为选区。

② 按住 Alt 键的同时单击"通道"面板底部的"将选区存储为通道"按钮，弹出"新
建通道"对话框，如图 11-9 所示，单击"确定"按钮即可把选区转换为 Alpha1 通道；或
者选择"选择"|"存储选区"命令，在弹出的如图 11-10 所示为"存储选区"对话框中进
行相关参数设置后，单击"确定"按钮即可将选区存储为 Alpha1 通道。

图 11-8 建立选区   图 11-9   "新建通道"对话框   图 11-10   "存储选区"对话框

（3）将 Alpha 通道转换为选区

Alpha 通道蒙版能多次载入选区。在"通道"面板中，选中需要的"Alpha 通道"，然
后单击"通道"面板底部的"将通道作为选区载入"按钮 🔘，或选择"选择"|"载入选区"
命令。

3. 矢量蒙版

创建矢量蒙版的方法：首先用"钢笔工具"或"形状工具"创建路径，以矢量形状控
制图像可见区域，然后选择"图层"|"矢量蒙版"|"显示全部"命令，可以创建显示整个
图层图像的矢量蒙版；选择"图层"|"矢量蒙版"|"隐藏全部"命令，可以创建隐藏整个
图层图像的矢量蒙版。前者创建的矢量蒙版呈白色，后者创建的矢量蒙版呈灰色。矢量蒙
版也称为"形状蒙版"，与分辨率无关。

【案例 11-2】数码照片合成图像

案例功能说明： 利用 Photoshop 为图层添加蒙版的功能合成图像，素材及效果如图 11-11 所示。

图 11-11　素材及合成效果图

操作步骤：

（1）启动 Photoshop CC，选择"文件"|"打开"命令，在弹出的"打开"对话框中选择"第 11 章素材"文件夹下的"新年快乐.jpg"和"美女 1.jpg"文件。

（2）选择"美女 1.jpg"文件窗口，选择"选择"|"全选"命令，然后选择"编辑"|"拷贝"命令，关闭"美女 1.jpg"文件，接着选择"新年快乐.jpg"文件窗口，选择"编辑"|"粘贴"命令，并用"移动工具"将粘贴的美女图向上、向左移到合适位置，如图 11-12（左）所示。

（3）在"图层"面板中选中"图层 1"，单击"图层"面板下方的"添加图层蒙版"按钮，为"图层 1"添加图层蒙版，如图 11-12（右）所示。

图 11-12　将美女图像粘贴到背景图中及"图层"面板

（4）选中"图层 1"蒙版，在工具箱中选择"画笔工具"，设置画笔"颜色"为"黑色"，在其选项栏中设置画笔直径为合适的大小，如 17px。使用黑色画笔对"图层 1"中美女图像左边部分进行涂抹，擦去美女图像左边部分不需要的内容，若误擦了，则可将画笔调为白色进行修复。最终图片合成效果及"图层"面板如图 11-13 所示。

图 11-13　最终图片合成效果及"图层"面板

（5）保存为 PSD 格式。选择"文件"|"存储为"命令，将文件以"新年快乐合成图.psd"为名保存在"第 11 章完成文件"文件夹中。

（6）保存为 JPG 格式。选择"文件"|"存储为"命令，将文件以"新年快乐合成图.jpg"为名保存在"第 11 章完成文件"文件夹中。

【实训 11-1】合成图像

实训功能说明：利用 Photoshop 为图层添加蒙版的功能合成图像，素材及合成效果如图 11-14 所示。

图 11-14 素材及合成效果图

操作要点：

（1）启动 Photoshop CC，打开素材文件"门.jpg"和"汽车.jpg"。

（2）将"汽车.jpg"文件中的左半部分图像复制到"门.jpg"文件中。

（3）单击"图层"面板下方的"添加图层蒙版"按钮，为图层添加图层蒙版。

（4）选择"画笔工具"，设置画笔颜色为黑色，设置画笔直径为 17px。使用黑色画笔对图像中门的左右边部分进行涂抹，擦去不需要的内容即可。完成后分别以"门-汽车.psd"和"门-汽车.jpg"为名进行保存。

任务 3 剪贴蒙版

知识点：剪贴蒙版

剪贴蒙版是一个可以用其形状遮盖其他图像的对象，因此使用剪贴蒙版只能看到蒙版形状内的区域，从效果上来说，就是将图像裁剪为蒙版的形状。剪贴蒙版和被蒙版的对象一起被称为剪贴组合，并在"图层"面板中用虚线标出。可以从包含两个或多个对象的选区，或从一个组或图层中的所有对象来建立剪贴组合。

1. 创建剪贴蒙版

当"图层"面板中存在两个或两个以上的图层时，选择"图层"面板中的一个图层后，在"图层"面板的关联菜单中选择"创建剪贴蒙版"命令，即该图层变为其下方图层的剪贴蒙版。

创建剪贴蒙版后，蒙版中的下方图层名称带有一下画线，内容图层的缩览图是缩进的，并显示一个剪贴蒙版图标 ☑，而画面中的图像也会随之发生变化。

创建剪贴蒙版后，蒙版中两个图层中的图像均可以随意移动和变形。如果将上方图层中的图像进行移动或变形，则会在同一位置显示该图层中的不同区域图像，并可能会显示出下方图层中的图像；相反，如果将下方图层中的图像进行移动或变形，则会在不同位置显示上方图层中不同区域的图像。

2. 文本蒙版

在 Photoshop 中，文本图层可以创建为剪贴蒙版，其通常作为剪贴蒙版的下方图层，通过文字的形状控制图像的显示区域，这样就可以创建文字化的图像合成效果，如图 11-15 所示。

图 11-15　文本类型剪贴蒙版

3. 编辑剪贴蒙版

创建剪贴蒙版后，可以对其中的图层进行编辑。例如，图层的不透明度与图层混合模式等，这些选项均可以在剪贴蒙版中的所有图层中编辑。

在剪贴蒙版中通过调整下方图层的不透明度或混合模式，可以控制整个剪贴蒙版组的不透明度或混合模式，而调整上方的内容图层只是控制其自身的不透明度或混合模式，不会对整个剪贴蒙版产生影响。

【案例 11-3】创建文字化的图像合成

案例功能说明：利用文本类型剪贴蒙版功能创建文字化的图像合成，完成效果及"图层"面板如图 11-16 所示。

图 11-16　完成效果及"图层"面板

操作步骤：

（1）启动 Photoshop CC，选择"文件"|"新建"命令，在打开的对话框中设置"宽度"为"500 像素"，"高度"为"300 像素"，"分辨率"为"72 像素/英寸"，"颜色模式"为"RGB 颜色"，"背景内容"为"白色"，单击"确定"按钮。

（2）选择"文件"|"存储为"命令，以文件名"小梅.psd"保存在"第 11 章完成文件"文件夹中。

（3）设置前景色为黑色，选择工具箱中的"油漆桶工具"，将前景色填充为黑色。

（4）设置前景色为白色，选择工具箱中的"横排文字工具"，在其选项栏中设置"字体"为"黑体"，"大小"为"40 点"，在画面上单击输入文本"广州航海学院姓名"，输入完成后选择工具箱中的"移动工具"，将文本移到画面中央。

（5）选择"文件"|"打开"命令，打开素材"新年快乐.jpg"文件，选择"选择"|"全选"命令，接着选择"编辑"|"拷贝"命令，关闭"新年快乐.jpg"文件。

（6）选择"小梅.psd"文件窗口，选择"编辑"|"粘贴"命令，将"新年快乐.jpg"文件中的内容粘贴到当前窗口图像上。

（7）在"图层"面板中选中"图层 1"，选择"图层"|"创建剪贴蒙版"命令，即可看到文字化的图像合成效果。此时可用"移动工具"移动"图层 1"中的图像或移动"文本"图层中的文本，位置不同，文字效果也不同。

（8）保存文件并另存为"小梅.jpg"文件。

【实训 11-2】创建鸟形状的图像合成

实训功能说明：利用剪贴蒙版功能创建鸟形状的图像合成，完成效果及"图层"面板如图 11-17 所示。

图 11-17　完成效果及"图层"面板

操作要点：

（1）启动 Photoshop CC，选择"文件"|"新建"命令，在打开的对话框中设置"宽度"为"500 像素"，"高度"为"502 像素"，"分辨率"为"72 像素/英寸"，"颜色模式"为"RGB 颜色"，"背景内容"为"白色"，单击"确定"按钮。

（2）选择"文件"|"存储为"命令，以文件名"鸟.psd"保存在"第 11 章完成文件"文件夹中。

（3）选择工具箱中的"渐变工具" ▨，在其选项栏中单击"点按可编辑渐变"按

钮 ，在"渐变编辑器"对话框中设置位置 0 颜色为（R:176,B:242,208）、位置 47
颜色为（R:157,B:246,252）、位置 100 颜色为（R:161,B:161,242），单击"确定"按钮，
在背景画面上单击并从下向上拖放，给画面填充渐变色。

（4）单击"图层"面板底部的"创建新图层"按钮 ，新建一个图层。选择"自定形
状工具"，在其选项栏中选择"鸟"形状 ，然后在新建的图层画面的不同位置绘制两只
鸟，如图 11-18 所示。

图 11-18　绘制自定义形状"鸟"

（5）同时选中"形状 1"和"形状 2"图层，选择"图层"|"合并图层"命令，将其
合并为一个图层"形状 2"。

（6）选择"文件"|"打开"命令，打开素材"荷花 1.jpg"文件，选择"选择"|"全
选"命令，接着选择"编辑"|"拷贝"命令，关闭"荷花 1.jpg"文件。

（7）选择"鸟.psd"文件窗口，选择"编辑"|"粘贴"命令，将"荷花 1.jpg"文件中
的内容粘贴到当前窗口图像上。

（8）在"图层"面板中选中"图层 1"，选择"图层"|"创建剪贴蒙版"命令，可看
到鸟的颜色有变化，如图 11-19 所示。此时选择"移动工具"，将"图层 1"中的图像内容
移动到合适位置，使得右边的鸟躯体全是粉红色，左边的鸟只有头部是粉红色。

图 11-19　创建剪贴蒙版后的效果及"图层"面板

上 机 操 作

合成图像。

要求：利用 Photoshop 的图层蒙版功能或快速蒙版功能合成图像，素材及合成效果如
图 11-20 所示。

图 11-20　素材及合成图像

提示：

（1）在 Photoshop CC 中，打开素材文件"美女 2.jpg"和"墙.jpg"。

（2）具体步骤参考案例 11-2，完成后分别以"人-墙.psd"和"人-墙.jpg"为名进行保存。

理 论 习 题

一、填空题

1．将被蒙版区域设置为黑色（不透明），并将所选区域设置为白色（透明），用_____可扩大被蒙版区域，用_____可扩大选中区域。

2．图片编辑过程中的复杂选区，如果在以后的操作中经常会用到，就可以将其保存为一个_____，即永久蒙版。

二、简答题

1．Alpha 通道、蒙版与选区之间如何转换？

2．图层蒙版的功能有哪些？

3．在图像中添加的图层蒙版上的黑、白和灰分别代表什么？

第12章

滤镜

滤镜是 Photoshop 中功能最强大、效果最奇特的工具之一，它利用各种不同的算法实现对图像像素的数据重构，以产生绚丽多姿、风格迥异的效果。本章主要概述 Adobe Photoshop CC 滤镜以及将它们应用于图像的方法和技巧。

资源文件说明：本章案例、实训和上机操作等源文件素材放在本书资源包的"第 12 章\第 12 章素材"文件夹中，制作完成的文件放在"第 12 章\第 12 章完成文件"文件夹中。在实际操作时，将"第 12 章素材"文件夹复制到本地计算机，如 D 盘中，并在 D 盘中新建"第 12 章完成文件"文件夹。

任务 1   滤镜基础知识

知识点：滤镜、"滤镜"菜单、滤镜库、混合和渐隐滤镜效果、提高滤镜性能

1. 应用滤镜

通过使用滤镜，可以修饰照片，为图像提供素描或印象派绘画外观的特殊艺术效果，还可以使用扭曲和光照效果创建独特的变换。应用于智能对象的智能滤镜，可以在使用滤镜时不造成破坏。智能滤镜作为图层效果存储在"图层"面板中，并且可以利用智能对象中包含的原始图像数据随时重新调整这些滤镜。从"滤镜"菜单中选择相应的子菜单命令即可使用滤镜。选择滤镜有以下几个原则。

➧ 滤镜应用于当前使用的可见图层或选区。

➧ 对于 8 位/通道的图像，可以通过滤镜库累积应用大多数滤镜。所有滤镜都可以单独应用。

- 不能将滤镜应用于位图模式或索引颜色的图像。
- 有些滤镜只对 RGB 图像起作用。
- 可以将所有滤镜应用于 8 位图像，部分滤镜应用于 16 位图像或 32 位图像。
- 有些滤镜完全在内存中处理。如果可用于处理滤镜效果的内存不够，用户将会收到一条错误提示消息。

2. 从"滤镜"菜单应用滤镜

可以使用菜单命令对当前图层或智能对象应用滤镜。应用于智能对象的滤镜没有破坏性，并且可以随时对其进行重新调整。Photoshop CC 的"滤镜"菜单如图 12-1 所示。

从"滤镜"菜单的子菜单中选取一个滤镜，如"浮雕效果"，如果不出现任何对话框，则说明已应用该滤镜效果；如果出现对话框或滤镜库，可输入数值或选择相应的选项，然后单击"确定"按钮，如图 12-2 所示。

图 12-1　"滤镜"菜单及其子菜单　　　图 12-2　滤镜的"浮雕效果"对话框

需要注意的是，将滤镜应用于较大图像可能要花费很长的时间，但是，用户可以在滤镜对话框中预览效果。在预览窗口中拖动可以使图像的一个特定区域居中显示。在某些滤镜中，可以在图像中单击以使该图像在单击处居中显示。单击预览窗口下方的"+"或"-"按钮可以放大或缩小图像。

3. 滤镜库

滤镜库提供了许多特殊效果滤镜的预览。用户可以应用多个滤镜、打开或关闭滤镜的效果、复位滤镜的选项以及更改应用滤镜的顺序。如果对预览效果感到满意，则可以将它应用于图像。滤镜库并不提供"滤镜"菜单中的所有滤镜。

在菜单栏中选择"滤镜"|"滤镜库"命令，弹出"滤镜库"对话框，从中选择滤镜的类别名称，可显示可用滤镜效果的缩览图，如图 12-3 所示。其中，A 处表示预览，B 处表示滤镜类别，C 处表示所选滤镜的缩览图，D 处为显示/隐藏滤镜缩览图，E 处表示滤镜下拉列表，F 处表示所选滤镜的选项，G 处表示要应用或排列的滤镜效果的列表，H 处表示已选中但尚未应用的滤镜效果，I 处表示已累积应用但尚未选中的滤镜效果，J 处表示隐藏

的滤镜效果。

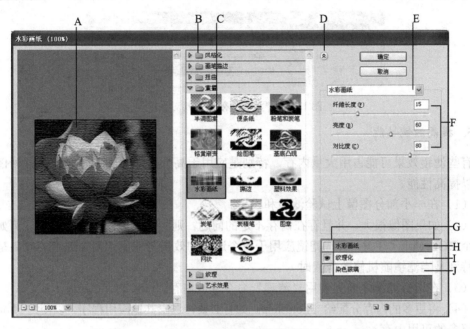

图 12-3　"滤镜库"对话框

单击预览区域下方的"+"或"-"按钮可以放大或缩小预览,或选取一个缩放百分比来预览。使用抓手工具在预览区域中拖动可以查看预览的其他区域。单击"滤镜库"顶部的"显示/隐藏"按钮 ⚒ 可以隐藏滤镜缩览图。

4.混合和渐隐滤镜效果

使用"渐隐"命令可以更改任何滤镜、绘画工具、橡皮擦工具或颜色调整的不透明度和混合模式。应用"渐隐"命令类似于在一个单独的图层上应用滤镜效果,然后再使用图层不透明度和混合模式控制,操作方法如下。

(1)选择"滤镜"|"风格化"|"风"命令,将滤镜"风"的效果应用于一个图像,前后效果如图 12-4 所示。

图 12-4　应用滤镜"风"前后效果图

(2)选择"编辑"|"渐隐风"命令,在弹出的"渐隐"对话框中选中"预览"复选框,预览效果;拖动滑块,从 0%(透明)~100%调整不透明度(如 16%);从"模式"

下拉列表框中选取混合模式，如"点光"，单击"确定"按钮即可完成设置，如图 12-5 所示。

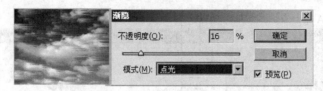

图 12-5　"渐隐"效果及其对话框

5. 提高滤镜性能

有些滤镜效果可能占用大量内存，特别是应用于高分辨率的图像时。执行下列任一操作可以提高性能。

（1）在一小部分图像上试验滤镜和设置。

（2）如果图像很大，并且存在内存不足的问题，则将效果应用于单个通道。例如应用于每个 RGB 通道（注意，有些滤镜应用于单个通道的效果与应用于复合通道的效果是不同的，特别是当滤镜随机修改像素时）。

（3）在运行滤镜之前先使用"清理"命令释放内存。

（4）将更多的内存分配给 Photoshop。如有必要，退出其他应用程序，以便为 Photoshop 提供更多的可用内存。

（5）尝试更改设置以提高占用大量内存的滤镜的速度，如"光照效果""木刻""染色玻璃""铬黄""波纹""喷溅""喷色描边""玻璃"滤镜。例如，对于"染色玻璃"滤镜，可增大单元格大小；对于"木刻"滤镜，可增大"边简化度"或减小"边逼真度"，或两者同时更改。

（6）如果将在灰度打印机上打印，最好在应用滤镜之前先将图像的一个副本转换为灰度图像。但是，如果将滤镜应用于彩色图像然后再转换为灰度，其效果可能与将该滤镜直接应用于此图像的灰度图效果不同。

任务 2　滤　镜　效　果

知识点：艺术效果、模糊、画笔描边、风格化等各种滤镜功能

1. "艺术效果"滤镜

可以使用"滤镜"|"艺术效果"子菜单中的滤镜，为美术或商业项目制作绘画效果或艺术效果。例如，将"木刻"滤镜用于拼贴或印刷，这些滤镜可模拟自然或传统介质效果。可以通过"滤镜库"来应用所有"艺术效果"的滤镜。

操作方法：选择"滤镜"|"艺术效果"命令后，从弹出的菜单中选择一项子命令，如图 12-6 所示。图 12-7 所示为"粗糙蜡笔"和"木刻"滤镜处理前后的效果图。下面介绍各子命令的功能。

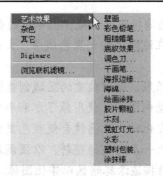

图 12-6　"艺术效果"子菜单

原图

"粗糙蜡笔"滤镜效果

"木刻"滤镜效果

图 12-7　应用滤镜效果前后对比图

- 壁画：使用短而圆的、粗略涂抹的小块颜料，以一种粗糙的风格绘制图像。
- 彩色铅笔：使用彩色铅笔在纯色背景上绘制图像。保留边缘，外观呈粗糙阴影线；纯色背景色透过比较平滑的区域显示出来。
- 粗糙蜡笔：在带纹理的背景上应用粉笔描边。在亮色区域，粉笔看上去很厚，几乎看不见纹理；在深色区域，粉笔似乎被擦去了，纹理显露出来。
- 底纹效果：在带纹理的背景上绘制图像，然后将最终图像绘制在该图像上。
- 调色刀：减少图像中的细节以生成描绘得很淡的画布效果，可以显示出下面的纹理。
- 木刻：使图像看上去好像是由从彩纸上剪下的边缘粗糙的剪纸片组成的。高对比度的图像看起来呈剪影状，而彩色图像看上去是由几层彩纸组成的。
- 干画笔：使用干画笔技术（介于油彩和水彩之间）绘制图像边缘。此滤镜通过将图像的颜色范围降到普通颜色范围来简化图像。
- 胶片颗粒：将平滑图案应用于阴影和中间色调，将一种更平滑、饱和度更高的图案添加到亮区。在消除混合的条纹和将各种来源的图素在视觉上进行统一时，此滤镜非常有用。
- 霓虹灯光：将各种类型的灯光添加到图像中的对象上。此滤镜用于在柔化图像外观时给图像着色。要选择一种发光颜色，单击发光框，并从拾色器中选择一种颜色。
- 绘画涂抹：可以选取各种大小（从 1～50）和类型的画笔来创建绘画效果。画笔类型包括简单、未处理光照、暗光、宽锐化、宽模糊和火花 6 种。

➡ 海报边缘：根据设置的海报化选项减少图像中的颜色数量（对其进行色调分离），并查找图像的边缘，在边缘上绘制黑色线条。大而宽的区域有简单的阴影，细小的深色细节遍布图像。

➡ 海绵：使用颜色对比强烈、纹理较重的区域创建图像，以模拟海绵绘画的效果。

➡ 水彩：以水彩的风格绘制图像，使用蘸了水和颜料的中号画笔绘制以简化细节。当边缘有显著的色调变化时，此滤镜会使颜色更饱满。

➡ 塑料包装：给图像涂上一层光亮的塑料，以强调表面细节。

➡ 涂抹棒：使用短的对角描边涂抹暗区以柔化图像。亮区变得更亮，以致失去细节。

2. "模糊"滤镜

"模糊"滤镜可柔化选区或整个图像，这对于修饰图像非常有用。它们通过平衡图像中已定义的线条和遮蔽区域的清晰边缘旁边的像素，使变化显得柔和。

操作方法：选择"滤镜"|"模糊"命令后选择一项子命令，如图 12-8 所示。如图 12-9 所示为"径向模糊"滤镜处理前后的效果。下面介绍各子命令的功能。

图 12-8　"模糊"子菜单　　　　图 12-9　"径向模糊"滤镜处理前后的效果

➡ 表面模糊：在保留边缘的同时模糊图像，此滤镜用于创建特殊效果并消除杂色或粒度。"半径"选项指定模糊取样区域的大小；"阈值"选项控制相邻像素色调值与中心像素值相差多大时才能成为模糊的一部分，色调值差小于阈值的像素被排除在模糊之外。

➡ 动感模糊：沿指定方向（-360 度～+360 度）以指定强度（1～999）进行模糊。此滤镜的效果类似于以固定的曝光时间给一个移动的对象拍照。

➡ 方框模糊：基于相邻像素的平均颜色值来模糊图像。此滤镜用于创建特殊效果。可以调整用于计算给定像素的平均值的区域大小；半径越大，产生的模糊效果越好。

➡ 高斯模糊：使用可调整的量快速模糊选区。高斯是指当 Photoshop 将加权平均应用于像素时生成的钟形曲线。"高斯模糊"滤镜可添加低频细节，并产生一种朦胧效果。

➡ 模糊、进一步模糊：在图像中有显著颜色变化的地方消除杂色。"模糊"滤镜通过平衡已定义的线条和遮蔽区域的清晰边缘旁边的像素，使变化显得柔和。"进一步模糊"滤镜的效果比"模糊"滤镜强 3～4 倍。需要注意的是，当"高斯模糊""方框模糊""动感模糊"或"形状模糊"应用于选定的图像区域时，有时会在选区的边缘附近产生意外的视觉效果，原因是这些模糊滤镜将使用选定区域之外的图像数据在选定区域内部创建新的模糊像素。例如，如果选区表示在保持前景清晰的情况下想要进行模糊处理的背景区域，则模糊的背景区域边缘将会沾染上前景中的颜色，从而在前景周围产生模糊、浑浊的轮廓。为了避免产生此效果，可以使用"特殊模糊"或"镜头模糊"滤镜。

- 径向模糊：模拟缩放或旋转的相机所产生的模糊，产生一种柔化的模糊。选中"旋转"单选按钮，将沿同心圆环线模糊，需要指定旋转的度数；选中"缩放"单选按钮，将沿径向线模糊，好像是在放大或缩小图像，需要指定 1～100 的值。模糊的品质范围从"草图"到"好"再到"最好"，"草图"产生最快但为粒状的结果；"好"和"最好"产生比较平滑的结果，除非在大选区上，否则看不出这两种品质的区别。可通过拖动"中心模糊"框中的图案，指定模糊的原点。
- 镜头模糊：向图像中添加模糊以产生更窄的景深效果，使图像中的一些对象在焦点内，同时使另一些区域变模糊。
- 平均：找出图像或选区的平均颜色，然后用该颜色填充图像或选区以创建平滑的外观。例如，如果选择了草坪区域，该滤镜会将该区域更改为一块均匀的绿色部分。
- 特殊模糊：精确地模糊图像，可以指定半径、阈值和模糊品质。半径值确定在其中搜索不同像素的区域大小，阈值确定像素具有多大差异后才会受到影响。也可以为整个选区设置模式（正常），或为颜色转变的边缘设置模式（"仅限边缘"和"叠加边缘"）。在对比度显著的地方，"仅限边缘"应用黑白混合的边缘，而"叠加边缘"应用白色的边缘。
- 形状模糊：使用指定的内核来创建模糊。从自定形状预设列表中选取一种内核，并使用"半径"滑块来调整其大小。通过单击三角形按钮，可以载入不同的形状库。半径决定了内核的大小，内核越大，模糊效果越好。

3. "画笔描边"滤镜

与"艺术效果"滤镜一样，"画笔描边"滤镜使用不同的画笔和油墨描边效果制作出绘画效果。有些滤镜可添加颗粒、绘画、杂色、边缘细节或纹理。可以通过"滤镜库"来应用所有"画笔描边"滤镜。

操作方法：选择"滤镜"|"画笔描边"命令后选择一项子命令，如图 12-10 所示。如图 12-11 所示为"深色线条"滤镜处理前后的效果。下面介绍各子命令的功能。

图 12-10　"画笔描边"子菜单

图 12-11　"深色线条"滤镜处理前后的效果

- ➤ **强化的边缘**：强化图像边缘。设置高的边缘亮度控制值时，强化效果类似白色粉笔；设置低的边缘亮度控制值时，强化效果类似黑色油墨。
- ➤ **成角的线条**：使用对角描边重新绘制图像，用相反方向的线条来绘制亮区和暗区。
- ➤ **阴影线**：保留原始图像的细节和特征，同时使用模拟的铅笔阴影线添加纹理，并使彩色区域的边缘变粗糙。"强度"选项（使用值为1～3）确定使用阴影线的遍数。
- ➤ **深色线条**：用短的、绷紧的深色线条绘制暗区；用长的白色线条绘制亮区。
- ➤ **墨水轮廓**：以钢笔画的风格，用纤细的线条在原图像的细节上重绘图像。
- ➤ **喷溅**：模拟喷溅喷枪的效果，增加选项可简化总体效果。
- ➤ **喷色描边**：使用图像的主导色，用成角的、喷溅的颜色线条重新绘画图像。
- ➤ **烟灰墨**：以日本画的风格绘画图像，看起来像是用蘸满油墨的画笔在宣纸上绘画。烟灰墨使用非常黑的油墨来创建柔和的模糊边缘。

4. "扭曲"滤镜

"扭曲"滤镜用于将图像进行几何扭曲，也可创建 3D 或其他整形效果（注意，这些滤镜可能占用大量内存）。可以通过"滤镜库"来应用"扩散亮光""玻璃""海洋波纹"滤镜。

操作方法：选择"滤镜"|"扭曲"命令后选择一项子命令，如图 12-12 所示。如图 12-13 所示为"玻璃""球面化""扩散亮光"滤镜处理前后的效果。下面介绍各子命令的功能。

图 12-12 "扭曲"子菜单

原图　　　　　　"玻璃"滤镜效果　　　"球面化"滤镜效果　　　"扩散亮光"滤镜效果

图 12-13 滤镜处理前后的效果

- ➤ **波浪**：工作方式类似于"波纹"滤镜，但可进行进一步的控制。波浪选项包括"波浪生成器的数量"、"波长"（从一个波峰到下一个波峰的距离）、"波浪高度"和"波浪类型"，"波浪类型"包括"正弦（滚动）""三角形""方形"3 种。

"随机化"选项应用随机值，也可以定义未扭曲的区域。要在其他选区上模拟波浪结果，单击"随机化"按钮，将"生成器数"设置为 1，并将"最小波长""最大波长""波幅"参数设置为相同的值。

- 波纹：在选区上创建波状起伏的图案，像水池表面的波纹一样。要进一步进行控制，可结合"波浪"滤镜使用。波纹选项包括波纹的"数量"和"大小"两项。

- 玻璃：使图像看上去像是透过不同类型的玻璃来观看的。可以选取玻璃效果或创建自己的玻璃表面（存储为 Photoshop 文件）并加以应用。在应用时需要对缩放、扭曲和平滑度参数进行设置。

- 海洋波纹：将随机分隔的波纹添加到图像表面，使图像看上去像是在水中。

- 扩散亮光：将图像渲染成好像是透过一个柔和的扩散滤镜来观看的。此滤镜添加透明的白杂色，并从选区的中心向外渐隐亮光。

- 镜头校正："镜头校正"滤镜可修复常见的镜头瑕疵，如桶形和枕形失真、晕影和色差。

- 挤压：挤压选区。正值（最大值是 100%）将选区向中心移动；负值（最小值是-100%）将选区向外移动。

- 极坐标：根据选中的选项，将选区从平面坐标转换到极坐标，或将选区从极坐标转换到平面坐标。使用此滤镜可创建圆柱变体（18 世纪流行的一种艺术形式），当在镜面圆柱中观看圆柱变体中扭曲的图像时，图像是正常的。

- 切变：沿一条曲线扭曲图像。通过拖动框中的线条来指定曲线，可以调整曲线上的任何一点。单击"默认"按钮，可将曲线恢复为直线。

- 球面化：通过将选区折成球形、扭曲图像以及伸展图像以适合选中的曲线，使图像具有 3D 效果。

- 水波：根据选区中像素的半径将选区径向扭曲。"起伏"选项用于设置水波方向从选区的中心到其边缘的反转次数。还要指定如何置换像素，例如"水池波纹"将像素置换到左上方或右下方，"从中心向外"是向着或远离选区中心置换像素，而"围绕中心"是围绕中心旋转像素。

- 旋转扭曲：旋转选区，中心的旋转程度比边缘的旋转程度大。指定角度时可生成旋转扭曲图案。

- 置换：使用名为置换图的图像确定如何扭曲选区。例如，使用抛物线形的置换图创建的图像看上去像是印在一块两角固定悬垂的布上。

5. "杂色"滤镜

"杂色"滤镜用于添加或移去杂色或带有随机分布色阶的像素，这有助于将选区混合到周围的像素中。"杂色"滤镜可创建与众不同的纹理或移去有问题的区域，如灰尘和划痕。

操作方法：选择"滤镜"|"杂色"命令后选择一项子命令，如图 12-14 所示。如图 12-15 所示为"添加杂色"滤镜处理前后的效果。下面介绍各子命令的功能。

图 12-14 "杂色"子菜单   图 12-15 "添加杂色"滤镜处理前后的效果

➤ 减少杂色：在基于影响整个图像或各个通道的用户设置保留边缘的同时减少杂色。

➤ 蒙尘与划痕：通过更改相异的像素减少杂色。为了在锐化图像和隐藏瑕疵之间取得平衡，可以尝试"半径"与"阈值"设置的各种组合，或者将滤镜应用于图像中的选定区域。

➤ 去斑：检测图像的边缘（发生显著颜色变化的区域）并模糊除那些边缘外的所有选区。该模糊操作会移去杂色，同时保留细节。

➤ 添加杂色：将随机像素应用于图像，模拟在高速胶片上拍照的效果。也可以使用"添加杂色"滤镜来减少羽化选区或渐进填充中的条纹，或使经过重大修饰的区域看起来更真实。杂色分布选项包括"平均"和"高斯"两种。"平均"使用随机数值（介于 0 以及正/负指定值之间）分布杂色的颜色值以获得细微效果，"高斯"沿一条钟形曲线分布杂色的颜色值以获得斑点状的效果。选中"单色"复选框，则将此滤镜只应用于图像中的色调元素，但不改变其颜色。

➤ 中间值：通过混合选区中像素的亮度来减少图像的杂色。此滤镜搜索像素选区的半径范围以查找亮度相近的像素，扔掉与相邻像素差异太大的像素，并用搜索到的像素的中间亮度值替换中心像素。此滤镜在消除或减少图像的动感效果时非常有用。

6. "像素化"滤镜

"像素化"子菜单中的滤镜通过使单元格中颜色值相近的像素结成块来清晰地定义一个选区。

操作方法：选择"滤镜"|"像素化"命令后选择一项子命令，如图 12-16 所示。如图 12-17 所示为"马赛克"滤镜处理前后的效果。下面介绍各子命令的功能。

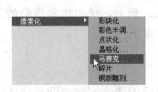

图 12-16 "像素化"子菜单   图 12-17 "马赛克"滤镜处理前后的效果

➤ 彩块化：使纯色或相近颜色的像素结成相近颜色的像素块。使用此滤镜可以使扫描的图像看起来像手绘图像，或使现实主义图像类似抽象派绘画。

➤ 彩色半调：模拟在图像的每个通道上使用放大的半调网屏的效果。对于每个通道，滤镜将图像划分为矩形，并用圆形替换每个矩形，圆形的大小与矩形的亮度成比例。

- ↳ 点状化：将图像中的颜色分解为随机分布的网点，如同点状化绘画一样，并使用背景色作为网点之间的画布区域。
- ↳ 晶格化：使像素结块形成多边形纯色。
- ↳ 马赛克：使像素结为方形块。给定块中的像素颜色相同，块颜色代表选区中的颜色。
- ↳ 碎片：创建选区中像素的 4 个副本，将它们平均，并使其相互偏移。
- ↳ 铜版雕刻：将图像转换为黑白区域的随机图案或彩色图像中完全饱和颜色的随机图案。要使用此滤镜，需从"铜版雕刻"对话框中的"类型"下拉列表框中选取一种网点图案。

7. "渲染"滤镜

"渲染"滤镜用于在图像中创建 3D 形状、云彩图案、折射图案和模拟的光反射，也可在 3D 空间中操纵对象。例如，创建 3D 对象（立方体、球面和圆柱），并从灰度文件创建纹理填充以产生类似 3D 的光照效果。

操作方法：选择"滤镜"|"渲染"命令后选择一项子命令，如图 12-18 所示。如图 12-19 所示为"镜头光晕"滤镜处理前后的效果。下面介绍各命令的功能。

图 12-18　"渲染"子菜单　　　　图 12-19　"镜头光晕"滤镜处理前后的效果

- ↳ 分层云彩：使用随机生成的介于前景色与背景色之间的值，生成云彩图案。此滤镜将云彩数据和现有的像素混合，其方式与"差值"模式混合颜色的方式相同。第一次选择此滤镜时，图像的某些部分被反相为云彩图案。应用此滤镜几次之后，会创建出与大理石的纹理相似的凸缘与叶脉图案。当应用"分层云彩"滤镜时，当前图层上的图像数据会被替换。
- ↳ 光照效果：可以通过改变 17 种光照样式、3 种光照类型和 4 套光照属性，在 RGB 图像上产生无数种光照效果。还可以使用灰度文件的纹理（称为"凹凸图"）产生类似 3D 效果，并存储自己的样式以便在其他图像中使用。
- ↳ 镜头光晕：模拟亮光照射到相机镜头所产生的折射。通过单击图像缩览图的任意位置或拖动其十字线，指定光晕中心的位置。
- ↳ 纤维：使用前景色和背景色创建编织纤维的外观。可以使用"差异"滑块来控制颜色的变化方式（较低的值会产生较长的颜色条纹；而较高的值会产生非常短且颜色分布变化更大的纤维）。"强度"滑块控制每根纤维的外观，低设置会产生松散的织物，而高设置会产生短的绳状纤维。单击"随机化"按钮可更改图案的外观；可多次单击该按钮，直到找到自己喜欢的图案。当应用"纤维"滤镜时，当前图层上的图像数据会被替换。

➤ 云彩：使用介于前景色与背景色之间的随机值，生成柔和的云彩图案。要生成色彩较为分明的云彩图案，按住 Alt 键的同时选择"滤镜"|"渲染"|"云彩"命令。当应用"云彩"滤镜时，当前图层上的图像数据会被替换。

8. "锐化"滤镜

"锐化"滤镜通过增加相邻像素的对比度来聚焦模糊的图像。

操作方法：选择"滤镜"|"锐化"命令后选择一项子命令，如图 12-20 所示。如图 12-21 所示为"USM 锐化"滤镜处理前后的效果。下面介绍各子命令的功能。

图 12-20 "锐化"子菜单　　　　图 12-21 "USM 锐化"滤镜处理前后的效果

➤ 锐化、进一步锐化：聚焦选区并提高其清晰度。"进一步锐化"滤镜比"锐化"滤镜应用更强的锐化效果。

➤ 锐化边缘、USM 锐化：查找图像中颜色发生显著变化的区域，然后将其锐化。"锐化边缘"滤镜只锐化图像的边缘，同时保留总体的平滑度，使用此滤镜在不指定数量的情况下锐化边缘。对于专业色彩校正，可使用"USM 锐化"滤镜调整边缘细节的对比度，并在边缘的每侧生成一条亮线和一条暗线。此过程将使边缘突出，造成图像更加锐化的错觉。

➤ 智能锐化：通过设置锐化算法或控制阴影和高光中的锐化量来锐化图像。如果用户尚未确定要应用的特定锐化滤镜，那么智能锐化是一种值得考虑的锐化方法。

9. "素描"滤镜

利用"素描"子菜单中的滤镜可将纹理添加到图像上，通常用于获得 3D 效果。这些滤镜还适用于创建美术或手绘外观。许多"素描"滤镜在重绘图像时使用前景色和背景色。通过"滤镜库"可以应用所有"素描"滤镜。

操作方法：选择"滤镜"|"素描"命令后选择一项子命令，如图 12-22 所示。如图 12-23 所示为"便条纸""水彩画纸""影印"滤镜处理前后的效果。下面介绍各子命令的功能。

图 12-22 "素描"子菜单

原图　　　　　　"便条纸"滤镜效果　　　"水彩画纸"滤镜效果　　　"影印"滤镜效果

图 12-23　应用滤镜前后的效果

➥ **半调图案：**在保持连续的色调范围的同时，模拟半调网屏的效果。

➥ **便条纸：**创建像是用手工制作的纸张构建的图像。此滤镜简化了图像，并结合使用浮雕和颗粒滤镜的效果。图像的暗区显示为纸张上层中的洞，使背景色显示出来。

➥ **粉笔和炭笔：**重绘高光和中间调，并使用粗糙粉笔绘制纯中间调的灰色背景。阴影区域用黑色对角炭笔线条替换。炭笔用前景色绘制，粉笔用背景色绘制。

➥ **炭笔：**产生色调分离的涂抹效果。主要边缘以粗线条绘制，而中间色调用对角描边进行素描。炭笔是前景色，背景是纸张颜色。

➥ **铬黄：**渲染图像，就好像它具有擦亮的铬黄表面一样。高光在反射表面上是高点，阴影是低点。应用此滤镜后，通过"色阶"对话框可以增加图像的对比度。

➥ **基底凸现：**变换图像，使之呈现浮雕的雕刻状和突出光照下变化各异的表面。图像的暗区呈现前景色，而浅色使用背景色。

➥ **炭精笔：**在图像上模拟浓黑和纯白的炭精笔纹理。"炭精笔"滤镜在暗区使用前景色，在亮区使用背景色。为了获得更逼真的效果，可以在应用滤镜之前将前景色改为一种常用的"炭精笔"颜色（黑色、深褐色或血红色）。要获得减弱的效果，可将背景色改为白色，在白色背景中添加一些前景色，然后再应用滤镜。

➥ **绘图笔：**使用细的、线状的油墨描边以捕捉原图像中的细节。对于扫描图像，效果尤其明显。此滤镜使用前景色作为油墨，并使用背景色作为纸张，以替换原图像中的颜色。

➥ **水彩画纸：**利用有污点的、像画在潮湿的纤维纸上的涂抹，使颜色流动并混合。

➥ **塑料效果：**按 3D 塑料效果塑造图像，然后使用前景色与背景色为结果图像着色。暗区凸起，亮区凹陷。

➥ **撕边：**重建图像，使之由粗糙、撕破的纸片状组成，然后使用前景色与背景色为图像着色。对于文本或高对比度对象，此滤镜非常有用。

➥ **图章：**简化了图像，使之看起来就像是用橡皮或木制图章创建的一样。此滤镜用于黑白图像时效果最佳。

➥ **网状：**模拟胶片乳胶的可控收缩和扭曲来创建图像，使之在阴影状态下呈结块状，在高光状态下呈轻微颗粒化。

➥ **影印：**模拟影印图像的效果。大的暗区趋向于只复制边缘四周，而中间色调要么纯黑色，要么是纯白色。

10. "风格化"滤镜

"风格化"滤镜通过置换像素和通过查找并增加图像的对比度，在选区中生成绘画或印象派的效果。在使用"查找边缘"和"等高线"等突出显示边缘的滤镜后，可应用"反相"命令并用彩色线条勾勒彩色图像的边缘或用白色线条勾勒灰度图像的边缘。

操作方法：选择"滤镜"|"风格化"命令后选择一项子命令，如图 12-24 所示。如图 12-25 所示为"风"滤镜处理前后的效果。下面介绍各子命令的功能。

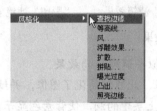
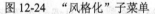

图 12-24 "风格化"子菜单   图 12-25 "风"滤镜处理前后的效果

> 查找边缘：用显著的转换标识图像的区域，并突出边缘。像"等高线"滤镜一样，"查找边缘"滤镜用相对于白色背景的黑色线条勾勒图像的边缘，这对生成图像周围的边界非常有用。

> 扩散：根据选中的选项搅乱选区中的像素以虚化焦点。例如，"正常"选项使像素随机移动（忽略颜色值）；"变暗优先"用较暗的像素替换亮的像素；"变亮优先"选项用较亮的像素替换暗的像素；"各向异性"在颜色变化最小的方向上搅乱像素。

> 浮雕效果：通过将选区的填充色转换为灰色，并用原填充色描画边缘，从而使选区显得凸起或压低。其选项包括浮雕角度（-360°～+360°，-360° 使表面凹陷，+360° 使表面凸起）、高度和选区中颜色数量的百分比（1%～500%）。要在进行浮雕处理时保留颜色和细节，可以在应用"浮雕"滤镜之后使用"渐隐"命令。

> 凸出：赋予选区或图层一种 3D 纹理效果。

> 照亮边缘：标识颜色的边缘，并向其添加类似霓虹灯的光亮。此滤镜可累积使用。

> 曝光过度：混合负片和正片图像，类似于显影过程中将摄影照片短暂曝光。

> 拼贴：将图像分解为一系列拼贴，使选区偏离其原来的位置。可以选取"背景色""前景色""反转版本"或"未改变版本"填充拼贴之间的区域，它们使拼贴的版本位于原版本之上并露出原图像中位于拼贴边缘下面的部分。

> 等高线：查找主要亮度区域的转换并为每个颜色通道淡淡地勾勒主要亮度区域的转换，以获得与等高线图中的线条类似的效果。

> 风：在图像中放置细小的水平线条来获得风吹的效果，包括"风""大风"（用于获得更生动的风效果）和"飓风"（使图像中的线条发生偏移）3 种效果。

11. "纹理"滤镜

"纹理"滤镜用于模拟具有深度感或物质感的外观，或者添加一种器质外观。

操作方法：选择"滤镜"|"纹理"命令后选择一项子命令，如图 12-26 所示。如图 12-27

所示为"纹理化"滤镜处理前后的效果。下面介绍各子命令的功能。

图 12-26　"纹理"子菜单　　　　图 12-27　"纹理化"滤镜处理前后的效果

- **龟裂缝**：将图像绘制在一个高凸现的石膏表面上，以循着图像等线生成精细的网状裂缝。使用此滤镜可以对包含多种颜色值或灰度值的图像创建浮雕效果。
- **颗粒**：通过模拟常规、软化、喷洒、结块、强反差、扩大、点刻、水平、垂直和斑点（可从"颗粒类型"下拉列表框中进行选择）等不同种类的颗粒在图像中添加纹理。
- **马赛克拼贴**：渲染图像，使它看起来是由小的碎片或拼贴组成，然后在拼贴之间灌浆（相反，"像素化"|"马赛克"滤镜可将图像分解成各种颜色的像素块）。
- **拼缀图**：将图像分解为用图像中该区域的主色填充的正方形。此滤镜可随机减小或增大拼贴的深度，以模拟高光和阴影。
- **染色玻璃**：将图像重新绘制为用前景色勾勒的单色的相邻单元格。
- **纹理化**：将选择或创建的纹理应用于图像。

12. "视频"滤镜

"视频"子菜单中包含"逐行"滤镜和"NTSC 颜色"滤镜。

- **逐行**：通过移去视频图像中的奇数或偶数隔行线，使在视频上进行捕捉的运动图像变得平滑。可以选择通过复制或插值来替换扔掉的线条。
- **NTSC 颜色**：将色域限制在电视机重现可接受的范围内，以防止过饱和颜色渗到电视扫描行中。

13. "其他"滤镜

"其他"子菜单中的滤镜允许用户创建自己的滤镜、使用滤镜修改蒙版、在图像中使选区发生位移和快速调整颜色。"其他"子菜单包括"自定""高反差保留""位移""最大值""最小值"5 项子命令，其功能介绍如下。

- **自定**：允许用户设计自己的滤镜效果。使用"自定"滤镜，根据预定义的数学运算（称为卷积），可以更改图像中每个像素的亮度值。其根据周围的像素值为每个像素重新指定一个值，此操作与通道的加、减计算类似。用户还可以存储创建的自定滤镜，并将它们用于其他 Photoshop 图像处理。
- **高反差保留**：在有强烈颜色转变发生的地方按指定的半径保留边缘细节，并且不显示图像的其余部分（0.1 像素半径仅保留边缘像素）。此滤镜移去图像中的低频细节，与"高斯模糊"滤镜的效果恰好相反。在使用"阈值"命令或将图像转换为位图模式之前，可将"高反差"滤镜应用于连续色调的图像。此滤镜对于从扫描图像中取出的艺术线条和大的黑白区域非常有用。

➤ 最小值、最大值：此滤镜对于修改蒙版非常有用。"最大值"滤镜有应用阻塞的效果，即展开白色区域和阻塞黑色区域。"最小值"滤镜有应用伸展的效果，即展开黑色区域和收缩白色区域。与"中间值"滤镜一样，"最大值"和"最小值"滤镜是针对选区中的单个像素的。在指定半径内，"最大值"和"最小值"滤镜用周围像素的最高或最低亮度值替换当前像素的亮度值。

➤ 位移：将选区移动指定的水平量或垂直量，而选区的原位置变成空白区域。用户可以用当前背景色、图像的另一部分填充这块区域，如果选区靠近图像边缘，也可以使用所选择的填充内容进行填充。

14．Digimarc 滤镜

使用 Digimarc 滤镜可将数字水印嵌入图像中以存储版权信息。

15．消失点

通过使用"消失点"功能，可以在编辑包含透视平面（例如，建筑物的侧面或任何矩形对象）的图像时保留正确的透视。

任务 3　滤镜的综合应用

知识点：滤镜的综合应用案例

【案例 12-1】制作木刻效果

案例功能说明：利用 Photoshop 的"渲染""杂色""扭曲"等滤镜制作木刻文字效果，效果如图 12-28 所示。

图 12-28　木刻文字效果

操作步骤：

（1）启动 Photoshop CC，选择"文件"|"新建"命令，在弹出的"新建文档"对话框中设置"名称"为"木刻效果"，"宽度"为"14 厘米"，"高度"为"18 厘米"，"分辨率"为"100 像素/英寸"，"颜色模式"为"RGB 颜色"，"背景内容"为"白色"，单击"确定"按钮。

（2）单击"图层"面板中的"创建新图层"按钮 🔲，新建"图层 1"。

（3）设置工具箱中的前景色为黑褐色（R:40,G:9,B:6），背景色为土黄色（R:192,G:125,B:9），然后选择"滤镜"|"渲染"|"云彩"命令，制作出云彩图案，如图 12-29 所示。

（4）选择"滤镜"|"扭曲"|"切变"命令，在弹出的"切变"对话框中选中"折回"单选按钮，单击上方线的端点并拖动到如图 12-30 所示的位置，将云彩图案扭曲，单击"确定"按钮，制作出木纹效果。

（5）选择"滤镜"|"杂色"|"添加杂色"命令，在弹出的"添加杂色"对话框中设置"数量"为 8%，选中"平均分布"单选按钮，选中"单色"复选框，为图案添加杂色，单击"确定"按钮，如图 12-31 所示。

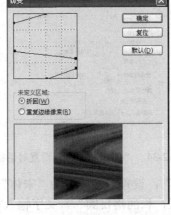
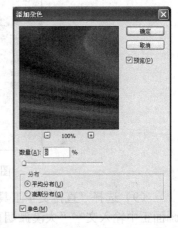

　　图 12-29　云彩图案　　　　　图 12-30　"切变"对话框　　　　图 12-31　"添加杂色"对话框

（6）在"图层"面板中，拖动"图层 1"到"创建新图层"按钮上复制图层，创建"图层 1 副本"。

（7）选择"编辑"|"变换"|"旋转 90 度（逆时针）"命令，将图像逆时针旋转 90°。再选择"编辑"|"自由变换"命令，调整控制柄将图像大小布满画布，效果如图 12-32 所示，按 Enter 键确定。

（8）选中"图层 1 副本"并右击，在弹出的快捷菜单中选择"混合选项"命令，弹出"图层样式"对话框。选中"投影"复选框，设置"混合模式"为"正片叠底"，"不透明度"为 75%，"角度"为"120 度"，"距离"和"大小"为"0 像素"，"扩展"为 0，如图 12-33 所示。选中"斜面和浮雕"复选框，设置"样式"为"内斜面"，"方法"为"平滑"，"高光模式"为"滤色"，"阴影模式"为"正片叠底"，如图 12-34 所示。设置完成后，单击"确定"按钮。

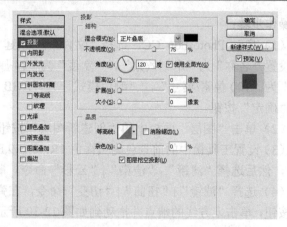

图 12-32　旋转后放大图像　　　　　　图 12-33　　"投影"设置对话框

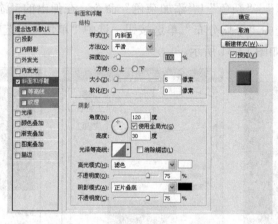

图 12-34　　"斜面和浮雕"设置对话框

（9）选择"直排文字工具"，设置"字体"为"宋体"，"大小"为"36 点"，在画面正中输入文字"大漠孤烟直，长河落日圆"。文字输入完成后，按住 Ctrl 键不放并单击文字图层的缩览图，将文字载入选区，如图 12-35 所示。

（10）选中"图层 1 副本"为当前图层，按 Delete 键将选区中的内容删除，再删除文字图层，按 Ctrl+D 组合键取消选择，并将文本图层隐藏，得到木刻文字效果，如图 12-36 所示。

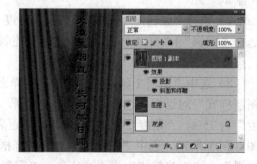

图 12-35　将输入的直排文字载入选区　　　图 12-36　　木刻文字效果及"图层"面板

（11）分别保存为 PSD、JPG 格式。将文件以"案例 12-1.psd"和"案例 12-1.jpg"为

名保存在"第12章完成文件"文件夹中。

【案例 12-2】美女瘦脸

案例功能说明：利用 Photoshop 的"液化"滤镜将美女瘦脸，前后效果如图 12-37 所示。

图 12-37　美女瘦脸前后的效果

操作步骤：

（1）在 Photoshop CC 中打开"美女瘦脸前.jpg"图片，选择"滤镜"|"液化"命令，打开"液化"对话框，如图 12-38 所示，在对话框左侧选中"向前变形工具" ，在右侧设置"大小"为 100，"浓度"为 50，其他为默认值，将光标移到美女脸部左侧，按住鼠标左键轻轻向内侧推动，推动多了要撤销重来，使用相同方法调整美女面部右侧或其他区域，使脸变瘦，注意不要使脸变形。

图 12-38　"液化"对话框

（2）将图像显示比例放大到 200%，在"液化"对话框的左侧选择"褶皱工具" ，在右侧设置"大小"为 40，"浓度"为 50，其他为默认值，将光标移到美女嘴角左边位置并适当按住鼠标一会儿，使用同样方法调整美女嘴角右边位置，使嘴角的两边均会产生向内收缩效果，使美女的嘴变小，如图 12-39 所示。"褶皱工具"可以使像素向画笔区域中心移动，使图像产生向内收缩效果。

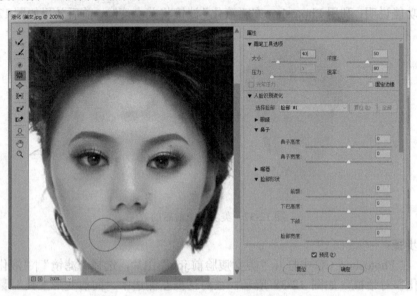

图 12-39 设置"褶皱工具"使美女的嘴变小

（3）在"液化"对话框的左侧选择"膨胀工具" ⬦ ，在右侧设置"大小"为 80，"浓度"为 54，其他为默认值，将光标移到美女左眼位置并单击，使眼部变大，如图 12-40 所示，使用同样的方法调整美女右眼。最终效果如图 12-37（右）所示。"膨胀工具" ⬦ 可以使像素向画笔区域中心以外的方向移动，使图像产生向外膨胀的效果。

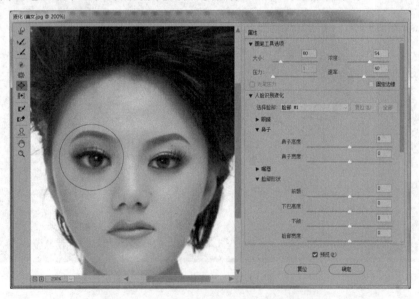

图 12-40 设置"膨胀工具"使美女眼睛变大

（4）分别保存为 PSD、JPG 格式。将文件以"美女瘦脸后.psd"和"美女瘦脸后.jpg"
为名保存在"第 12 章完成文件"文件夹中。

【案例 12-3】利用滤镜合成漂亮云彩蝴蝶

案例功能说明： 利用 Photoshop 的"高斯模糊""分层云彩"等滤镜合成漂亮云彩蝴
蝶，素材及效果如图 12-41 所示。

图 12-41　素材及效果图

操作步骤：

（1）在 Photoshop 中打开"案例 12-3A 素材.jpg"背景素材和"案例 12-3B 素材.jpg"
蝴蝶图片。

（2）在"通道"面板中选中"红"通道，然后单击面板底部的"将通道作为选区载入"
按钮，如图 12-42 所示；接着在菜单栏中选择"选择"|"反选"命令，抠出蝴蝶图像，然
后使用"移动工具"将蝴蝶图像移动到"案例 12-3A 素材.jpg"背景图片的中央，如图 12-43
所示。

图 12-42　"红"通道作为选区载入　　　　图 12-43　蝴蝶图像移动到背景图中央

（3）在"图层"面板中，将蝴蝶所在的"图层 1"拖放到面板底部的"创建新图层"
按钮上，即复制"图层 1"。

（4）选择一个蝴蝶所在的"图层 1 副本"，单击该图层前面的"眼睛"图标，将其隐
藏。选中未被隐藏的蝴蝶所在的"图层 1"，然后选择"滤镜"|"模糊"|"高斯模糊"命
令，在打开的"高斯模糊"对话框中设置"半径"为"8.9 像素"，单击"确定"按钮，使
其边缘模糊化，效果如图 12-44 所示。

（5）将"前景/背景"颜色设置成"黑/白"色。

（6）选择"滤镜"|"渲染"|"分层云彩"命令，如果效果不明显，重复"分层云彩"

滤镜操作几次，大致调整到近似云彩飘逸的效果就可以了，如图 12-45 所示。

图 12-44　蝴蝶"图层 1"的高斯模糊效果　　　图 12-45　蝴蝶"分层云彩"滤镜效果

（7）在"图层"面板中，设置该图层的混合模式为"滤色"，效果如图 12-46 所示。

图 12-46　将图层的混合模式设置为"滤色"后的效果

（8）继续复制蝴蝶所在的图层"图层 1"，产生"图层 1 副本 2"，重复步骤（4）～（7）的操作，对"图层 1"应用"高斯模糊"滤镜和多次"分层云彩"滤镜。如果云彩的效果还不明显，再复制"图层 1"，产生"图层 1 副本 3"，重复步骤（4）～（7）的操作，最终效果及"图层"面板如图 12-47 所示。

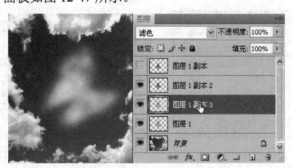

图 12-47　最终效果及"图层"面板

（9）分别保存为 PSD、JPG 格式。将文件以"案例 12-3.psd"和"案例 12-3.jpg"为名保存在"第 12 章完成文件"文件夹中。

【案例 12-4】杂色滤镜

案例功能说明：利用 Photoshop 中的"选择"|"修改"|"边界"命令和"杂色"滤镜等功能使图片产生边界的滤镜特效，前后效果如图 12-48 所示。

图 12-48　为图片边界应用"杂色"滤镜前后的效果

操作步骤：

（1）在 Photoshop CC 中打开"兔子.jpg"文件，在菜单栏中选择"选择"|"全选"命令，然后选择"选择"|"修改"|"边界"，在弹出的"边界选区"对话框中，设置"宽度"为"70 像素"，得到的效果如图 12-49 所示。

（2）选择"选择"|"修改"|"扩展"命令，在弹出的"扩展选区"对话框中设置"扩展量"为"1 像素"，如图 12-50 所示，得到的结果如图 12-51 所示

图 12-49　边界选区　　　　　　图 12-50　"扩展选区"对话框

（3）选择"滤镜"|"杂色"|"添加杂色"命令，打开"添加杂色"对话框，如图 12-52 所示，设置"数量"为 100%，选中"高斯分布"单选按钮，单击"确定"按钮。

图 12-51　扩展选区后的效果　　　　图 12-52　"添加杂色"对话框

（4）选择"选择"|"取消选择"命令取消选区。制作完成的效果如图 12-53 所示。

图 12-53　添加杂色后的效果

（5）分别保存为 PSD、JPG 格式。将文件以"兔子杂色滤镜.psd"和"兔子杂色滤镜.jpg"为名保存在"第 12 章完成文件"文件夹中。

【案例 12-5】利用滤镜打造迷幻光束

案例功能说明：利用 Photoshop 的"波浪""极坐标""塑料包装"滤镜打造迷幻光束效果，如图 12-54 所示。

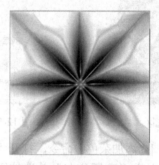

图 12-54　迷幻光束效果

操作步骤：

（1）新建一个 350×350 像素的文件。选择"渐变工具"，设置颜色为黑白渐变，然后由上至下拖出如图 12-55 所示的线性渐变。

图 12-55　画面填充黑白渐变

（2）选择"滤镜"|"扭曲"|"波浪"命令，在打开的"波浪"对话框中设置"类型"为"三角形"，"生成器数"为 1，波长"最小"和"最大"均为 43，波幅"最小"和"最大"均为 290，"水平"和"垂直"比例均为 100%，如图 12-56 所示，单击"确定"按钮，

效果如图 12-57 所示。

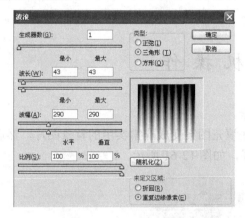

图 12-56　"波浪"对话框

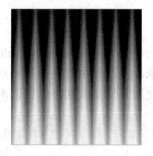

图 12-57　产生 8 个白色的三角形

（3）选择"滤镜"|"扭曲"|"极坐标"命令，在弹出的"极坐标"对话框中选中"平面坐标到极坐标"单选按钮，如图 12-58 所示。

（4）选择"滤镜"|"艺术效果"|"塑料包装"命令，在打开的对话框中设置"高光强度"为 17，"细节"为 10，"平滑度"为 6，单击"确定"按钮。

（5）在"图层"面板中新建一个"图层 1"，用"渐变工具"在画面的对角线上拉出自己喜欢的渐变色，如绿黄色，使"背景"图层不可见，如图 12-59 所示。

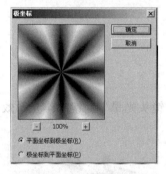

图 12-58　"极坐标"对话框

图 12-59　将"图层 1"填充绿黄渐变色

（6）在"图层"面板中，设置渐变色"图层 1"的混合模式为"颜色"，使"背景"图层可见，最终效果如图 12-60 所示。

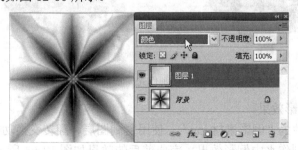

图 12-60　最终效果

（7）分别保存为 PSD、JPG 格式。将文件以"案例 12-5.psd"和"案例 12-5.jpg"为名保存在"第 12 章完成文件"文件夹中。

上 机 操 作

1．利用 PS 极坐标制作漂亮放射背景。

要求： 多次使用极坐标巧妙地把一些填充图案变成非常实用的背景图片，然后再变色及重新使用其他滤镜制作出很艺术的效果，如图 12-61 所示。

图 12-61   漂亮的放射背景

提示：
操作步骤可参考案例 12-5。

2．制作光晕效果。

要求： 素材文件为"上机 1 素材 B.jpg"，多次使用"镜头光晕"滤镜制作光晕效果，完成前后的效果如图 12-62 所示。

图 12-62   制作光晕前后的效果

3．制作水中倒影效果。

要求： 素材文件为"倒影素材.jpg"，使用复制图层、翻转变换功能及"动感模糊"滤镜和"水波"滤镜制作水中倒影效果，完成前后的效果如图 12-63 所示。

图 12-63　　制作水中倒影前后的效果

理 论 习 题

一、填空题

1. _____滤镜可将图像进行几何扭曲，创建 3D 或其他整形效果。
2. "风格化"滤镜通过置换像素和通过查找并增加图像的对比度，在选区中生成_____的效果。

二、简答题

1. 在 Photoshop CC 中如何提高滤镜的性能？
2. Photoshop CC 的"滤镜"菜单中有哪些滤镜组？

第13章

动作与动画

Photoshop 中除了有基础性的图像编辑功能和颜色调整功能外，还具有一些高级功能，例如记录操作过程的动作功能和制作各种动画的动画功能。本章主要介绍"动作"面板、动作命令、应用动作和批处理等，并通过典型应用案例详解相关命令的操作方法，使读者熟练掌握动作功能的操作方法。另外，针对网页上需要使用动态图片和图片需要在网页上快速显示的特点，本章还介绍了网页动画的制作和优化。

资源文件说明：本章案例、实训和上机操作等源文件素材放在本书附带资源包的"第13章\第13章素材"文件夹中，制作完成的文件放在"第13章\第13章完成文件"文件夹中。在实际操作时，将"第13章素材"文件夹复制到本地计算机，如 D 盘中，并在 D 盘中新建"第13章完成文件"文件夹。

任务 1 应用动作制作图像

知识点："动作"面板、录制与编辑动作、应用动作

动作功能是 Photoshop 中自动化功能的一种方式，是一系列录制命令的集合。在 Photoshop 中，用户可以将经常进行的任务按执行顺序录制成动作命令，这样在以后的工作中可以反复使用，以减轻工作负担，提高工作效率。

1. "动作"面板

"动作"面板是与动作相关的所有操作的集合。对一批需要进行相同处理的图像执行动作命令，可以减少重复操作。要记录工作过程，首先要打开"动作"面板。

操作方法：选择"窗口"|"动作"命令，打开"动作"面板，单击右上角的小三角按钮，弹出如图 13-1 所示的关联菜单。面板中各按钮的名称及其功能如表 13-1 所示。

图 13-1　"动作"面板及关联菜单

表 13-1　"动作"面板中按钮的名称及其功能

按　钮	名　　称	功　能　说　明
▽	收缩按钮	单击组、动作和命令左侧的收缩按钮，可将展开的组、动作和命令收缩为上一级显示状态
📁	默认文件夹	单击"默认动作"组的展开按钮▶，可看到 Photoshop 自带的动作列表
▶	展开按钮	位于组、动作和命令左侧，单击该按钮，可以展开组、动作和命令，显示其中所有的动作命令
✓	项目切换开关	若选中，则该动作是可执行的，否则该动作是不可执行的
⋯ ⋯ 	对话框切换开关（红色、黑色和灰色 3 种框）	控制动作命令在执行时是否弹出参数对话框。若为红色框▣，表明该动作组中有部分动作会弹出对话框；单击红色框，变为黑色框▣，表明执行该动作时会弹出参数对话框，供用户设置其中的参数，在完成设置并单击"确定"按钮后，将继续往下执行动作；再单击黑色框，变为没有图标的灰色框▢，表明该动作不会弹出对话框，而是一直往下执行动作直到最后一个操作
■	停止播放/记录	单击此按钮，可以停止正在记录或播放的动作命令
●	开始记录	单击此按钮，可开始记录一个新动作，处于记录状态时，此图标呈红色显示
▶	播放选定的动作	单击此按钮，可执行选中的动作命令
📁	创建新组	单击此按钮，可以创建一个新动作组
🗋	创建新动作	单击此按钮，可以创建一个新动作文件
🗑	删除	单击此按钮，可以删除选中的动作、命令或组
▾≣	关联菜单按钮	单击此按钮弹出关联菜单

2. 录制与编辑动作

在录制新动作之前，必须创建动作，该动作可以在默认动作组中创建，也可以先创建新组，然后在新组中创建动作，操作方法如下。

（1）在"动作"面板底部单击"创建新组"按钮📁，在弹出的"新建组"对话框中单击"确定"按钮，创建"组 1"。

（2）在"动作"面板底部单击"创建新动作"按钮🗋，在弹出的对话框中单击"记录"按钮创建"动作 1"，此时"开始记录"按钮●变为红色。

（3）此时就可以开始执行各种正常的操作，这时"动作"面板中会记录着用户操作的步骤。当操作完成后，单击"动作"面板底部的"停止播放/记录"按钮■，停止动作记录。

➡ 添加新动作：完成一个动作后，还可以在其中继续添加新动作命令。方法是选择需要添加动作命令的动作文件名称，单击"动作"面板底部的"开始记录"按钮，就可以在选中的动作中继续记录动作。

➡ 编辑动作：对于录制好的动作命令，可以根据工作需要对其进行编辑。在 Photoshop 中可以重命名动作名称，还可以复制、调整、删除、添加、修改和插入动作命令。

3．应用动作

无论是录制的动作，还是 Photoshop 中自带的动作，都可以像菜单中的命令一样执行。

操作方法：在展开的动作列表中选中动作，然后单击"动作"面板下方的"播放选定的动作"按钮▶，就可以执行选定的动作。

【案例 13-1】应用动作制作画框图像

案例功能说明：应用 Photoshop 自带的默认动作"木质画框"，制作画框图像，效果如图 13-2 所示。

图 13-2　制作完成的画框图像

操作步骤：

（1）启动 Photoshop CC，选择"文件"|"打开"命令，打开"第 13 章素材"文件夹中的"鸟.jpg"文件。

（2）选择"窗口"|"动作"命令，在打开的"动作"面板中选择默认动作中的"木质画框-50 像素"，如图 13-3 所示。单击"动作"面板底部的"播放选定的动作"按钮▶，则会自动执行此动作组中的所有动作。当出现如图 13-4 所示的对话框时，单击"继续"按钮，即可制成画框图像。

图 13-3　在"动作"面板中选择"木质画框-50 像素"　　　图 13-4　　"信息"对话框

（3）保存为 PSD 格式。选择"文件"|"存储为"命令，将文件以"鸟-应用画框动作.psd"为名保存在"第 13 章完成文件"文件夹中。

（4）保存为 JPG 格式。选择"文件"|"存储为"命令，将文件以"鸟-应用画框动作.jpg"为名保存在"第 13 章完成文件"文件夹中。

【案例 13-2】应用新建的动作制作网页按钮

案例功能说明： 先录制制作椭圆形"确定"按钮的动作过程，然后应用该动作快速制作其他 3 个网页按钮，如图 13-5 所示。

确定按钮.jpg　　　注册按钮.jpg　　　更新按钮.jpg　　　取消按钮.jpg

图 13-5　4 个网页按钮的效果图及文件名

操作步骤：

（1）启动 Photoshop CC，选择"窗口"|"动作"命令，打开"动作"面板。单击"动作"面板底部的"创建新组"按钮，弹出"新建组"对话框，如图 13-6 所示。输入"名称"为"按钮"，单击"确定"按钮。

（2）单击"动作"面板底部的"创建新动作"按钮，弹出"新建动作"对话框，如图 13-7 所示。设置"名称"为"椭圆形按钮"，"功能键"为 F2，"颜色"为"紫色"。单击"记录"按钮，此时"动作"面板底部的"开始记录"按钮变成红色，开始记录动作。

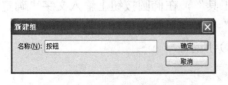

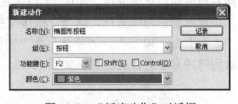

图 13-6　"新建组"对话框　　　　　　图 13-7　"新建动作"对话框

（3）选择"文件"|"新建"命令，在弹出的"新建文档"对话框中设置文件大小为 150×150 像素，RGB 模式，透明背景。在工具箱中选择"椭圆选框工具"，在其选项栏中设置"羽化"为"0 像素"，在画布中央拖出一个椭圆形。

（4）选择"窗口"|"图层"命令，打开"图层"面板，如图 13-8 所示。单击"图层"面板底部的"添加图层样式"按钮，从弹出的菜单中选择"渐变叠加"命令，弹出"图层样式"对话框，如图 13-9 所示。在"图层样式"对话框中设置"渐变"为"从白到蓝"（单击右侧的颜色框，设置颜色从白到蓝渐变），"样式"为"线性"，"角度"为"135度"。如图 13-10 所示，再选中"描边"复选框，设置其"填充类型"为"渐变"，"渐变"为"从白到蓝"（注意选中"反向"复选框）。最后，单击"确定"按钮。

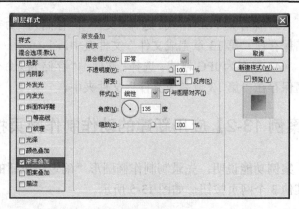

图 13-8　"图层"面板　　　　　图 13-9　在"图层样式"对话框中设置"渐变叠加"参数

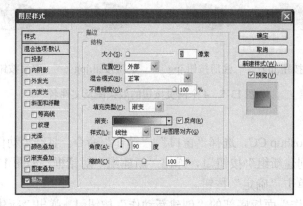

图 13-10　设置"描边"参数

（5）在工具箱中选择"渐变工具" ，在椭圆形选区的左边单击，按住鼠标左键不放，向右拖放即填充渐变色，如图 13-11（左）和图 13-11（中）所示。在工具箱中选择前景色，设置前景色为深蓝色，选择"横排文字工具"，在椭圆按钮上输入文字"确定"，设置"大小"为"30 点"，"字体"为"宋体"，在工具箱中选择"移动工具" ，将文字拖放到椭圆形中间合适位置，如图 13-11（右）所示。

图 13-11　为椭圆形选区填充渐变色及输入"确定"文字

（6）保存为 PSD 格式。选择"文件"|"存储为"命令，将文件以"确定按钮.psd"为名保存在"第 13 章完成文件"文件夹中。

（7）保存为 JPG 格式。选择"文件"|"存储为"命令，将文件以"确定按钮.jpg"为名保存在"第 13 章完成文件"文件夹中。

（8）单击"动作"面板底部的"停止记录"按钮 ，完成制作椭圆形"确定"按钮的动作过程的录制。

（9）应用动作制作"取消"按钮（见图 13-12）。在"动作"面板中依次单击"建立文本图层""存储""存储"前面的灰色方框，使这 3 个动作前面出现黑色框▣（即执行到这 3 个动作时均会停下来让用户设置参数）。选中"椭圆形按钮"动作，然后单击"动作"面板底部的"播放选定的动作"按钮▶，则自动执行"椭圆形按钮"动作中所有动作。

（10）当执行到"建立文本图层"动作时，会停下来，让用户输入按钮上的文字。如图 13-13 所示，将"确定"文字删除，重新输入"取消"文字。

图 13-12 "椭圆形按钮"动作

图 13-13 修改按钮上的文字

（11）在工具箱中选择"移动工具"▶⊕，当动作执行到第 1 个"存储"时，会弹出"另存为"对话框，如图 13-14 所示。设置"保存在"为"第 13 章完成文件"，"文件名"为"取消按钮.psd"，单击"保存"按钮。动作执行到第 2 个"存储"时，又会弹出"另存为"对话框，设置"保存在"为"第 13 章完成文件"，"文件名"为"取消按钮.jpg"，单击"保存"按钮，即可完成"取消"按钮的制作。

图 13-14 弹出"另存为"对话框

（12）应用动作制作"注册"按钮。方法与步骤（9）～（11）相同，将"确定"文字改为"注册"，以"注册按钮.psd""注册按钮.jpg"为文件名保存在"第13章完成文件"文件夹中。

（13）应用动作制作"更新"按钮。方法与步骤（9）～（11）相同，将"确定"文字改为"更新"文字，以"更新按钮.psd""更新按钮.jpg"为文件名保存在"第 13 章完成文件"文件夹中。

任务2　批处理图像

知识点：批处理

"批处理"命令可以让多个文件执行同一个动作命令，从而实现自动化控制。

操作方法：选择"文件"|"自动"|"批处理"命令，打开"批处理"对话框，如图 13-15 所示。该对话框中主要选项的含义如表 13-2 所示。由于动作是"批处理"命令的基础，因此在创建批处理之前，必须在"动作"面板中创建所需的动作，否则只能使用默认动作。

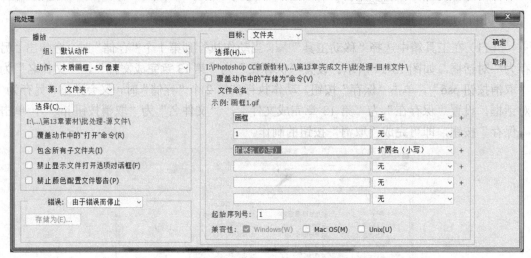

图 13-15　"批处理"对话框

表 13-2　"批处理"对话框中主要选项的含义

	选　项	含　义
播放	组	选择批处理使用的动作组，包含默认动作和自定义的动作
	动作	选择批处理使用动作组中的动作命令
源	文件夹	源文件夹包含了要处理的源文件，单击"选择"按钮可以选择源文件夹
	覆盖动作中的"打开"命令	覆盖引用特定文件名的动作中的"打开"命令。如果记录的动作是在打开的文件上操作的，或者动作包含它所需要的特定文件的"打开"命令，则取消选中该复选框。如果选中此复选框，则动作必须包含一个"打开"命令，否则源文件将不会打开

选　项		含　义
源	包含所有子文件夹	处理指定文件夹的子文件夹中的文件
	禁止显示文件打开选项对话框	隐藏"文件打开选项"对话框，当对相机原始图像文件的动作进行批处理时，将使用默认设置或以前指定的设置
	禁止颜色配置文件警告	关闭颜色方案信息的显示
目标	无	使文件保持打开而不存储更改（除非动作包括"存储"命令）
	存储并关闭	将文件存储在它们的当前位置，并覆盖原来的文件
	文件夹	将处理过的文件存储到目标文件夹，单击"选择"按钮可以指定目标文件夹（应在开始批处理前先创建一个新的目标文件夹）
	文件命名	对批处理过的文件指定有序的文件名，如画框 1.jpg、画框 2.jpg、画框 3.jpg 等。

【案例 13-3】对多个图像批处理制作画框

案例功能说明：对 4 个图像文件执行同一个画框动作，批处理制作画框图像，效果如图 13-16 所示。

图 13-16　批处理制作 4 个画框图像

操作步骤：

（1）启动 Photoshop CC，选择"文件"|"自动"|"批处理"命令，打开"批处理"对话框，如图 13-15 所示。设置"组"为"默认动作"，"动作"为"木质画框-50 像素"，单击"源"文件夹下方的"选择"按钮，选择"第 13 章素材"文件夹中的"批处理-源文件"文件夹，在"目标"下拉列表框中选择"文件夹"，单击其下方的"选择"按钮，选择"第 13 章完成文件"文件夹中的"批处理-目标文件"文件夹。在"文件命名"栏下方的第 1 个文本框中输入"画框"，在右边的下拉列表框中选择"1 位数序号"，在下方的下拉列表框中选择"扩展名（小写）"，单击"确定"按钮。

（2）在批处理过程中会弹出对话框，多次单击"继续""保存""确定"等按钮。

（3）打开"第 13 章完成文件\批处理-目标文件"文件夹，可看到批处理后的 4 个画框图像文件名，如图 13-17 所示。在 Photoshop CC 中同时打开这 4 个文件，可看到 4 个画框图像效果。

画框 1.psd　　画框 2.psd　　画框 3.psd　　画框 4.psd

图 13-17　批处理制成的 4 个画框图像 psd 文件

任务 3　动　画　设　计

知识点：动画与"动画"面板

动画就是在一定时间内显示的一系列图像。每张图像就是一帧，每一帧较前一帧都有变化，当快速、连续地播放这些图像时，就产生运动的效果，这样便形成了动画。

Photoshop 中的动画是以图层为基础的，而不是以时间或帧为基础，因此创建动画需要将"动画"面板和"图层"面板结合起来，从原始的多图层的图像中创建动画帧。

选择"窗口"|"动画"命令，打开"动画"面板，如图 13-18 所示。

下面介绍"动画"面板的主要功能。

1．增加动画帧

在创建一个动画时，增加动画帧是第 1 步操作。打开一幅图像，在"动画"面板中将图像显示为新动画的第 1 帧。每个新增加的动画帧都是前一帧的复制，然后使用"图层"面板对动画帧进行修改。

2．过渡

过渡帧可以自动添加或修改两个现有帧之间的一系列帧，即均匀地改变两帧之间的图层属性（如位置、不透明度或效果参数）以创建运动外观。例如，要渐隐一个图层，则可将起始帧的图层"不透明度"设置为 100%，然后将结束帧的同一图层的"不透明度"设置为 0，在这两个帧之间过渡时，该图层的不透明度在整个新帧上均匀减小。

过渡帧命令可大大减少创建动画效果所需的时间。创建过渡帧的方法是：选择两帧，单击"动画"面板中的"插入过渡帧"按钮　，在弹出的"过渡"对话框中进行相关设置即可，如图 13-19 所示。

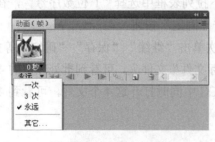

图 13-18　"动画"面板

图 13-19　"过渡"对话框

3. 指定循环播放

单击"永远"按钮，在弹出的下拉菜单中可对重复播放次数进行设置，如图 13-18 所示。

4. 指定动画帧的延迟

单击 ▇▇0秒▇ 右侧的三角按钮，弹出下拉菜单，可对帧的延迟时间进行设置。

5. 动画帧的基本操作

➥ 选择连续（不连续）帧：在设计动画帧时，可以使用 Shift 键来选择连续的帧；使用 Ctrl 键来选择不连续的帧。

➥ 移动帧：改变某一帧的位置。其方法是选择需要移动的动画帧，然后将选中的动画帧拖到新的位置即可。

➥ 反向帧："反向帧"命令可以倒转连续动画帧的顺序。其方法是首先选择需要倒转的连续的动画帧，然后单击"动画"面板右上角的 ▇ 按钮，在弹出的菜单中选择"反向帧"命令。

【案例 13-4】制作小球弹跳动画

案例功能说明： 使用"动画"面板制作小球弹跳动画。

操作步骤：

（1）建立一个背景为白色的新文件，将宽和高均设为"14 厘米"，以文件名"小球弹跳.jpg"保存。

（2）打开背景素材 s1.jpg，利用"选择工具"和"移动工具"把 s1.jpg 中的图案复制到"小球弹跳.jpg"中作为背景，如图 13-20 所示。

（3）选择"小球弹跳.jpg"窗口，在其"图层"面板中新建一个"图层 1"，在该图层中离背景图有一定高度的位置绘制一个正圆形选区，并填充黑白渐变色形成一个小球体，如图 13-21 所示。

图 13-20　设置背景

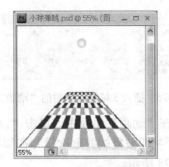
图 13-21　制作球体动画第 1 帧

（4）选择"窗口"|"动画"命令，打开"动画"面板，然后单击"复制所选帧"按钮 ▇ 复制当前帧为第 2 帧，如图 13-22 所示。

（5）保持当前第 2 帧的选中状态，在文件中将圆球向下移动到背景图地面位置，如图 13-23 所示。

图 13-22　新建帧为第 2 帧　　　　图 13-23　将圆球向下移动到背景图地面位置

（6）在"动画"面板中，同时选择第 1 帧和第 2 帧，如图 13-24 所示。单击"动画"面板中的"过渡帧"按钮 ，在打开的"过渡"对话框中设置"要添加的帧数"为 3，如图 13-25 所示，单击"确定"按钮，即在第 1 帧和第 2 帧之间插入 3 帧过渡图像，所得"动画"面板如图 13-26 所示。

图 13-24　选择第 1 帧和第 2 帧　　　　图 13-25　"过渡"对话框

（7）如果要使一部分帧重复出现，可以复制这些帧。方法是：在"动画"面板中单击要复制的起始帧，然后按住 Shift 键不放再单击要复制的最后一帧，这样可以选取中间连续的各帧。如果要选取不连续的帧，按住 Ctrl 键不放，单击"动画"面板中要选取的帧即可。在这里选中第 1 帧，按 Shift 键的同时再单击第 5 帧，"动画"面板如图 13-27 所示，同时选中了 5 帧。

图 13-26　插入 3 帧过渡帧后的"动画"面板　　　　图 13-27　选中第 1 帧到第 5 帧

（8）在"动画"面板中，单击"复制所选帧"按钮 ，复制当前选择的 5 个帧，此时选中的 5 个帧即被复制并顺次排列在原有帧之后，即第 1 帧复制成第 6 帧等，"动画"面板如图 13-28 所示。

图 13-28　第 1～5 帧复制成第 6～10 帧

（9）如果要逆向显示前面复制的 5 帧，方法是选中第 6～10 帧，然后单击"动画"面板右上角的 按钮，从弹出的菜单中选择"反向帧"命令，如图 13-29 所示。执行命令后使当前选择的第 6 帧与第 10 帧及其中间的帧反转，即"动画"面板中的第 6、7、8、9、10 帧的图像内容分别变为第 10、9、8、7、6 帧的图像内容，即第 1～5 帧的动画是球从高空中落到地面，而第 6～10 帧的动画是球从地面弹起到高空中。

（10）动画制作完成后，往往需要重新调整或增减内容，如动画的帧数、位置和播放的时间等。要调整帧的位置，在"动画"面板中选择该帧，然后将该帧拖到需要的位置，释放鼠标即可。在这里不用调整帧。

（11）调整动画的播放时间为 0.2 秒。在"动画"面板中选中所有帧，然后单击帧图案下面的小三角形按钮 ，从弹出的延迟时间菜单中选择 0.2，如图 13-30 所示，或者从弹出的菜单中选择"其他"选项，在打开的对话框中输入所需的时间为 0.2，如图 13-31 所示。调整时间后，"动画"面板如图 13-32 所示，即将 0 秒调整为 0.2 秒。

图 13-29　选择"反向帧"命令

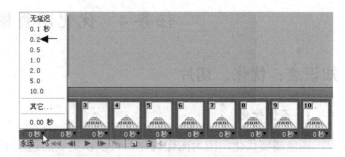

图 13-30　设置动画播放时间为 0.2 秒

图 13-31　"设置帧延迟"对话框

图 13-32　调整延迟时间为 0.2 秒后的"动画"面板

（12）在"动画"面板中，单击"播放"按钮 查看效果。反复调整播放时间，直到效果满意为止。

（13）保存为 PSD 格式。选择"文件"|"存储为"命令，将文件以"小球弹跳.psd"为名保存在"第 13 章完成文件"文件夹中。

（14）保存为 GIF 动画格式。选择"文件"|"导出"|"存储为 Web 和设备所用格式"命令，在打开的对话框中单击"存储"按钮，再在打开的"将优化结果存储为"对话框中设置"保存类型"为"仅限图像（*.gif）"，"文件名"为"小球弹跳.gif"，保存在"第 13 章完成文件"文件夹中，如图 13-33 所示。

图 13-33　"将优化结果存储为"对话框

任务 4　优化网页图像

知识点：优化、切片

1．图像优化

图像需要优化，因为图像优化后可以以更快的速度下载到 Web 浏览器。

2．图像切片

图像切片是将一个源图像分割为不同的功能区域，将图像存储为一个 Web 页面时，每个切片都被作为一个独立的文件存储起来，文件中包含切片的设置、颜色面板、链接、翻转效果及动画效果。另外使用切片可加快图像下载的速度。可用"切片工具"创建切片。在工具箱中选择"切片工具"，其选项栏如图 13-34 所示。

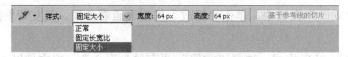

图 13-34　"切片工具"选项栏

操作方法：选择"切片工具"，在其选项栏中设置各选项参数，然后在图像上单击并拖动鼠标即可创建切片。创建完切片后，可对切片选项进行设置。方法是在需要设置的切片上右击，在弹出的快捷菜单中选择"编辑切片选项"命令，弹出如图 13-35 所示的"切片选项"对话框。其中各选项功能如表 13-3 所示。

图 13-35　"切片选项"对话框

表 13-3　"切片选项"对话框中各选项功能说明

名　　称	功　能　说　明
切片类型	如果选择"图像",切片包含图像数据 。如果选择"无图像",切片不包含图像,只含有纯色或 HTML 文本
名称	为切片指定一个名称
URL	设置切片的链接地址
目标	设置在什么窗口打开链接文件,有下列 4 种情况。 ➥ _blank:在新窗口中打开链接。 ➥ _slef:在同一框架中打开链接。 ➥ _parent:在母框架中打开链接。 ➥ _top:在整页框架中打开链接
Alt 标记	设置提示信息,当光标接触到切片时,会在光标旁显示提示信息

【案例 13-5】切割网站首页

案例功能说明:利用"存储为 Web 和设备所用格式"命令对网页图像文件进行优化设置,然后用"切片工具"将优化的首页图像进行切割,最后以"网页 HTML"和"以所有切片优化成 GIF 格式"输出。

操作步骤:

(1)在 Photoshop CC 中打开"第 13 章素材"文件夹中的"首页.jpg"文件。

(2)选择"文件"|"存储为 Web 和设备所用格式"命令,在弹出的对话框中选择"双联"浏览方式,效果如图 13-36 所示。使用左侧手状图标可移动图像,以便更好地观察优化前后图像品质的变化。

(3)设置格式为 GIF,其余选项保持默认值。此时,"双联"浏览中的左下方显示优化以前的格式及文件大小,下方的左下角则显示优化成 GIF 格式后的文件大小。

(4)单击"存储"按钮,将优化后的文件以"首页-优化.gif"为文件名保存在"第 13

章完成文件"文件夹中。

图 13-36　观察优化前后的图像

（5）在 Photoshop 编辑窗口中，选择"切片工具"，在其选项栏中设置"样式"为"正常"，其他选项保持为默认值，对公司的 Logo 标志、公司名、图区域和"进入首页"按钮依次进行切割（若要调整切割线，则先右击，然后光标对准分割线，当出现上下箭头时向上下拖动即可），如图 13-37 所示。

图 13-37　分割图像

（6）在"进入首页"按钮切片区域右击，在弹出的快捷菜单中选择"编辑切片选项"命令，在打开的"切片选项"对话框（见图 13-35）中设置"切片类型"为"图像"，URL 为 http://www.163.com，"目标"为_blank，"Alt 标记"为"单击此按钮进入 163.com 首页"，其他选项保持默认值，单击"确定"按钮。

（7）选择"文件"|"存储为 Web 和设备所用格式"命令，在弹出的对话框中单击"存储"按钮，弹出"将优化结果存储为"对话框（见图 13-38），设置"保存在"为"第 13 章完成文件\shouye"文件夹中（如果 shouye 不存在，则新建该文件夹），"保存类型"为"HTML 和图像（*.html）"，"文件名"为 shouye.html，其他选项保持默认值，单击"保存"按钮。

图 13-38　"将优化结果存储为"对话框

（8）打开"第 13 章完成文件\shouye"文件夹，其中包含 shouye.html 网页文件和系统生成的 images 文件夹，images 文件夹包含所有切片图像文件，如图 13-39 所示。双击打开 shouye.html 网页文件，将光标放在"进入首页"按钮上一会儿，会出现信息提示，如图 13-40 所示。单击此按钮，则进入 www.163.com 首页。

图 13-39　"第 13 章完成文件\shouye"文件夹

图 13-40　超链接出现信息提示

【实训 13-1】绿西红柿变红了

实训功能说明：使用动画制作工具制作西红柿成熟过程动画，完成后的"动画"面板如图 13-41 所示。

图 13-41　西红柿成熟过程动画

操作要求：

（1）启动 Photoshop CC，同时打开素材文件"红西红柿.jpg"和"绿西红柿.jpg"，如图 13-42 所示。

（2）用"移动工具"将"红西红柿.jpg"窗口中的红西红柿图像移动到"绿西红柿.jpg"文件中，让两个西红柿的位置刚好重合，这时"绿西红柿.jpg"窗口的"图层"面板如图 13-43 所示，关闭"红西红柿.jpg"文件。

图 13-42　打开素材文件

图 13-43　"绿西红柿.jpg"窗口的"图层"面板

（3）选择"绿西红柿.jpg"窗口，单击"图层 1"前面的"眼睛"图标，即动画第 1 帧红西红柿不可见而绿西红柿可见，其"图层"面板如图 13-44 所示。选择"窗口"|"动画"命令，在打开的"动画"面板中单击"复制所选帧"按钮 ，复制当前帧为第 2 帧，此时"动画"面板如图 13-45 所示。

图 13-44　关闭红西红柿的"眼睛"图标

图 13-45　复制当前帧为第 2 帧

（4）在其"图层"面板（见图 13-46）中，单击红西红柿前面的图框让"眼睛"图标显示，即当前帧第 2 帧的红西红柿可见了，"动画"面板如图 13-47 所示。

图 13-46　在"图层"面板中设置红西红柿可见

图 13-47　第 2 帧红西红柿可见

（5）单击"动画"面板中的"过渡帧"按钮 ，在打开的"过渡"对话框中设置"要添加的帧数"为 5，如图 13-48 所示，单击"确定"按钮，即在第 1、2 帧之间插入 5 帧过渡图像，所得"动画"面板如图 13-49 所示。

图 13-48　"过渡"对话框　　　　　图 13-49　插入 5 帧过渡帧后的"动画"面板

（6）调整动画的播放时间为 1.0 秒。在"动画"面板中，选中所有帧，然后单击帧图案下面的小三角形按钮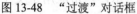，从弹出的延迟时间菜单中选择 1.0。

（7）在"动画"面板中，单击"播放"按钮▶查看效果。反复调整播放时间，直到效果满意为止，最终完成西红柿成熟过程的动画制作。

（8）保存为 PSD 格式。选择"文件"|"存储为"命令，将文件以"绿西红柿变红了.psd"为名保存在"第 13 章完成文件"文件夹中。

（9）保存为 GIF 动画格式。选择"文件"|"存储为 Web 和设备所用格式"命令，在打开的对话框中单击"存储"按钮，在"将优化结果存储为"对话框中设置"保存类型"为"仅限图像（*.gif）"，"文件名"为"绿西红柿变红了.gif"，保存在"第 13 章完成文件"文件夹中。

上 机 操 作

1．运用图层和动画等操作，制作海豹突击队跳伞动画效果。

提示：

（1）打开素材文件"黑鹰飞机.jpg"和"跳伞.jpg"，如图 13-50 和图 13-51 所示。

图 13-50　黑鹰飞机　　　　　　　　　　图 13-51　跳伞

（2）制作动画。制作飞机由小（远）到大（近）的动画效果和降落伞下落逐渐由小变大的动画效果。

（3）效果修饰。调整动画速度和过程。

（4）最终效果以"海豹突击队跳伞.psd"和"海豹突击队跳伞.gif"为文件名保存。

2. 用图形工具、文字工具和"样式"面板，创建样式网页按钮，最终效果如图 13-52 所示。

提示：

（1）建立一个新文件，宽和高均为"10 厘米"，分辨率为"72 像素/英寸"，白色背景。

（2）使用"椭圆工具" ○ 创建椭圆图形。

（3）打开"样式"和"图层"面板，选择需要的样式，如图 13-53 所示，单击应用于图层。

（4）利用文本工具输入"确定"。

（5）在"样式"面板中选择需要的样式，如图 13-54 所示，单击应用于文字图层，制作完成。

图 13-52　样式按钮

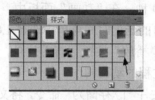
图 13-53　应用样式

图 13-54　文字图层应用样式

理 论 习 题

选择题

1. 切片的形状可以是（　　）。
   A．矩形　　　　　　B．圆形　　　　　　C．多边不规则形　　　　　D．菱形

2. 选取切片可以用（　　）。
   A．切片选取工具　　　　　　　　　　　B．直接选取工具
   C．移动工具　　　　　　　　　　　　　D．选择工具

3. 在制作网页时，如果是连续调的图像，应存储为（　　）格式。
   A．GIF　　　　　　B．EPS　　　　　　C．JPEG　　　　　D．TIFF

4. 下列哪种格式只支持 256 种颜色？（　　）
   A．GIF　　　　　　B．JPEG　　　　　C．TIFF　　　　　D．PSD

5. 下列哪种格式可用于网页中的图像？（　　）
   A．EPS　　　　　　B．DCS 2.0　　　　C．TIFF　　　　　D．JPEG

6. 下列哪种格式可通过 Acrobat Reader 实现跨平台的文件浏览？（　　）
   A．PSD　　　　　　B．PICT　　　　　C．PDF　　　　　D．PNG

7. 在制作网页时，如果文件中有大面积相同的颜色，最好存储为哪种格式？（　　）
   A．GIF　　　　　　B．EPS　　　　　C．BMP　　　　　D．TIFF

第14章

综合实用案例

本章主要通过精解地产广告设计、商场招贴设计、音乐海报设计和花茶画册设计 4 个综合实用案例，让读者掌握 Photoshop 处理和制作图像的综合运用知识，从而能更熟练地处理和制作各种图像。

资源文件说明：本章案例源文件素材放在本书附带资源包的"第 14 章\第 14 章素材"文件夹中，制作完成的文件放在"第 14 章\第 14 章完成文件"文件夹中。在实际操作时，将"第 14 章素材"文件夹复制到本地计算机，如 D 盘中，并在 D 盘中新建"第 14 章完成文件"文件夹。

【案例 14-1】地产广告设计

案例功能说明：利用素材，使用新建图层、图层蒙版、渐变工具等命令制作地产广告，效果如图 14-1 所示。

图 14-1　地产广告效果图

操作步骤：

（1）启动 Photoshop CC，在菜单栏中选择"文件"|"新建"命令，在弹出的"新建文档"对话框中设置"宽度"为"3500 像素"，"高度"为"2620 像素"，"分辨率"为"300 像素/英寸"，"颜色模式"为"RGB 颜色"，"背景内容"为"白色"。

（2）新建图层"蓝天"，选择"矩形选框工具"，在页面的左边按住鼠标左键不放并拖曳鼠标，绘制一个矩形。选择"渐变工具"，在"渐变编辑器"对话框中设置渐变颜色，渐变颜色位置 0 颜色为（R:0,G:35,B:96），位置 30 颜色为（R:0,G:128,B:191），位置 63 颜色为（R:0,G:157,B:147），位置 79 颜色为（R:40,G:245,B:216），位置 100 颜色为"白色"，从矩形右上角的位置向右下角拖动，按 Ctrl+D 组合键取消组合，绘制渐变图形，如图 14-2 所示。

（3）在"图层"面板底部单击"添加图层蒙版"按钮 ◻，为图层"蓝天"添加蒙版，按住 Ctrl 键不放，单击图层"蓝天"缩览图，将其载入选区，设置前景色为黑色，背景色为白色。选择"渐变工具"，在"渐变编辑器"对话框中设置渐变颜色，位置 0 和 35 颜色为"黑色"，位置 100 为"白色"，在矩形选框中按住鼠标左键不放自下而上拖动鼠标，为图层添加蒙版，效果如图 14-3 所示。

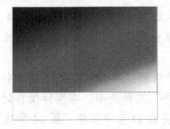 

图 14-2　渐变填充　　　　　　　　　　图 14-3　为图层添加"蒙版"及"图层"面板

（4）选择"文件"|"打开"命令，在弹出的"打开"对话框中同时选择"第 14 章素材"文件夹下的"白云.PNG"和"建筑.PNG"，单击"打开"按钮。使用"移动工具" ⊕ 依次拖动 3 个文件中的图像内容到当前文件窗口中，并依次按 Ctrl+T 组合键等比例调整图像大小，效果如图 14-4 所示。

（5）选择"文件"|"打开"命令，打开"树木.PNG"素材文件，使用"移动工具" ⊕ 拖动文件中的图像内容到当前文件窗口底部，并依次按 Ctrl+T 组合键等比例调整图像大小，效果如图 14-5 所示。

图 14-4　置入白云和建筑图像　　　　　　　图 14-5　置入树木图像

（6）在"图层"面板底部单击"添加图层蒙版"按钮 ◻，为图层"树木"添加蒙版，选择"魔棒工具"🔧，选择图层"树木"的上半部分，如图 14-6 所示，选择"油漆桶工具"🎨，设置前景色为黑色，对选区进行填充，效果如图 14-7 所示。

图 14-6　使用"魔棒工具"

图 14-7　填充图层

（7）选择"文件"|"打开"命令，打开素材"草坪.PNG""花.PNG""人物.PNG"，依次使用"移动工具"✥拖动文件中的图像内容到当前文件窗口中，并依次按 Ctrl+T 组合键等比例调整图像大小，效果如图 14-8 所示。

（8）在"图层"面板底部单击"添加图层蒙版"按钮▣，为图层"人物"添加蒙版。设置前景色为黑色，选择"画笔工具"，设置画笔"大小"为"柔角 90"，"不透明度"为 25%，在人物的裙子上进行涂抹，使裙子看起来更加透明，如图 14-9 所示。

图 14-8　置入草坪、花、人物图像

图 14-9　添加人物图层蒙版

（9）选择"渐变工具"，选择"工具预设"选取器，在选项面板中选择"圆形彩虹"，如图 14-10 所示。新建图层"彩虹"，在图像编辑窗口中从中心向外拉出一个圆形彩虹，效果如图 14-11 所示。

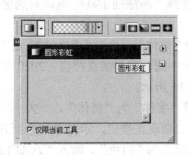

图 14-10　选取"圆形彩虹"

图 14-11　绘制圆形彩虹

（10）选择"椭圆工具"，按 Shift+Alt 组合键，以圆形彩虹的中心为原点绘制正圆，如图 14-12 所示。选择"选择"|"修改"|"羽化"命令，在弹出的对话框中设置"羽化半径"为"30 像素"，按 Delete 键删除选区内容，按 Ctrl+T 组合键调整图像大小，效果如图 14-13 所示。

图 14-12 绘制圆形选区

图 14-13 调整图像大小

（11）选择"多边形套索工具"，把彩虹下半部分勾选出来，选择"选择"|"修改"|"羽化"命令，在弹出的对话框中设置"羽化半径"为"30 像素"，按 Delete 键删除选区内容，即删除彩虹下半部分，然后设置图层的"不透明度"为 40%，得到的效果及"图层"面板如图 14-14 所示。

图 14-14 删除彩虹下半部分及设置图层不透明度

（12）新建图层"底边"，选择"矩形选框工具"，在图像编辑窗口花的下方绘制一个矩形，设置前景色为深绿色（R:31,G:79,B:0），选择"油漆桶工具" ，对选区填充深绿色。

（13）选择"横排文字工具"，设置"字体"为"黑体"，"大小"为"22 点"，"颜色"为"白色"，在图像窗口底部位置输入"2019 年中国消费者满意楼盘　2020 年获中国'十大名盘'咨询热线：88888888"，效果如图 14-15 所示。

（14）用同样的方法在彩虹下方输入文字。设置"字体"为"黑体"，"大小"为"27 点"，"颜色"为（R:89,G:26,B:47），输入"全新二期现正登记，示范单位全新开放"；设置"字体"为"宋体"，"大小"为"21 点"，"颜色"为"白色"，输入"YOU'LL FIND

THE MOST BEAUTIFUL SCENE"；设置"字体"为"黑体"，"大小"为"36 点"，"颜色"为"黑色"，输入"全新高度，不凡气度。"，效果如图 14-16 所示。

图 14-15　图像底部填充深绿色并输入白色文字

图 14-16　最终效果图

（15）保存为 PSD 格式。选择"文件"|"存储为"命令，将文件以"地产广告.psd"为名保存在"第 14 章完成文件"文件夹中。

（16）保存为 JPG 格式。选择"文件"|"存储为"命令，将文件以"地产广告.jpg"为名保存在"第 14 章完成文件"文件夹中。

【案例 14-2】商场招贴设计

案例功能说明： 使用素材，利用新建图层、使用图层样式、创建新的填充或调整图层等命令，制作商场招贴设计，效果如图 14-17 所示。

图 14-17　商场招贴效果图

操作步骤：

（1）启动 Photoshop CC，选择"文件"|"新建"命令，在弹出的"新建文档"对话框中设置"宽度"为"2480 像素"，"高度"为"1612 像素"，"分辨率"为"300 像素/英寸"，"颜色模式"为"RGB 颜色"，"背景内容"为"白色"。

（2）单击"图层"面板底部的"创建新组"按钮 ，双击"组 1"，在弹出的对话框中修改其名称为"条纹"。

（3）设置前景色为黄色（R:255,G:237,B:0），选择"矩形工具" ，在其选项栏中单击"形状图层"按钮 ，在图像编辑窗口中绘制如图 14-18 所示的形状。

（4）选择"矩形工具" ，在其选项栏中单击"颜色"按钮 ，改变其颜色为红色（R:255,G:0,B:7），在图像编辑窗口中绘制如图 14-19 所示的形状。

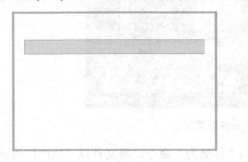

图 14-18　绘制黄色矩形形状　　　　　　图 14-19　绘制红色矩形形状

（5）按照步骤（4）的方法绘制其他条纹，分别设置颜色为橙色（R:255,G:176,B:0）、橙红色（R:255,G:74,B:0）和绿色（R:62,G:182,B:0），效果如图 14-20 所示。

（6）选择"条纹"组，按 Ctrl+T 组合键，调出变换控制柄，旋转"条纹"组到合适的角度，用"移动工具" 移动到图像编辑窗口的左下角，效果如图 14-21 所示。

（7）单击"图层"面板底部的"创建新图层"按钮 ，在"组 1"下新建"图层 1"；选择"矩形选框工具"，在右边第一条黄色矩形右下角拖曳鼠标画长方形，选择"油漆桶工具" ，填充橙色（R:255,G:176,B:0），如图 14-22 所示。

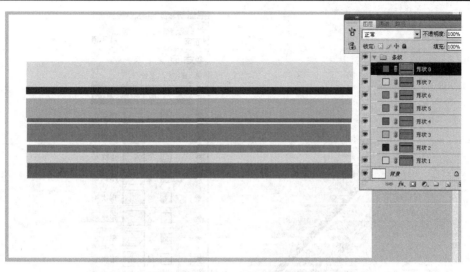

图 14-20　绘制 8 条不同色的条纹

图 14-21　旋转移动"条纹"组

图 14-22　创建橙色矩形选区

（8）拖动"图层 1"到"图层"面板底部的"创建新图层"按钮 🔲 上，复制出"图层 1 副本"；按 Ctrl+T 组合键，调出变换控制柄；连续按若干次"←"和"↑"方向键，移动图像；然后在变换控制框内双击鼠标左键，确认变换操作，效果如图 14-23 所示。

（9）连续按 17 次 Shift+Ctrl+Alt+T 组合键，复制并移动图像，直至布满整个黄色条纹，效果如图 14-24 所示。按住 Shift 键不放，同时选择"图层 1"及其所有副本，选择"图层"｜"合并图层"命令（或按 Ctrl+E 组合键），合并图层，得到"图层 1 副本 17"。

图 14-23　复制并移动黄色长方形

图 14-24　多次复制并移动黄色长方形

（10）选择"图层 1 副本 17"，按住 Ctrl 键不放，单击"形状 1"矢量蒙版缩览图，将其载入选区，效果及"图层"面板如图 14-25 所示。

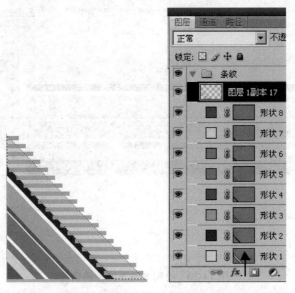

图 14-25　载入选区及"图层"面板

（11）按 Shift+Ctrl+I 组合键进行反选，按 Delete 键删除多余的条纹，效果如图 14-26 所示。按 Ctrl+D 组合键取消选区。

（12）单击"图层"面板底部的"创建新组"按钮■，双击"组 1"，在弹出的对话框中修改其名称为"圆角矩形环"。

（13）选择"圆角矩形工具"▢，在其选项栏中单击"颜色"按钮，设置"圆角半径"为"260px"，改变其颜色为绿色（R:62,G:182,B:0），在图像编辑窗口中绘制如图 14-27 所示的形状。

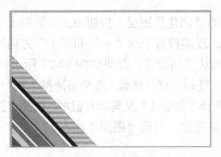

图 14-26　删除图形

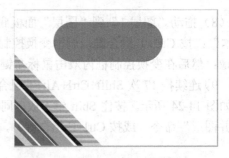

图 14-27　绘制绿色圆角矩形形状

（14）按住 Ctrl 键不放，单击图层"形状 9"的矢量蒙版缩览图，将其载入选区，效果及"图层"面板如图 14-28 所示。

（15）选择"选择"|"修改"|"收缩"命令，在弹出的对话框中设置"收缩量"为"40 像素"，效果如图 14-29 所示。

（16）单击"图层"面板底部的"创建新图层"按钮■，新建"图层 1"，设置前景色为黄色（R:203,G:255,B:0）。选择"油漆桶工具"▨，对圆角矩形进行填充，如图 14-30 所示。按 Ctrl+D 组合键取消选区。

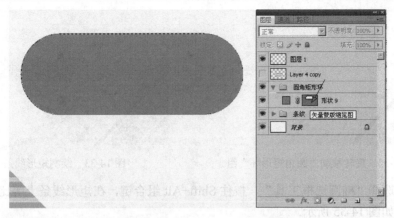

图 14-28　载入选区及"图层"面板

图 14-29　收缩选区

图 14-30　填充选区

（17）按照步骤（13）～（15）的方法绘制里面的圆角矩形，颜色分别为橙色（R:255,G:176,B:0）和浅黄色（R:255,G:243,B:40），"收缩量"为"55 像素"，效果及"图层"面板如图 14-31 所示。

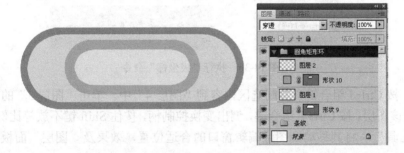

图 14-31　绘制圆角矩形及"图层"面板

（18）选择"圆角矩形环"组，按 Ctrl+T 组合键，调出变换控制柄，旋转"条纹"组到合适的角度，用"移动工具"将其移动到图像编辑窗口的左下角，效果如图 14-32 所示。

（19）单击"图层"面板底部的"创建新组"按钮，双击"组 1"，在弹出的对话框中修改其名称为"圆环"。

（20）在"圆环"组里新建"图层 3"，设置前景色为绿色（R:62,G:182,B:0），选择"矩形工具"，在其选项栏中单击"填充像素"按钮，在图像编辑窗口中绘制矩形线条，如图 14-33 所示。

（21）分别设置前景色为橙色（R:255,G:176,B:0）、橙红色（R:255,G:74,B:0）和黄色（R:203,G:255,B:0），选择"矩形工具"，在图像编辑窗口中绘制多彩矩形线条，效果如图 14-34 所示。

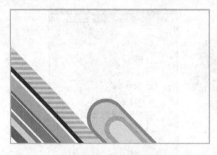

图 14-32 旋转移动"圆角矩形环"组

图 14-33 绘制矩形线条

（22）选择"椭圆选框工具"，按住 Shift+Alt 组合键，在矩形线条上等比例绘制圆形选区，效果如图 14-35 所示。

图 14-34 绘制多彩矩形线条

图 14-35 绘制圆形选区

（23）选择"滤镜"|"扭曲"|"极坐标"命令，在弹出的对话框中选中"平面坐标到极坐标"单选按钮，效果如图 14-36 所示。

图 14-36 执行"极坐标"命令

（24）按 Ctrl+J 组合键，复制选区内容到"图层 4"中。单击"图层 3"的"眼睛"图标，隐藏该图层。按 Ctrl+T 组合键，调出变换控制柄，按住 Shift 键不放等比例缩放图像，用"移动工具"将其移动到图像编辑窗口的合适位置，效果及"图层"面板如图 14-37 所示。

图 14-37 变换移动图层及"图层"面板

（25）按照步骤（20）～（24）的操作方法，绘制其他颜色的圆环图像，效果如图 14-38 所示。

（26）选择"文件"|"打开"命令，打开"购物女.TGA"文件，使用"移动工具"![move]
拖动文件中的图像内容到当前文件窗口右边，并依次按 Ctrl+T 组合键等比例调整图像大小，
效果如图 14-39 所示。

图 14-38 绘制多个圆环

图 14-39 置入人物图像

（27）单击"图层"面板底部的"创建新组"按钮 ![icon]，新建图层组"文字"。选择"横
排文字工具"，设置"字体"为"黑体"，"大小"为"48 点"，"颜色"为橙色（R:255,G:176,B:0），
在图像编辑窗口的中上部位置输入"激情 10 月"，效果如图 14-40 所示。

（28）用同样的方法输入文字及设置字体等属性。设置"字体"为"黑体"，"大小"
为"16 点"，"颜色"为橙色（R:255,G:176,B:0），输入文字"华南超级潮流时尚服饰基
地"；然后设置"字体"为"华文云彩"，"大小"为"72 点"，"颜色"为红色（R:255,G:0,B:7），
输入文字"潮流"，效果如图 14-41 所示。选择图层"潮流"，单击"图层"面板底部的
"添加图层样式"按钮，选择"阴影"命令，打开"阴影"对话框，保持默认设置，单击
"确定"按钮，效果及"图层"面板如图 14-42 所示。

图 14-40 输入文字

图 14-41 输入文字

图 14-42 设置"潮流"阴影效果

（29）选择"竖排文字工具"，设置"字体"为"幼圆"，"大小"为"30 点"，"颜
色"为橙色（R:255,G:176,B:0），在"潮流"右边输入"来袭"。单击"图层"面板底部
的"添加图层样式"按钮，选择"描边"命令，打开"描边"对话框，设置"大小"为"3
像素"，"颜色"为橙色（R:255,G:176,B:0），单击"确定"按钮，效果及"图层"面板

如图 14-43 所示。

图 14-43 设置"来袭"描边效果

（30）选择"竖排文字工具"，设置"字体"为"幼圆"，"大小"为"21 点"，"颜色"为橙色（R:62,G:182,B:0），在"激情 10 月"左边输入"时代广场"。单击"图层"面板底部的"添加图层样式"按钮，选择"阴影"命令，打开"阴影"对话框，保持默认设置，单击"确定"按钮，效果及"图层"面板如图 14-44 所示。

图 14-44 设置"时代广场"阴影效果

（31）选择"矩形选框工具"，在页面的左边拖曳鼠标，绘制一个矩形。在"图层"面板底部单击"创建新的填充或调整图层"按钮 ，在弹出的菜单中选择"渐变"命令，在弹出的对话框中设置"渐变"为"色谱"，"角度"为"180 度"，如图 14-45 所示。效果如图 14-46 所示。

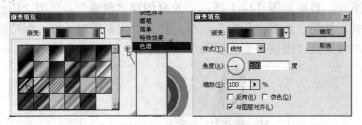

图 14-45 设置渐变效果

图 14-46 服饰招贴设计效果图

（32）保存为 PSD 格式。选择"文件"|"存储为"命令，将文件以"商场招贴设计.psd"为名保存在"第 14 章完成文件"文件夹中。

（33）保存为 JPG 格式。选择"文件"|"存储为"命令，将文件以"商场招贴设计.jpg"为名保存在"第 14 章完成文件"文件夹中。

【案例 14-3】音乐海报设计

案例功能说明：使用素材，利用新建图层、图层蒙版、图层样式和滤镜等命令进行音乐海报设计，效果如图 14-47 所示。

图 14-47　音乐海报设计

操作步骤：

（1）启动 Photoshop CC，选择"文件"|"新建"命令，在弹出的对话框中设置"宽度"为"15 厘米"，"高度"为"22 厘米"，"分辨率"为"200 像素/英寸"，"颜色模式"为"RGB 颜色"，"背景内容"为"透明"。

（2）单击"图层"面板底部的"创建新图层"按钮，新建"图层 2"。选择"椭圆选框工具"，按住 Shift 键不放绘制一个正圆。选择"油漆桶工具"，将"图层 2"的"填充"设置为 50%，将其填充为黑色，效果如图 14-48 所示。

（3）选择"图层 2"，单击"图层"面板底部的"添加图层样式"按钮，在弹出的菜单中选择"描边"命令，在弹出的对话框中设置"大小"为"7 像素"，"位置"为"内部"，效果如图 14-49 所示。

图 14-48　填充图像

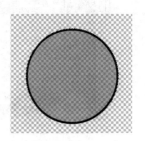

图 14-49　描边效果

（4）选择"编辑"|"定义画笔预设"命令，在弹出的对话框中输入"画笔名称"为"圆形"，单击"确定"按钮，将圆形设置为自定义画笔。按 Ctrl+D 组合键取消选区，单击"图层 2"的"眼睛"图标 👁，隐藏该图层。

（5）选择"画笔工具"，单击其选项栏中的"切换画笔面板"按钮 📋，打开"画笔"面板。选择"画笔笔尖形状"选项进行设置：选择"画笔"为"圆形"，"直径"为"394px"，选中"间距"复选框并设置"间距"为 100%，如图 14-50 所示。

（6）在"画笔"面板中选中"形状动态"复选框，设置"大小抖动"为 100%，"最小直径"为 50%，如图 14-51 所示。

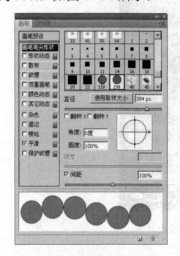

图 14-50　设置"画笔笔尖形状"参数

图 14-51　设置"形状动态"参数

（7）在"画笔"面板中选中"散布"复选框，选中"两轴"复选框，设置"散布"为 1000%，"数量"为 5，"数量抖动"为 1%，如图 14-52 所示。

（8）在"画笔"面板中选中"其他动态"复选框，设置"不透明度抖动"为 50%，"流量抖动"为 50%，如图 14-53 所示。

图 14-52　设置"散布"参数

图 14-53　设置"其他动态"参数

（9）选择"图层 1"，设置前景色为（R:38,G:38,B:38），选择"油漆桶工具" ，对"图层 1"填充灰色，效果及"图层"面板如图 14-54 所示。

（10）单击"图层"面板底部的"创建新图层"按钮 ，新建"图层 3"。选择"渐变工具"，在"渐变编辑器"对话框中设置渐变颜色，位置 0 颜色为（R:110,G:22,B:108），位置 23 颜色为（R:102,G:48,B:4），位置 47 颜色为（R:4,G:12,B:97），位置 75 颜色为（R:0,G:95,B:29），位置 100 颜色为（R:255,G:124,B:0），具体参数设置如图 14-55 所示。从图像编辑窗口的右上角拖动鼠标到左下角，并将图层的混合模式设置为"叠加"，效果及"图层"面板如图 14-56 所示。

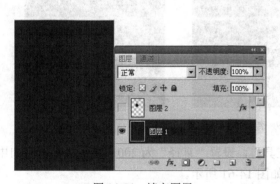

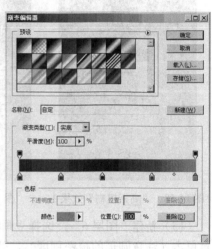

图 14-54　填充图层　　　　　　　图 14-55　设置"渐变编辑器"对话框

（11）单击"图层"面板底部的"创建新组"按钮 ，新建图层组"组 1"。设置"组1"的混合模式为"颜色减淡"，在"组 1"下新建"图层 4"，选择"画笔工具"，设置前景色为白色，单击选项栏中的"切换画笔面板"按钮 ，打开"画笔"面板，选择"画笔笔尖形状"选项进行设置：选择"画笔"为"圆形"，"直径"为"500px"，其他保持默认值。在图像编辑窗口中随意单击（注意圆形的疏密程度），效果如图 14-57 所示。

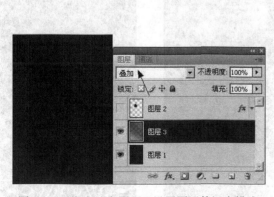

图 14-56　渐变填充图层及设置图层的混合模式　　　图 14-57　绘制背景 1

（12）选择"滤镜"|"模糊"|"高斯模糊"命令，在弹出的"高斯模糊"对话框中设置"半径"为"40 像素"，效果如图 14-58 所示。

（13）新建"图层 5"，选择"画笔工具"，设置"直径"为 350，在图像编辑窗口中随意单击（注意圆形的疏密程度），效果如图 14-59 所示。

（14）选择"滤镜"|"模糊"|"高斯模糊"命令，在弹出的"高斯模糊"对话框中设置"半径"为"5 像素"，效果如图 14-60 所示。

图 14-58　"高斯模糊"效果 1　　　　图 14-59　绘制背景 2　　　　图 14-60　"高斯模糊"效果 2

（15）新建"图层 6"，选择"画笔工具"，设置"直径"为 200，在图像编辑窗口中随意单击（注意圆形的疏密程度），效果如图 14-61 所示。

（16）在菜单中选择"滤镜"|"模糊"|"高斯模糊"命令，在弹出的"高斯模糊"对话框中设置"半径"为"2 像素"，效果如图 14-62 所示。

（17）选择"文件"|"打开"命令，在弹出的"打开"对话框中同时选择"第 14 章素材"文件夹下的"播放机.PNG""音响.PNG""舞者.PNG"文件，单击"打开"按钮。使用"移动工具"拖动 3 个文件中的图像内容到当前文件窗口中，并依次按 Ctrl+T 组合键等比例调整图像大小，效果如图 14-63 所示。

图 14-61　绘制背景 3　　　　图 14-62　"高斯模糊"效果 3　　　　图 14-63　置入图像

（18）在"图层"面板底部单击"添加图层蒙版"按钮 🔲，为图层"舞者"添加蒙版，设置前景色为黑色，选择"画笔工具"，设置画笔"大小"为"柔角 5"，"不透明度"为 40%，在人物的头发边缘进行涂抹，效果及"图层"面板如图 14-64 所示。

（19）在工具箱中选择"横排文字工具"，设置"字体"为"Gill Sans Ultra Bold"，"大小"为"36 点"，"颜色"为"白色"，在图像编辑窗口上方输入文字"LOVE ROCK"，效果如图 14-65 所示。

图 14-64　添加图层蒙版

图 14-65　输入文字

（20）在"图层"面板中的"LOVE ROCK"图层上右击，在弹出的快捷菜单中选择"栅格化文字"命令，将文字图层转换为普通图层。按住 Ctrl 键不放，单击图层"LOVE ROCK"的缩览图，将该层中的文字转为选区。设置前景色为黑色，选择"滤镜"|"渲染"|"分层云彩"命令，文字效果如图 14-66 所示。

（21）选择"滤镜"|"杂色"|"添加杂色"命令，在弹出的"添加杂色"对话框中设置"数量"为 40%，选中"平均分布"单选按钮和"单色"复选框，如图 14-67 所示。按 Ctrl+D 组合键取消选区。

图 14-66　"分层云彩"效果

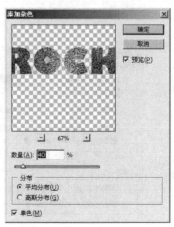

图 14-67　设置"添加杂色"参数

（22）选择"滤镜"|"模糊"|"高斯模糊"命令，在弹出的"高斯模糊"对话框中设置"半径"为"1 像素"，效果如图 14-68 所示。

图 14-68　"高斯模糊"效果 4

（23）按 Ctrl+L 组合键打开"色阶"对话框，设置"阴影色阶"为 20，"中间调"为 2.67，"高光"为 162，其他设置及效果如图 14-69 所示。

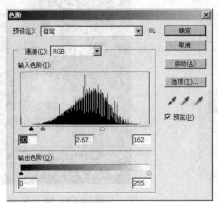

图 14-69　设置"色阶"参数

（24）双击"LOVE ROCK"图层，打开"图层样式"对话框，选择"内阴影"选项，设置"角度"为"30 度"，"阻塞"为 6%，如图 14-70 所示。

（25）在"图层样式"对话框中，选择"斜面和浮雕"选项，设置样式为"内斜面"，"方法"为"平滑"，"深度"为 215%，如图 14-71 所示；选择"等高线"选项，设置"范围"为 50%，取消选中"消除锯齿"复选框，如图 14-72 所示，文字效果如图 14-73 所示。

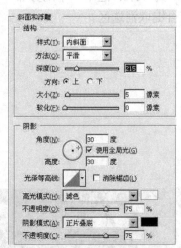

图 14-70　设置"内阴影"参数　　　　图 14-71　设置"斜面和浮雕"参数

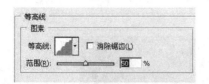

图 14-72 设置"等高线"参数　　　　　　　　图 14-73 文字效果

（26）选择"横排文字工具"，设置"字体"为"黑体"，"大小"为"11 点"和"10 点"，"颜色"为"白色"，在图像窗口中分别输入"时尚潮人 K 歌焦点　10 月 SHOW 场 劲爆登场""活动时间：2019.10.12　活动地点：广州体育中心""潮流娱乐生活 麦歌精彩体现"，效果如图 14-74 所示，最终效果如图 14-75 所示。

图 14-74　输入文字

图 14-75　音乐海报设计

（27）保存为 PSD 格式。选择"文件"|"存储为"命令，将文件以"音乐海报设计.psd"为名保存在"第 14 章完成文件"文件夹中。

（28）保存为 JPG 格式。选择"文件"|"存储为"命令，将文件以"音乐海报设计.jpg"为名保存在"第 14 章完成文件"文件夹中。

【案例 14-4】花茶画册设计

案例功能说明： 使用素材，利用新建图层、图层混合模式、填充和路径等命令进行花茶画册设计，效果如图 14-76 所示。

图 14-76　花茶画册设计

操作步骤：

（1）启动 Photoshop CC，选择"文件"|"新建"命令，在弹出的"新建文档"对话框中设置"宽度"为"15 厘米"，"高度"为"10 厘米"，"分辨率"为"300 像素/英寸"，"颜色模式"为"RGB 颜色"，"背景内容"为"白色"。

（2）按 Ctrl+R 组合键显示标尺，在图像编辑窗口中添加参考线，水平方向平分 7 条参考线，垂直方向平分 4 条参考线，以划分封面中的各个区域，效果如图 14-77 所示。

（3）单击"图层"面板底部的"创建新图层"按钮，新建"图层 1"。选择"矩形选框工具"，按照参考线选取右上角的方格。选择"渐变工具"，在"渐变编辑器"对话框中设置渐变颜色，位置 0 颜色为（R:86,G:249,B:0），位置 100 颜色为（R:22,G:175,B:0）。从矩形选区的左下角拖动到右上角，如图 14-78 所示。

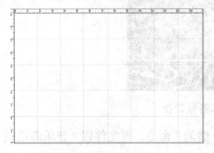

图 14-77　设置参考线

图 14-78　绘制填充矩形

（4）按照同样的方法，从各个不同的角度、方向绘制渐变矩形，效果如图 14-79 所示。

（5）选择"文件"|"打开"命令，在弹出的"打开"对话框中选择"第 14 章素材"文件夹下的"花茶.jpg"文件，单击"打开"按钮。使用"移动工具"拖动文件中的图像内容到当前文件窗口中，按 Ctrl+T 组合键，等比例调整图像大小，并将该图层拖动到"图层 1"的下面，如图 14-80 所示。

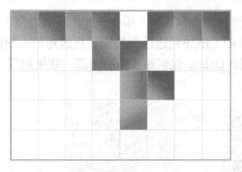

图 14-79　绘制填充矩形　　　　　　　　　　　　　　图 14-80　置入图像

（6）单击"图层"面板底部的"创建新图层"按钮，新建"圆圈"图层。选择"椭圆工具"，在其选项栏中单击"路径"按钮，设置前景色为白色，"画笔"为"尖角 1px"，按住 Shift 键不放，在图像编辑窗口中等比例绘制圆形路径，如图 14-81 所示。打开"路径"面板，右击"工作路径"，从弹出的快捷菜单中选择"描边路径"命令，在弹出的对话框中选择"画笔"选项，取消选中"模拟压力"复选框，效果如图 14-82 所示。

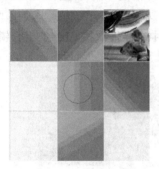

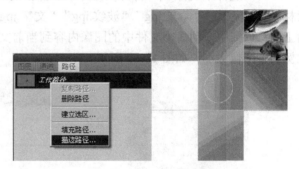

图 14-81　绘制路径　　　　　　　　　　　　　　　图 14-82　描边路径

（7）拖动"圆圈"到"图层"面板底部的"创建新图层"按钮上，复制出"圆圈副本"图层，按 Ctrl+T 组合键，调出变换控制柄，按住 Shift+Alt 组合键向外拖大一点，然后在变换控制框内双击鼠标左键，确认变换操作，效果如图 14-83 所示。

（8）连续按 Shift+Ctrl+Alt+T 组合键，复制并移动图像，直至布满周边的几个格子，效果如图 14-84 所示。按住 Shift 键不放，同时选择"圆圈"及其所有副本，选择"图层"|"合并图层"命令（或按 Ctrl+E 组合键），合并图层得到"圆圈副本 44"。

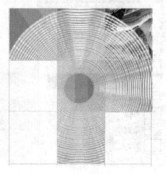

图 14-83　复制变换图形　　　　　　　　　　　图 14-84　连续复制变换图形

（9）选择图层"圆圈副本 44"，设置其混合模式为"柔光"，"不透明度"为 50%。选择"矩形选框工具"，在其选项栏中单击"添加到选区"按钮，框选矩形，如图 14-85 所示。按 Shift+Ctrl+I 组合键进行反选，按 Delete 键删除多余的圆圈，效果如图 14-86 所示。按 Ctrl+D 组合键取消选区。

图 14-85　改变图层的混合模式及框选选区

（10）选择"文件"|"打开"命令，在弹出的"打开"对话框中同时选择"第 14 章素材"文件夹下的"苹果.jpg""波纹.jpg""文字.jpg"文件，单击"打开"按钮。使用"移动工具" ⊕ 依次拖动 3 个文件中的图像内容到当前文件窗口中，并依次按 Ctrl+T 组合键等比例调整图像大小，如图 14-87 所示。

图 14-86　删除选区图形　　　　　　　　　　图 14-87　置入图像

（11）选择"苹果"图层，设置其混合模式为"叠加"，"不透明度"为 70%，效果及"图层"面板如图 14-88 所示。

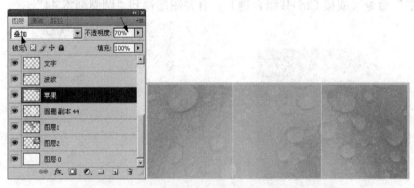

图 14-88　改变"苹果"图层的混合模式及透明度

（12）选择"波纹"图层，设置其混合模式为"颜色加深"，"不透明度"为 25%，效果及"图层"面板如图 14-89 所示。

图 14-89 改变"波纹"图层的混合模式及透明度

（13）按 Ctrl+H 组合键隐藏参考线，选择"横排文字工具"，设置"字体"为"黑体"，"大小"为"6 点"，"颜色"为"黑色"，在图层"文字"下方输入"健康人生，从此开始……""Healthy life to begin......"，效果如图 14-90 所示。

（14）用同样的方法分别设置"字体"为"Poplar Std""Arial Narrow""Arial"，"大小"为"10 点""8 点""10 点"，"颜色"为"白色"，在图像编辑窗口中分别输入"CHERISH LADY""HONEYSUCKLE LOZENGE""HERB TEN"，效果如图 14-91 所示。

图 14-90 输入文字 1

图 14-91 输入文字 2

（15）拖动文字图层"HERB TEN"到"图层"面板底部的"创建新图层"按钮 上，复制出"HERB TEN 副本"，更改其"颜色"为"白色"，"大小"为"9 点"。使用"移动工具" 将该图层拖动到封底位置。选择"横排文字工具"，在其选项栏中单击"切换字符和段落面板"按钮 ，在打开的面板中设置"字体"为"Arial"，"大小"为"4 点"，"颜色"为（R:44,G:102,B:2），"行距"为"8 点"，在图层"HERB TEN 副本"下方输入"office 里面正在流行'茶流感'：越来越多的女士们开始摒弃咖啡，改喝修身养性的茶，让困倦、压力、失眠、亚健康状态……统统远离您！"，效果如图 14-92 所示。

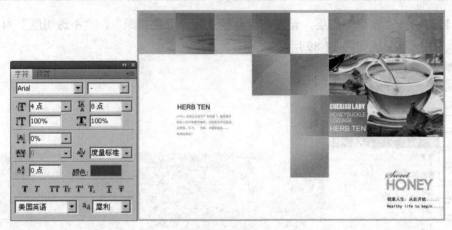

图 14-92　输入文字 3

（16）保存为 PSD 格式。选择"文件"|"存储为"命令，将文件以"花茶画册设计.psd"为名保存在"第 14 章完成文件"文件夹中。

（17）保存为 JPG 格式。选择"文件"|"存储为"命令，将文件以"花茶画册设计.jpg"为名保存在"第 14 章完成文件"文件夹中。

本书资源包请扫下面二维码。

参 考 文 献

[1] 郝军启，刘治国，赵喜来，等. Photoshop CS4 中文版图像处理技术标准教程[M]. 北京：清华大学出版社，2010.

[2] 缪亮，刘洪霞，傅荣会. 淘宝店铺更吸引人——精通 Photoshop 网页美工设计[M]. 2 版. 北京：清华大学出版社，2019.

[3] 孟克难，王靖云，王京石. 中文版 Photoshop CS6 平面设计教程[M]. 北京：清华大学出版社，2013.

[4] 尤凤英，李明. Photoshop CS6 平面设计实用教程[M]. 北京：清华大学出版社，2015.

[5] 周建国. Photoshop 平面设计应用教程[M]. 北京：人民邮电出版社，2009.

[6] 韦鸾鸾. Photoshop CC 网页配色设计全程揭秘[M]. 2 版. 北京：清华大学出版社，2019.

[7] 邹新裕. 中文版 Photoshop CS6 案例教程[M]. 上海：上海交通大学出版社，2014.

[8] 翟浩澎. Adobe Photoshop CC 图像设计与制作案例教程[M]. 北京：清华大学出版社，2019.

附录 A 期末考试模拟题 A 卷

一、理论题（单选题，每题 1 分，共 20 分）

1. 下面哪个软件生成的是像素图像？（   ）

    A. Illustrator   B. Photoshop

    C. PageMaker   D. Acrobat

2. 下列不是色彩校正命令的是（   ）。

    A. 色彩平衡   B. 色相/饱和度

    C. 阈值   D. 反相

3. Photoshop 中要使所有工具的参数恢复为默认设置，可以执行以下哪些操作？（   ）

    A. 右击工具选项栏上的工具图标，从上下文菜单中选择"复位所有工具"命令

    B. 执行"编辑"|"预置"|"常规"命令，在弹出的对话框中选择"复位所有工具"

    C. 双击工具选项栏左侧的标题栏

    D. 双击工具箱中的任何一个工具，在弹出的对话框中选择"复位所有工具"

4. 在做印刷品时应将文件设为何种模式？（   ）

    A. RGB   B. CMYK

    C. Lab   D. HSB

5. 若发现文件做错了好几步，则（   ）。

    A. 选"文件"|"恢复"命令恢复到上次存储的版本

    B. 将文件关闭，然后丢掉

    C. 新建一个文件照此文件再做一遍

    D. 按 Ctrl+Alt+Z 组合键逐步后退

6. 如何快速对多个图层（背景层除外）添加同样的图层样式？（   ）

    A. 将这些图层链接起来   B. 将这些图层都放到一个图层文件夹中

    C. 将这些图层合并成组   D. 将这些图层都锁定

7. 下列哪个分辨率是适用于网页上的图像分辨率？（   ）

    A. 72 ppi   B. 144 ppi

    C. 175 ppi   D. 300 ppi

8. 下列有关文件浏览器（File Browser）描述错误的是（   ）。

    A. File Browser 可以浏览图像文件

B．File Browser 可以查找图像文件

C．File Browser 可以删除图像文件

D．File Browser 可以改变图像文件大小

9．在 Photoshop 中想重新保存一个文件，又不想覆盖原来的文件，可以执行下列哪一个命令？（　　）

　　A．"文件"｜"打开为"　　　　　　B．"文件"｜"存储"

　　C．"文件"｜"存储为"　　　　　　D．"文件"｜"关闭"

10．在使用"磁性套索工具"制作选择区域的过程中，做什么操作可以暂时切换成"多边形套索工具"？（　　）

　　A．按 Ctrl 键并单击　　　　　　　B．按 Alt 键并单击

　　C．按 Shift 键双击　　　　　　　　D．直接按 Ctrl+Alt 组合键

11．"仿制图章工具"可准确复制图像的一部分或全部，其复制范围的大小是由什么控制的？（　　）

　　A．画笔的大小　　　　　　　　　　B．图像尺寸的大小

　　C．图像分辨率的大小　　　　　　　D．图像色彩信息的多少

12．下列哪个命令用来调整色偏？（　　）

　　A．色调均化　　　　　　　　　　　B．阈值

　　C．色彩平衡　　　　　　　　　　　D．亮度/对比度

13．当要对文字图层执行滤镜效果时，首先应当做什么？（　　）

　　A．确认文字图层和其他图层没有链接

　　B．将文字图层栅格化（Rasterize Type）

　　C．将文字图层和背景图层合并

　　D．用文字工具将文字变成选取状态，然后在"滤镜"菜单下选择一个滤镜命令

14．当将浮动的选择范围转换为路径时，所创建的路径的状态是（　　）。

　　A．工作路径　　　　　　　　　　　B．开放的子路径

　　C．剪贴路径　　　　　　　　　　　D．填充的子路径

15．在使用"变换"命令中的"缩放"命令时，按住哪个键可以保证等比例缩放？（　　）

　　A．Alt　　　　　B．Ctrl　　　　　C．Shift　　　　D．Shift+ Ctrl

16．"自动抹除"选项是哪个工具栏中的功能？（　　）

　　A．画笔工具　　　　　　　　　　　B．喷笔工具

　　C．铅笔工具　　　　　　　　　　　D．直线工具

17．在 Photoshop 中能保留多个图层及多个 Alpha 通道信息的存储格式是什么？（　　）

　　A．PSD　　　　　B．JPEG　　　　　C．TIFF　　　　D．GIF

18．一幅 CMYK 模式的图像，在以下哪种状态下不可以使用"分离通道"命令？（　　）

　　A．图像中有专色通道　　　　　　　B．图像中有 Alpha 通道

　　C．图像中有多个图层　　　　　　　D．图像只有一个背景层

19．在 Photoshop 中，最多可以将图像放大多少倍显示？（　　）

A．200%   B．500%

C．1000%   D．1600%

20．下面哪个工具可以减少图像的饱和度？（　　）

A．加深工具   B．减淡工具

C．海绵工具   D．任何一个在选项调板中有饱和度滑块的绘图工具

二、上机操作题（80 分）

➥ 素材文件：素材文件放在教师机上的"Photoshop 图像处理技术期末考试"文件夹下的"试卷 A"文件夹中。所有操作题完成后都保存在自己本地机上的"D:/专业班级学号姓名-试卷 A"文件夹（如：电商 19101 小林-试卷 A）即考生文件中。

➥ 交卷要求：上机操作完成后，一定要把"D:/专业班级学号姓名-试卷 A"文件夹复制到教师机上的"Photoshop 图像处理技术期末考试"文件夹下。

1．制作学校徽标（10 分）

要求说明：利用路径文字制作学校徽标效果。所用素材文件名"9.2 素材.psd"，完成效果如图 A-1 所示。完成后文件以"学校徽标.psd"及"学校徽标.jpg"为名保存在考生文件夹中。注意效果图上的文字为"广州航海学院×××"，×××为同学自己的姓名。

图 A-1　学校徽标效果图

2．处理绿色通道色调较暗的照片（10 分）

要求说明：利用 Photoshop 的"色阶""曲线""亮度/对比度"等命令调整某色通道较暗的照片，效果如图 A-2 所示。完成后的文件以"花绿-good.psd"及"花绿-good.jpg"为名保存在考生文件夹中。注意效果图下方写上同学自己的姓名。

图 A-2　绿色通道较暗相片处理前后效果图

3. 制作薰衣草装饰画（10 分）

要求说明：利用描边、魔棒工具和选择区域的编辑等相关知识制作薰衣草装饰画，效果如图 A-3 所示。完成后以"薰衣草装饰画.psd"及"薰衣草装饰画.jpg"为名将文件保存在考生文件夹中。注意在效果图下方写上同学自己的姓名。

图 A-3　薰衣草素材及装饰画效果

4. 为人脸去斑（10 分）

要求说明：利用 Photoshop 的"污点修复画笔工具"为人脸去斑，前后效果如图 A-4 所示。完成后的文件以"斑脸-消除.psd"及"斑脸-消除.jpg"为名保存在考生文件夹中。注意在效果图下方写上同学自己的姓名。

图 A-4　人脸斑点去除前后的效果

5. 利用路径抠图（10 分）

要求说明：利用 Photoshop 的选择工具只能创建简单的选区，复杂的选择区域可以利用路径实现。本题要求利用"路径转为选区"命令创建复杂选区进行抠图，素材和效果图如图 A-5 所示。完成后的文件以"抠图.psd"及"抠图.jpg"为名保存在考生文件夹中。注意在效果图下方写上同学自己的姓名。

图 A-5　抠图素材及效果

6. 切割网站首页（10 分）

要求说明： 利用"存储为 Web 和设备所用格式"命令对网页图像文件进行优化设置，然后使用"切片工具"对公司的 Logo 标志、公司名和"进入首页"按钮依次进行切割，如图 A-6 所示。最后以网页 shouye.html 和以所有切片优化成 GIF 格式输出到 shouye 文件夹中。注意在操作完成后的图下方写上同学自己的姓名。

图 A-6　分割图像

7. 数码照片合成图像（10 分）

要求说明： 利用 Photoshop 为图层添加蒙版的功能合成图像，素材及效果如图 A-7 所示。完成后的文件以"合成图.psd"及"合成图.jpg"为名保存在考生文件夹中。注意在效果图下方写上同学自己的姓名。

图 A-7　素材及合成效果图

8. 制作木刻效果（10 分）

　　要求说明：利用 Photoshop 的"渲染""杂色""扭曲"等滤镜制作木刻文字效果，效果如图 A-8 所示。完成后的文件以"木刻文字.psd"及"木刻文字.jpg"为名保存在考生文件夹中，注意在效果图下方写上同学自己的姓名。

图 A-8　木刻文字效果

理论题号	1	2	3	4	5	6	7	8	9	10
答案	B	C	A	B	A	A	A	D	C	C
理论题号	11	12	13	14	15	16	17	18	19	20
答案	A	C	A	A	C	A	A	C	D	A

附录 B　期末考试模拟题 B 卷

一、理论题（单选题，每题 1 分，共 20 分）

1．在图像中一次最少可以选择（　　）。

    A．1 个像素

    C．二分之一像素

    B．10 个像素

    D．无限小

2．在"曲线"命令中，X 轴和 Y 轴代表的是（　　）。

    A．输入值，输出值

    C．高光

    B．输出值，输入值

    D．暗调

3．在各种色彩模式中，色彩空间最少的是（　　）。

    A．RGB

    C．灰度

    B．CMYK

    D．黑白

4．在扫描彩色图像时，最好在以下哪个模式下进行？（　　）

    A．RGB

    C．灰度（Grayscal）

    B．CMYK

    D．位图（Bitmap）

5．以下哪种色彩模式的图像不能应用滤镜效果？（　　）（注：位图模式也不能应用滤镜效果）

    A．灰度（Grayscal）

    C．RGB

    B．索引色（Indexed Color）

    D．CMYK

6．如何才能以 100%的比例显示图像？（　　）

    A．按住 Alt 键并单击图像

    C．双击工具箱中的手形工具

    B．选择"视图"|"100%"命令

    D．双击工具箱中的缩放工具

7．如果在"图像大小"对话框中取消"重定图像像素"复选框的选中状态，则在对话框中加大分辨率数值后，对话框中的宽度与高度如何变化？（　　）

    A．变小

    C．不变

    B．变大

    D．都有可能

8．当使用"钢笔工具"创建一个角点时，应在按住下列哪个键的同时，拖拉方向线就可以？（　　）

    A．Shift

    C．Ctrl

    B．Alt

    D．Ctrl+Alt

9．当使用"魔棒工具"选择图像时，在"容差"数值输入框中输入的数值是下列哪一个，所选择的范围相对最大？（　　）

    A．5   B．10   C．15   D．25

10. 使用工具箱中的什么工具可以调整图像的色彩饱和度？（ ）

    A．加深工具   B．锐化工具   C．模糊工具   D．海绵工具

11. 若要在色板中删除颜色，要按住什么键再单击鼠标，就能在色板的颜色中将选中的颜色删除？（ ）

    A．Shift 键   B．Alt 键

    C．Alt+Delete 键   D．空格键+Delete 键

12. 如果扫描图像不够清晰，可用下列哪种滤镜弥补？（ ）

    A．噪音   B．风格化   C．锐化   D．扭曲

13. 在"色阶"（Level）对话框中输入色阶的水平轴表示的是下列哪个数据？（ ）

    A．色相   B．饱和度   C．亮度   D．像素数量

14. 下列哪种格式只支持 256 种颜色？（ ）

    A．GIF   B．JPEG   C．TIFF   D．PSD

15. 下面哪些选择工具形成的选区可以被用来定义画笔的形状？（ ）

    A．矩形工具   B．椭圆工具   C．套索工具   D．魔棒工具

16. 利用"仿制图章工具"不可以在哪个对象之间进行克隆操作？（ ）

    A．两幅图像之间   B．两个图层之间   C．原图层   D．文字图层

17. 以下哪些不属于图像修饰工具？（ ）

    A．仿制图章工具   B．修补工具   C．油漆桶工具   D．模糊工具

18. 下面哪一个图层不可以被转换成背景图层？（ ）

    A．文字图层   B．调整图层   C．渐变填充图层 D．形状图层

19. 如果想绘制直线的画笔效果，应该按住什么键？（ ）

    A．Ctrl   B．Shift   C．Alt   D．Shift +Alt

20. 下面对"多边形套索工具"（Polygonal Lasso Tool）的描述，正确的是（ ）。

    A．多边形套索工具属于绘图工具

    B．可以形成直线型的多边形选择区域

    C．多边形套索工具属于规则选框工具

    D．按住鼠标键进行拖拉，就可以形成选择区域

二、上机操作题（80 分）

➥ 素材文件：素材文件放在教师机上"Photoshop 图像处理技术期末考试"文件夹下的"试卷 B"文件夹中。所有操作题完成后都保存在自己本地机上的"D:/专业班级学号姓名-试卷 B"文件夹（如：电商 19101 小林-试卷 B）即考生文件夹中。

➥ 交卷要求：上机操作完成后，一定要把"D:/专业班级学号姓名-试卷 B"文件夹复制到教师机上的"Photoshop 图像处理技术期末考试"文件夹下。

1. 合成图像（10 分）

要求说明：使用素材，利用色彩范围命令和选择命令，制作合成图像，素材及效果如图 B-1 所示。完成后的文件以"合成图像.psd"及"合成图像.jpg"为名保存在考生文件

夹中。

s7.jpg   s8.jpg   合成图像.jpg

图 B-1   合成图像素材及效果

2. 制作购物天堂合成图像（10 分）

要求说明：使用素材，利用选区工具和选择命令，制作购物天堂合成图像，素材及效果如图 B-2 所示。完成后的文件以"购物天堂.psd"及"购物天堂.jpg"名为保存在考生文件夹中。

zhsxsc1.jpg   zhsxsc2.jpg

zhsxsc3.jpg   购物天堂.jpg

图 B-2   购物天堂素材及效果

3. 制作动感效果（10 分）

要求说明：利用 Photoshop 的"涂抹工具"使人物变得动感，前后效果如图 B-3 所示。完成后的文件以"涂抹-动感.psd"及"涂抹-动感.jpg"为名保存在考生文件夹中。

图 B-3 人物变动感前后的效果

4. 为人像去除眼袋（10 分）

要求说明：利用 Photoshop 的"修补工具""修复画笔工具"去除眼袋，前后效果如图 B-4 所示。完成后的文件以"眼袋-消除.psd"及"眼袋-消除 .jpg"为名保存在考生文件夹中。

图 B-4　眼袋去除前后的效果

5. 利用路径抠图（10 分）

要求说明：利用 Photoshop 的选择工具只能创建简单的选区，复杂的选择区域可以利用路径实现。本题要求利用"路径转为选区"命令创建复杂选区进行抠图，素材和效果图如图 B-5 所示。完成后的文件以"抠图.psd"及"抠图.jpg"为名保存在考生文件夹中。

8.2 素材.jpg　　　　　　　　抠图.jpg（完成效果）

图 B-5　抠图素材及效果

6. 对多个图像批处理制作画框（15 分）

要求说明：对 4 个图像文件同时执行同一个画框动作，批处理制作画框图像，效果如图 B-6 所示。源文件夹为"批处理-源文件"，目标文件夹为"批处理-目标文件"。

图 B-6　用批处理命令制作 4 个画框图像

7. 创建文字化的图像合成（15 分）

要求说明：利用文本类型剪贴蒙版功能创建宽度和高度分别为 500 像素和 300 像素的文字化图像合成，完成效果及"图层"面板如图 B-7 所示。完成后文件以"姓名.psd"及"姓名.jpg"为名保存在考生文件夹中。

图 B-7　完成效果及"图层"面板

理论题号	1	2	3	4	5	6	7	8	9	10
答　　案	A	B	D	A	B	D	A	B	D	C
理论题号	11	12	13	14	15	16	17	18	19	20
答　　案	B	C	B	B	A	C	C	B	B	B